DIE WALNUSS

Jonas Frei

DIE WALNUSS

Arten, Botanik, Geschichte, Kultur

at VERLAG

2., überarbeitete und erweiterte Auflage, 2023

AT Verlag, Aarau und München
Lektorat: Petra Holzmann

Satz: AT Verlag
Druck und Bindearbeiten: Graspo CZ, a.s.
Printed in Czechia

ISBN 978-3-03902-211-3

www.at-verlag.ch

Der AT Verlag wird vom Bundesamt für Kultur
für die Jahre 2021–2024 unterstützt.

Inhalt

Blattaustrieb der Echten Walnuss (*Juglans regia*).

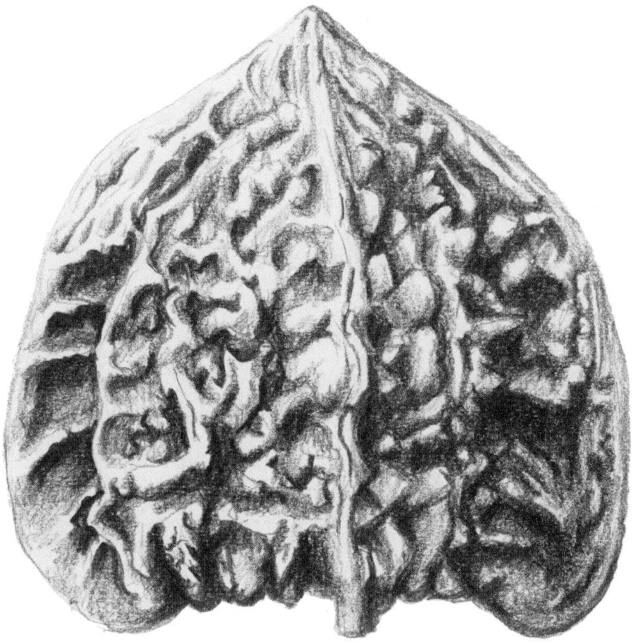

Vorwort

Als ich vor ein paar Jahren zufällig in einem Park Nüsse eines Butternussbaums fand, hätte ich einige Schwierigkeiten, ihren Ursprung genau zu bestimmen. Die mir zur Verfügung stehenden Pflanzen- und Baumführer führten die Art jedenfalls nicht auf. Erst nach einiger Recherche in der Fachliteratur konnte ich die Nüsse richtig einordnen: Es waren Vertreter einer Walnussart aus Nordamerika, eine von etwa sechzig Arten weltweit, von denen viele auch in unserem Klima kultivierbar sind.

Von da an hat mich das Thema nicht mehr losgelassen. Wo immer ich Walnussbäumen begegnet bin, versuchte ich, diese zu bestimmen, und nahm als Referenz ein paar Nüsse mit. Bald stellte ich fest, dass viele der Bäume in unseren Parkanlagen falsch beschriftet sind und dass die Kenntnisse ihrer Artzugehörigkeit und Diversität keine große Verbreitung gefunden hatten. Bei der weiteren Recherche, die mich bald auf lange Zugreisen quer durch Europa führte, sammelte ich das verfügbare Wissen über die Walnussgewächse, sprach und tauschte mich mit Experten aus unterschiedlichen, dem Thema zugewandten Fachgebieten aus und studierte die weltweit über Jahrhunderte erschienene Fachliteratur. So verstand ich die Geschichte, Kultur und Vielfalt dieser einzigartigen Pflanzenfamilie immer besser und umfassender. Aus dem Bedürfnis, dieses Wissen zusammenzutragen, zu bündeln und in einem Buch zu veröffentlichen, ist dieses Werk über die uns wohl geläufigen und doch so unbekannten Walnüsse in Europa entstanden. In stetiger Abwägung zwischen fachlicher Korrektheit, Leserlichkeit und Verständlichkeit war es meine Absicht, einen stimmigen und auch für Laien zugänglichen und verständlichen Text zu gestalten – unterstützt durch viele Fotos und Illustrationen. Reich bebilderte Porträts der Gattungen und Arten dieser Pflanzenfamilie erklären die typischsten Bestimmungsmerkmale und bilden Früchte und Nüsse beispielhafter Arten ab.

Jonas Frei

Juglans hopeiensis,
eine chinesische Walnuss.

Jugl. insularis Jiminez, DOM. REP. Recd Aug. 1955 (with lvs)
Jiminez - Dom. Rep. Recd Sept. 24, 1955
Juglans insularis Jiminez - DOM. REP. Recd Sept. 1955
Jugl. insularis Cuba Shafer 12261
J. insularis Roig - 1919 Cuba
Jugl. jamaicensis
Jugl. insularis 3/3/48
Jugl. jamaicensis
Jugl. insularis Arb. tr. coll. Rehder Santa Clara Cuba
Jugl. insularis Jiminez, D.R. Recd Sept 24, 1955
Jugl. insularis Jiminez - San Dom. June 1950
J. insularis - NY
J. insularis Cuba
Puerto Rico
Jugl. jamaicensis San Domingo Dr Jiminez Aug. 1955
Jugl. jamaicensis Eggers San Doming from Cop.
Jugl. jamaicensis San Domingo Jiminez
Jugl. insularis D.R. Jiminez Recd Sept 24, 1955

Zur zweiten, erweiterten Auflage

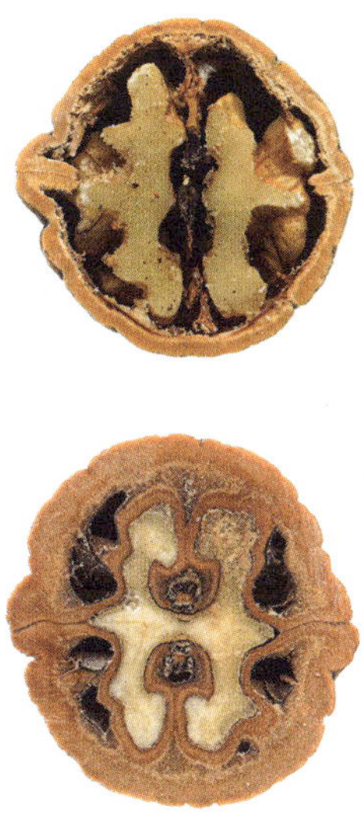

Linke Seite: Kisten mit Nüssen der Jamaica-Walnuss aus der Sammlung Wayne E. Mannings an der Bucknell University in Lewisburg, PA, USA. Oben: Echte Walnuss (*J. regia*), Kultursorte und Wildform (unten) aus dem Himalaja im Querschnitt.

Seit dem Erscheinen der Erstauflage dieses Buches konnte ich »Die Walnuss« um einige wesentliche Punkte erweitern, Verbesserungen anbringen und weitere Forschungsarbeit als Basis für die Artenporträts vornehmen.

Dankbar bin ich für die vielen positiven, aber auch für die kritischen Rezensionen zur ersten Auflage, die es mir ermöglicht haben, Ungenauigkeiten zu finden und weitere Blickwinkel für die Ausarbeitung des Buches zu berücksichtigen.

Das Studium der Walnussarten im Arnold Arboretum der Harvard University wurde mir durch den James R. Jewett Prize 2021 ermöglicht. Detaillierte Untersuchungen in einer der größten Hickory-Baumsammlungen der Welt haben mir einen besseren Einblick zur Bestimmung dieser Gehölze geliefert. Weil für diese Pflanzen der Sammelort im natürlichen Habitat genau dokumentiert ist, liegt bei ihrer Bestimmung eine Sicherheit vor, die für Pflanzen in europäischen Parkanlagen nicht immer gegeben ist. So konnte ich die Bebilderung verbessern und die innerartliche Variabilität besser abschätzen. Auch die Besuche in den Herbarien und Fruchtsammlungen der Harvard University in Cambridge sowie der einzigartigen Walnuss-Sammlung des Botanikers Wayne E. Manning an der Bucknell University im zentralen Pennsylvania ermöglichten mir die Abbildung eines weit größeren Artenspektrums. So wurde die Beschränkung auf Mitteleuropa im Titel überflüssig. Es werden nun auch die subtropischen und tropischen Arten repräsentativ mit Früchten und Nüssen dargestellt. Die einzigartigen Nussbelege, von einigen der besten Kenner der Walnussgewächse gesammelt und bestimmt, geben auch einen historischen Einblick in die Vielfalt der Familie.

Der Besuch der privaten, sehr artenreichen Walnusssammlungen Upton World sowie des Royal Botanic Gardens Kew in England erweiterten den Blick auf einige in Mitteleuropa fehlende Arten. Das Studium von Schriften der Northern Nut Growers Association sowie Forschungsprojekte zur Sortenzucht der Schwarznuss (*Juglans nigra*) bereicherten den Inhalt um kulturelle Elemente. Ein Forschungsprojekt der Eidgenössischen Technischen Hochschule Zürich (ETH) über Echte Walnüsse (*J. regia*) aus dem Himalaja machte es möglich, weitere Aspekte der natürlichen Geschichte dieser einzigartigen Pflanzenfamilie mit aufzunehmen.

Jonas Frei, Sommer 2022

Butternuss-Hybride.

Die Walnussgewächse

Nuss der Echten Walnuss (*Juglans regia*).

Wer aufmerksam in unseren Kulturlandschaften, in Parks oder auf Plätzen der Städte unterwegs ist, dem wird der Walnussbaum kein unbekanntes Gehölz sein – mit seiner fast kugelig runden Krone, der in der Jugend silbernen Rinde, dem gefiederten Laub und im Herbst mit den Nüssen als willkommener Genuss.

Doch trotz seiner Verbreitung hat der Walnussbaum (oder schweizerisch »Baumnussbaum«) in unserer Kulturlandschaft den Stellenwert verloren, den er einst hatte, und wenn wir im Laden Walnüsse kaufen, dann meist solche, die zuvor um die halbe Welt transportiert worden sind oder von Bäumen stammen, die in industriell bewirtschafteten Monokulturen angebaut worden sind. Hinter der Geschichte dieser Pflanzenart und ihrer Familie steckt jedoch viel mehr: Jahrmillionen der Entwicklung, Jahrtausende der Kultivierung und Jahrhunderte der Forschung.

So findet, wer danach sucht, eine beachtliche Anzahl Formen, Sorten und Arten von Walnussgehölzen, angebaut auf Landwirtschaftsgütern und in den Parks und Arboreten Europas. Eine Vielfalt an Baumarten, von denen einige zwar aus entlegenen Wäldern Asiens und Nordamerikas stammen, die sich aber bei uns oft problemlos kultivieren lassen. Mehr noch: Man findet eine Pflanzenfamilie, die auch in unserer Gegend einst heimisch war und dann durch die Launen des Klimas vor vielen zehntausend Jahren wieder ausradiert wurde. Fossilien aus verschiedenen geologischen Epochen und Regionen Europas geben einen Einblick in die Geschichte dieser Gehölze.

Heute zählt man zur Familie der Walnussgewächse, botanisch »Juglandaceae«, etwa sechzig Arten. Das ist zwar verglichen mit anderen Pflanzenfamilien eine geringe Zahl, doch umso erstaunlicher ist es, wie unbekannt ihre Arten in Europa sind. Von diesen mitunter großen Bäumen ist uns nur von den wenigsten der Name geläufig, und manche von ihnen haben gar keinen deutschen Namen. Die genaue Zahl der Arten der Familie verändert sich auch heute noch durch Neuentdeckungen und Änderungen der Systematik, was davon zeugt, dass bis heute viel Forschungsarbeit erforderlich war und ist, um ein einheitliches Bild dieser Pflanzenfamilie zu gewinnen. Einige Gattungen und Arten der Walnussfamilie stammen aus tropischen Gebieten der Neuen und der Alten Welt. Damit bevölkert die Familie der Walnussgewächse heute ein Gebiet, das sich über vier Kontinente erstreckt: Europa, Asien, Nord- und Südamerika. Den Schwerpunkt in diesem Buch bilden die in unserem Klima

Der Noyer de Meinier bei Genf, der größte Nussbaum der Schweiz.

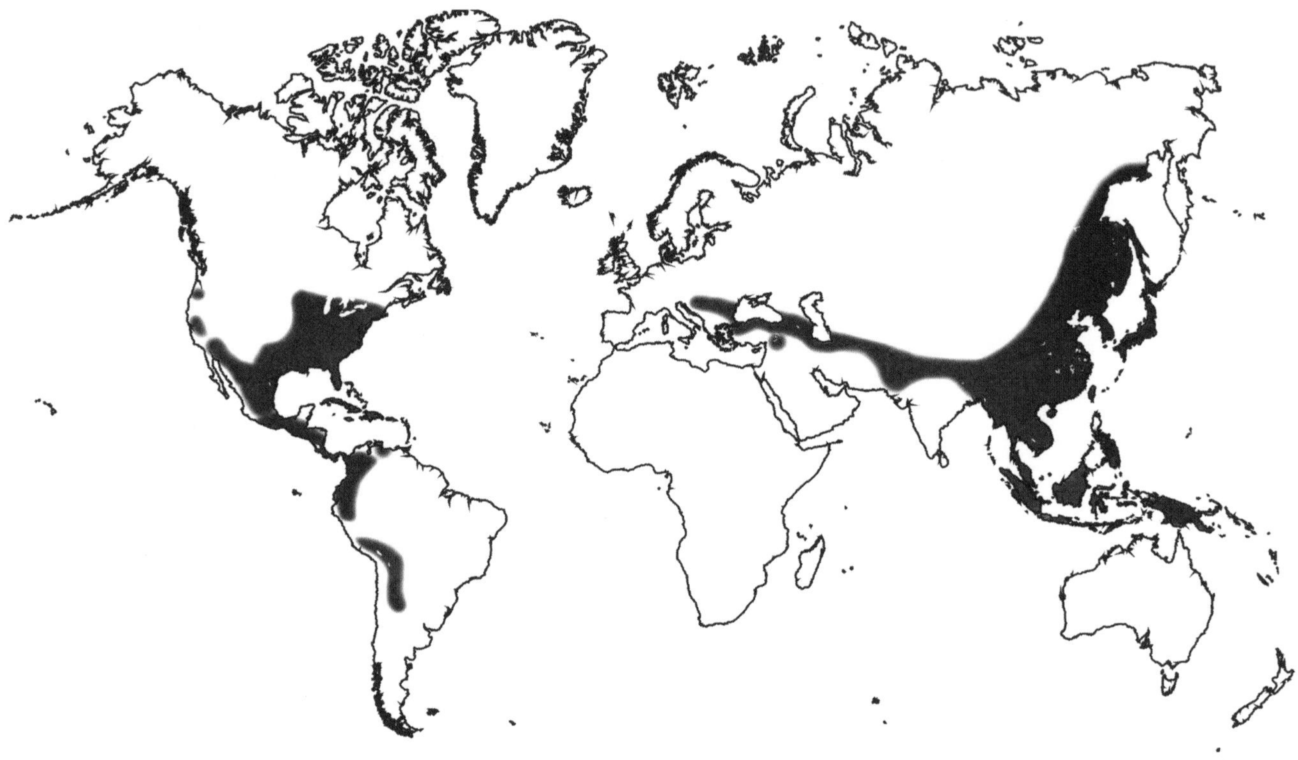

Das heutige Verbreitungsgebiet der Walnussgewächse (nach Kozlowski et al. 2018).

kultivierten und kultivierbaren Arten; so soll auch die Lücke zwischen der botanischen und gärtnerischen Literatur ein Stück weit geschlossen werden.

Die Walnussgewächse bilden eine Familie aus verholzenden Pflanzen, von denen die Mehrheit baumförmig wächst und gefiederte Blätter trägt. Typisch sind auch die Früchte und ihre hartschaligen Kerne, die Nüsse, denen die Pflanzenfamilie ihren Namen verdankt. Die Pflanzenfamilie ist Teil der Ordnung der »Fagales«, der Buchenartigen, einer Gruppe windbestäubender Pflanzenfamilien, zu denen auch die Familien der Buchen- und Birkengewächse gehören. Die Walnussfamilie besteht aus insgesamt zehn Gattungen, von denen fünf in Europa kultiviert werden. Früher wurden die Walnüsse oft in andere Gattungen aufgeteilt. Die folgende Auflistung zeigt die aktuell kultivierten Gattungen und ihre Verbreitungsgebiete.

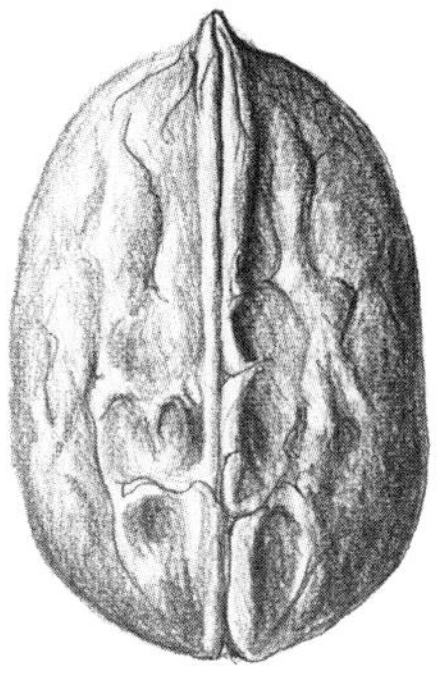

Juglans, Walnüsse, 22 Arten
Die Walnüsse sind die bekannteste Gattung der Familie, der sie auch den Namen verliehen haben (im Bild *J. regia*). Sie sind in Asien und Amerika beheimatet und haben sich mit einer Art, der Echten Walnuss, auch bis ins südöstliche Europa verbreitet.

Carya, Hickorynüsse, 19 Arten
Die großfruchtigen Hickorys (im Bild *C. laciniosa*) kommen heute nur noch in Südostasien und Nordamerika vor. Einst waren sie auch in Europa verbreitet. Ihr wirtschaftlich wichtigster und bekanntester Vertreter ist die Pekannuss.

Pterocarya, Flügelnüsse, 6 Arten
Die Flügelnüsse (im Bild *P. rhoifolia*) sind heute im östlichen Asien verbreitet. Nur eine Art, die in Europa am häufigsten gepflanzte Kaukasische Flügelnuss, wächst als Reliktbaumart im Gebiet zwischen dem Schwarzen und dem Kaspischen Meer.

Cyclocarya, Ringflügelnuss, 1 Art
In dieser einst weit verbreiteten Gattung hat nur eine Art (*C. paliurus*) in Asien die letzten großen Klimaschwankungen überlebt. Sie gilt als eine der ältesten noch existierenden Walnussgattungen.

Platycarya, Zapfennuss, 1 Art
Die Zapfennuss (*P. strobilacea*) bildet zapfenartige Fruchtstände und kleine geflügelte Samen. Reliktpopulationen dieser einst verbreiteten Gattung finden sich in Japan, Korea, Vietnam und China.

Tropische Gattungen, 14 Arten
Fünf weitere Gattungen der Walnussgewächse sowie einige Walnuss- und Hickoryarten sind nur in den (Sub-)Tropen der Neuen und Alten Welt verbreitet: *Alfaroa, Alfaropsis, Oreomunnea, Engelhardia* und *Rhoiptelea* (Im Bild *Engelhardia spicata*).

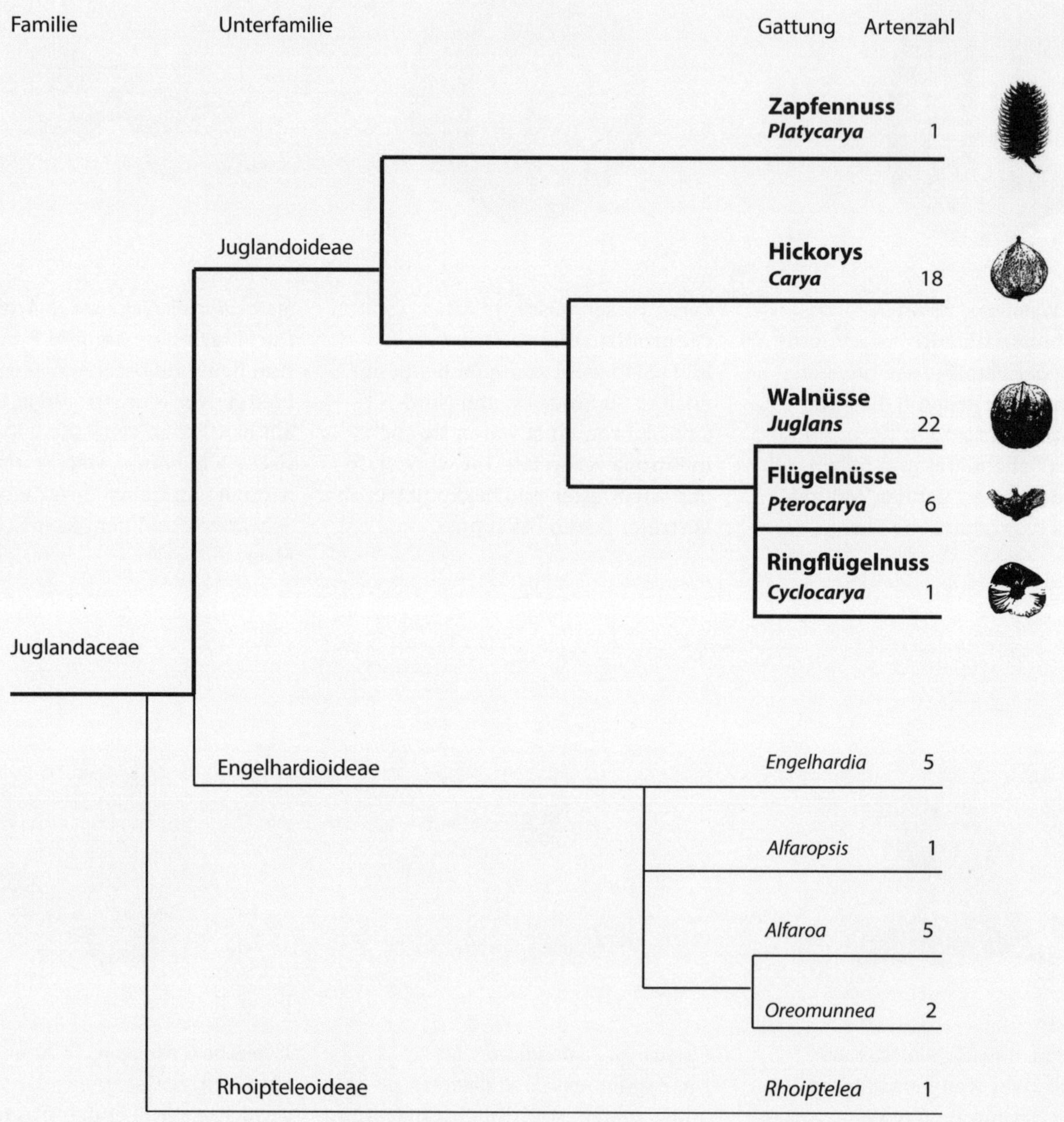
Familie
Unterfamilie
Gattung
Artenzahl
Zapfennuss
Platycarya 1
Juglandoideae
Hickorys
Carya 18
Walnüsse
Juglans 22
Flügelnüsse
Pterocarya 6
Ringflügelnuss
Cyclocarya 1
Juglandaceae
Engelhardioideae
Engelhardia 5
Alfaropsis 1
Alfaroa 5
Oreomunnea 2
Rhoipteleoideae
Rhoiptelea 1

Linke Seite: Systematik der Familie der Juglandaceae bis auf Gattungsebene. Die im gemäßigten Klima kultivierten Gattungen sind fett beschriftet und bebildert. Die Unterfamilien und Verwandtschaftsverhältnisse werden in verschiedenen Werken unterschiedlich dargestellt (hier angelehnt an Manos et al. 2007).

»Nüsse« in anderen Pflanzenfamilien

Manche Früchte und Kerne werden Nüsse genannt oder sind botanisch gesehen Nüsse, stammen aber nicht aus der hier behandelten Familie der Walnussgewächse. Diese umgangssprachliche Verwendung der Bezeichnung stellt eine sinngemäße Definition dar, aber nur in Ausnahmefällen eine im botanischen oder verwandtschaftlichen Sinn korrekte. Viele Nüsse, die wir als solche erkennen oder im Handel erwerben, gehören botanisch oft einer ganz anderen Verwandtschaft an.

»Nüsse« stammen aus allen möglichen »Verwandtschaften«: Es gibt »Nüsse« von Koniferen wie die Pinienkerne oder die in Asien als Delikatesse geschätzten Samen des Ginkgobaums bis hin zu den schwimmenden Wassernüssen aus der Verwandtschaft der Weiderichgewächse, die Früchte einer heute in Europa fast überall ausgestorbenen Schwimmpflanze, die zur Zeit der Pfahlbauer noch als wichtige Nahrungsquelle diente.

Pinienkern (*Pinus pinea*)
Kieferngewächse.

Pimpernuss (*Staphylea colchica*)
Pimpernussgewächse.

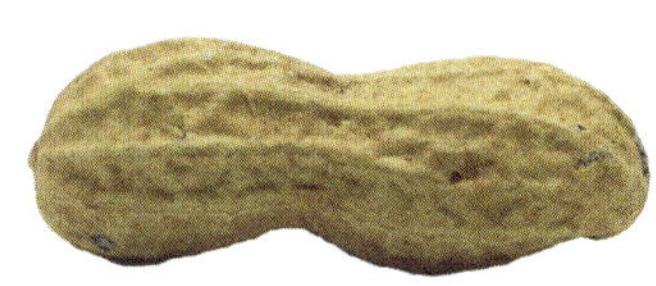

Erdnuss (*Arachis hypogaea*)
Hülsenfrüchtler.

Wassernuss (*Trapa natans*)
Weiderichgewächse.

Mandel (*Prunus dulcis*)
Rosengewächse.

Rosskastanie (*Aesculus flava*)
Seifenbaumgewächse.

Mädchenhaarbaum (*Ginkgo biloba*)
Ginkgogewächse.

Haselnuss (*Corylus avellana*)
Birkengewächse.

Pistazie (*Pistacia vera*)
Sumachgewächse.

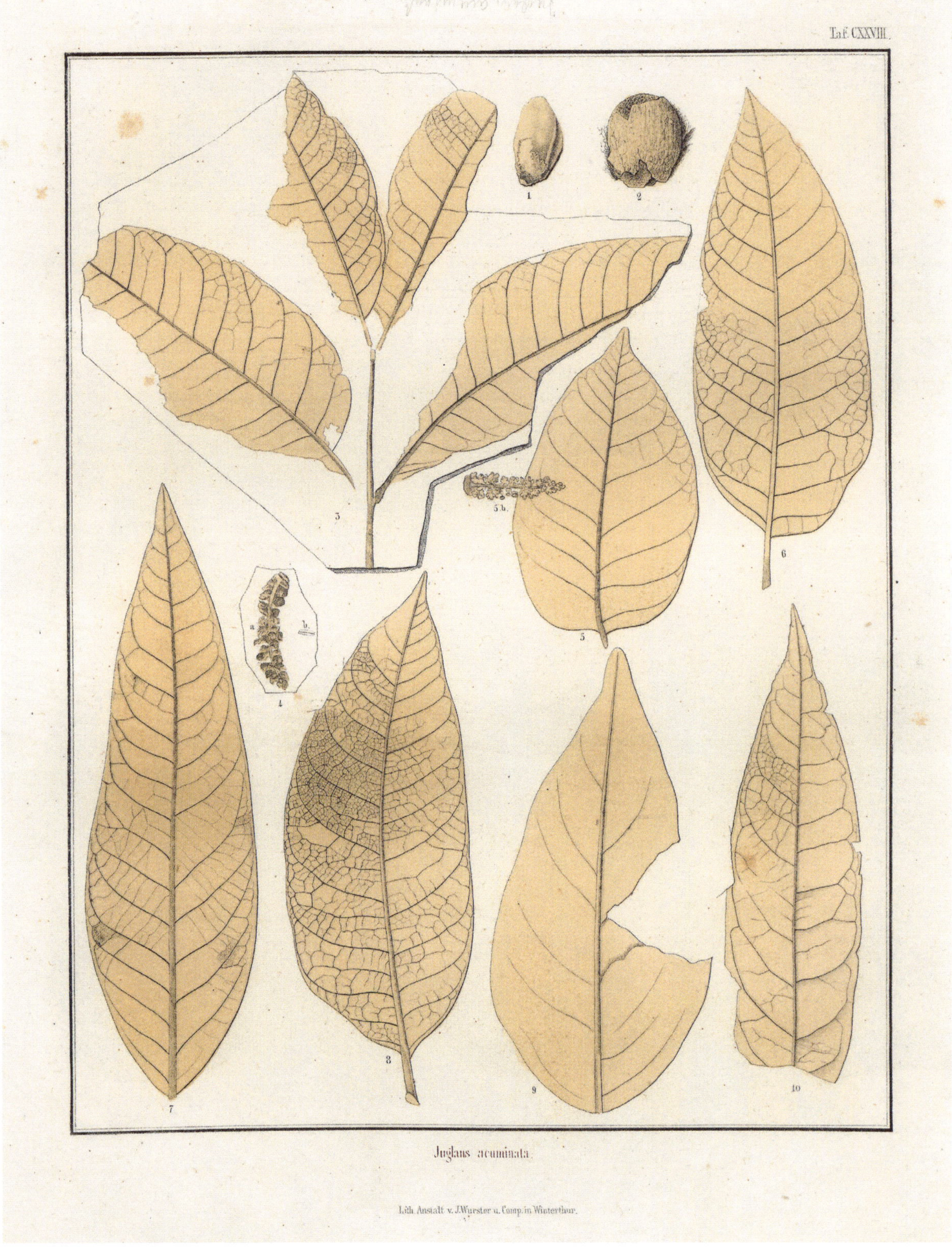

Versteinerung von *Juglans acuminata.* Abbildungen aus der Oswald-Heer-Sammlung, ETH Zürich.

Geschichte und Entstehung einer einzigartigen Pflanzenfamilie

Heute lassen sich mit immer größer werdender Präzision Rückschlüsse auf die Entstehung der Familie der Walnussgewächse ziehen. Auf der ganzen Nordhalbkugel verteilt wurden Fossilien gefunden, die den Vorfahren der heutigen Vertreter dieser Pflanzenfamilie zugerechnet werden, weil ihre mineralisierten Pollen, Früchte und Blätter jenen der heutigen Walnussgewächse äußerst ähnlich sehen. Das Bild der Geschichte dieser Pflanzenfamilie wird dabei immer schärfer, je mehr Versteinerungen gefunden, analysiert und beschrieben werden. So kann man durch die Datierung und Analyse der geografischen Verbreitung von längst ausgestorbenen Pflanzen die Entwicklung der heutigen Arten rückwirkend nachvollziehen.

Die frühesten Funde fossiler Überreste von Walnussgewächsen stammen aus dem Beginn des Tertiärs, genauer aus dem Paläozän, etwa 65 Millionen Jahre vor unserer Zeit. Schon etwas früher, in der späten Kreidezeit, waren die Vorgänger der Walnussgewächse verbreitet, eine schwer zu definierende Pflanzengruppe, die man heute als Normapolles-Komplex bezeichnet: Blütenpflanzen, die einen bestimmten Typus von versteinerten Pollen zurückgelassen haben. Nach dem Auftreten der Pflanzen dieses fast auf der ganzen Nordhalbkugel nachgewiesenen Pollentypus diversifizierten sich die Pollenfunde der luftbestäubenden Gehölzfamilien wie der Buchengewächse, der Birkengewächse und eben der Walnussgewächse aus dieser Gruppe heraus. Die einzige Art, deren Pollen noch diesem Typus entsprechen, ist die seltene ostasiatische Baumart *Rhoiptelea chiliantha,* deren Zugehörigkeit zur Walnussfamilie lange umstritten war, heute jedoch wieder anerkannt wird.

Nicht nur in Europa übersteigt die aus Fossilien rekonstruierte Artenzahl der Juglandaceae die heutige um ein Vielfaches. Im Verlauf des Tertiärs besiedelten unzählige Formen von Gehölzen den Planeten, die den Walnussgewächsen zugerechnet werden. Das Tertiär könnte man also als die eigentliche Blütezeit der Walnussgewächse ansehen, von deren Vielfalt heute nur noch einige Repräsentanten auf unserem Planeten verweilen. Während die frühesten Funde von Walnussgewächsen aus Nordamerika stammen, findet man die größte Diversität an Gattungen heute in Südostasien.

Die Zeitspanne des Tertiärs wird heute offiziell in das Paläogen und Neogen unterteilt und auch so bezeichnet; diese Zeit erstreckte sich vom Ende der Kreidezeit vor 65 Millionen Jahren bis zum Beginn der Eiszeiten im Pleistozän vor 2,5 Millionen Jahren. In der Literatur findet man diese Zeiteinheit noch

Europa zur Zeit des Miozäns. Karte aus Oswald Heers *Flora tertiaria Helvetiae,* 1855 bis 1859. Die Verteilung von Meer- und Landmassen veränderte sich im Laufe des Tertiärs ständig.

sehr viel häufiger unter der alten Bezeichnung »Tertiär«, weshalb ich diese auch hier noch verwende.

Das Tertiär: Geologie und Klima

Um die Verbreitung und Entwicklung der Arten aus der Familie der Juglandaceae zur Zeit des Tertiärs zu verstehen, bedarf es einer genaueren Betrachtung der geologischen Vorgänge in jener Zeit, gefolgt von Hinweisen zur klimatischen Entwicklung und der parallel verlaufenden Entwicklung der Tiere, die im gleichen Zeitraum durch fossile Funde ebenfalls gut dokumentiert ist.

Das Tertiär beginnt mit einem für die Entwicklung des Lebens prägenden Ereignis, einem globalen Massensterben der Arten, dem auch die Dinosaurier und Ammoniten vor etwas mehr als 65 Millionen Jahren zum Opfer fielen (auch KT-Ereignis oder Kreide-Tertiär-Ereignis genannt). Es wird angenommen, dass der enorme plötzliche Artenschwund die Konsequenz einer globalen Katastrophe war. Über die Ursache wurden schon viele unterschiedliche Theorien entwickelt; der Einschlag eines Meteoriten, gefolgt von Tsunamis, Erdbeben, Waldbränden und Vulkanausbrüchen, ist die gängigste These. Durch aufgewirbeltes Gesteinsmaterial und das Ausströmen von Gasen aufgrund der Eruptionen könnte eine Verdunkelung der Atmosphäre das Sonnenlicht geschwächt und die Atmosphäre abrupt ausgekühlt haben.

Auch geologisch veränderte sich die Welt in der Zeit des Tertiärs massiv. Die Kontinentalplatten verschoben sich langsam in die heutige Position. Indien, damals als eigener Kontinent noch südlich des Äquators, driftete nach Norden und türmte beim Zusammenstoß mit der asiatischen Platte das heute höchste Gebirge der Welt auf: den Himalaja. Wo immer Kontinentalplatten aufeinanderstießen, entstanden neue Gebirge: Die Alpen, die Karpaten, der Apennin und der Kaukasus entstanden in dieser Epoche. Die Entwicklung von Gebirgen, Meeren und Landbrücken über den Pazifik und vermutlich auch über den Atlantik waren dabei von größter Bedeutung für die Walnussgewächse; sie bildeten nicht nur die geeigneten Habitate, sondern auch die heute unterbrochenen Verbindungen im Verbreitungsgebiet der Pflanzenfamilie. Während der Abkühlung der Eiszeiten wurden die jetzt unüberquerbaren Landbrücken und die Gebirge zu Hindernissen in der Verbreitung; doch dazu später mehr.

Die Temperaturen müssen zu Beginn des Paläogens, des älteren Zeitalters bzw. des ersten Systems im Tertiär, wesentlich wärmer gewesen sein als heute; die Pole trugen keine Eiskappe, die Ozeane führten entsprechend mehr Wasser. Das Klima im heutigen Europa war tropisch, die Durchschnittstemperaturen lagen zu Beginn des Eozäns wohl etwa fünfzehn Grad über den heutigen Werten. Im Verlauf der insgesamt mehr als sechzig Millionen Jahre des Tertiärs kühlte sich das Klima, wohl im Zusammenhang mit den Kontinentaldriften, ab. Gegen Ende dieser Zeiteinheit vor 2,5 Millionen Jahren herrschten vergleichbare Temperaturen wie heute. Die Abkühlung im Verlauf des Tertiärs bewirkte auch eine zunehmende Landbildung, die teils tektonisch, aber auch durch das Einfrieren riesiger Wassermassen an den Polen bedingt war.

Als im Pleistozän, nach Ende des Tertiärs, die Durchschnittstemperaturen weiter abnahmen, setzten jene Perioden ein, die man als Eiszeiten bezeichnet. Diese im Schnitt sehr kühle Phase erstreckte sich über einen Zeitraum von etwa 2,5 Millionen Jahren, wurde aber immer wieder durch Wärmeperioden von bis zu zehntausend Jahren Dauer unterbrochen, von denen einige wärmer waren als heute.

Der europäische Kontinent hatte auch im mittleren Tertiär noch längst nicht seine heutige Form. Weite Bereiche lagen unter dem Wasser des Urmeers; erst viel später wurden durch starke Hebungen der Platten und das Sinken der Meeresspiegel jene geografischen Formen gebildet, die wir heute von unseren Landkarten kennen. Im nördlichen Vorland der Alpen lag ein immer wieder über lange Perioden von Meer überschwemmtes Gebiet, das sich dann wieder hob; so entstanden fluviale, also durch Flüsse verursachte Ablagerungen. Diese Ablagerungen durch urzeitliche Flüsse und die am Grund von Meeren bilden heute die Gesteine des Tertiärs: die Molasse. Bis in unsere Zeit haben sich neben den Gesteinskörnern der abgetragenen Felsmassive der Alpen auch hin und wieder Fossilien der Lebewesen jener Zeit erhalten, so auch Reste von Nüssen und Blättern der Walnussgewächse.

Die zoologische und botanische Entwicklung im Tertiär

Die einschneidende Wende des KT-Ereignisses hat eine Neubesiedlung der Erde ausgelöst – mit Arten, die den veränderten Bedingungen standhalten konnten. Erst ab diesem Moment scheinen die Säugetiere jene Vorteile im Überlebenskampf gehabt zu haben, welche die uns bekannte Vielfalt an Arten begünstigt hat; sie konnten die Lücke ausfüllen, die vorher von den dominanten Dinosauriern besetzt worden war.

In der Fauna veränderte sich zu Beginn des Tertiärs vieles: In dieser Zeit waren bereits Ursäuger, Insektenfresser, Nagetiere und Vorfahren der heutigen Pferde verbreitet. Die Entwicklung der Säugetiere hatte bereits vor dem KT-Ereignis begonnen, und womöglich hat die Warmblütigkeit und die Möglichkeit, sich unter die Erde zurückzuziehen, entscheidend die Selektion der Arten mitgeprägt. In die Lüfte erhoben sich neben den Insekten nun auch viele Vogelarten, die gefiederten Nachkommen der Dinosaurier.

Die Landschaft war von Blütenpflanzen geprägt, die durch neue Verbreitungs- und Bestäubungsmöglichkeiten vielfältiger und zahlreicher die Erde besiedelten. Mehr und mehr spielten die Tiere eine Rolle bei der Bestäubung der sich diversifizierenden Pflanzengattungen. Gleichzeitig entwickelte sich das »Vertragen« der Samen durch Säuger und Vögel zu diesem Zeitpunkt wohl zu einem Vorteil für einige Pflanzengruppen, die so verbreitet nahrhafte Früchte und Samenkerne ausbildeten.

Die Walnussgewächse im Tertiär

Aus dem Paläozän, dem Beginn des Tertiärs, sind Fossilien kleinfrüchtiger geflügelter Juglandaceae-Samen bekannt. Diese ersten Walnussfrüchte wurden vom Wind verteilt und waren zur Verbreitung und Bestäubung nicht von Tieren abhängig.

Die Bildung großfruchtiger flügelloser Samenformen könnte mit der parallelen Entwicklung der Vögel und Säuger korrelieren. In der Gruppe der Urnager und einer größer werdenden Formenvielfalt der Vögel bildeten sich allmählich Spezialisten heraus, die größere Nüsse fressen und auch weitertragen konnten – und damit für die Verbreitung der Ur-Walnüsse relevant wurden.

Unter den frühen, windfrüchtigen Walnüssen findet sich *Cyclocarya brownii*, eine Ringflügelnuss, die vor über fünfzig Millionen Jahren die feuchten Wälder Nordamerikas besiedelte. Sie ist eine von drei aus dieser Zeitepoche und Region stammenden bekannten Arten der Gattung. Es ist beeindruckend, wie ähnlich die versteinerten Samen dieser Art den heutigen Früchten der asiatischen Ringflügelnuss, *C. paliurus*, sehen.

Zwischen diesen Funden aus dem Paläozän und der heutigen Zeit lassen sich in allen Epochen Fossilien von ähnlichen Flügelnüssen nachweisen. Die Funde stammen aus Nordamerika, Europa und weiten Teilen Asiens. Noch kurz vor den Eiszeiten muss es Ringflügelnüsse auch im Alpenraum gegeben haben. Die letzte Art der Gattung besiedelt heute steile Bergwälder in abgelegenen Regionen Ostasiens.

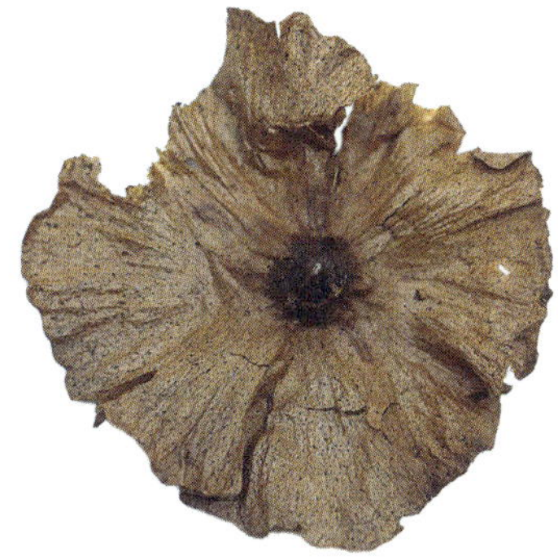

Links: Ringflügelnuss *Cyclocarya brownii*, Paläozän, 57 Millionen Jahre, North Dakota, USA. Das Fossil der Frucht ist der heutigen Art *C. paliurus* (Mitte) sehr ähnlich.
Rechts: *Palaeocarya*-Frucht aus dem Oligozän, circa 30 Millionen Jahre, USA. Das Fossil ist den Früchten von *Oreomunnea* sehr ähnlich (drei dreiaderige Flügel).

Erste großfruchtige Walnüsse aus dem späten Paläozän wurden in Großbritannien (London-Clay-Schichten) und in Nordamerika (Wyoming) entdeckt. Ihr wissenschaftlicher Gattungsname *Juglandicarya* fasst zusammen, was die Untersuchungen der fossilen Nüsse ergeben haben: Sie passen weder richtig zu den Walnüssen, noch lassen sie sich eindeutig als Hickorynüsse bestimmen. Vermutlich stammen diese Nüsse von einer Pflanzengruppe, aus der später die Gattung *Carya* hervorgegangen ist. In den Vierzigerjahren glaubten einige Forscher, in der ostasiatischen *Carya sinensis* (damals *Rhamphocarya integrifolia* genannt) eine lebende Version dieser Gattung gefunden zu haben.

Im Eckfelder Maar in der deutschen Eifel wurden besonders wegweisende Blatt- und Fruchtfunde von Walnussgewächsen gemacht. Die fossilen geflügelten Nussfrüchte stammen aus dem Eozän, der Zeit vor etwa 45 Millionen Jahren. Die Früchte lassen sich morphologisch in die nahe Verwandschaft der heutigen, nur tropisch/subtropisch verbreiteten Gattungen *Engelhardia* und *Oreomunnea* stellen. Diese Funde lassen Rückschlüsse auf das damalige Klima zu: Das eozäne Klima in der Eifel war schwül, tropisch, und die Vegetation ähnlich der heutigen in Mittelamerika oder der des indonesischen Archipels. Auch an weiteren Fundstellen im heute temperierten Europa, in Nordamerika und Ostasien/Japan wurden Früchte und Blätter von Pflanzen aus der engen Verwandtschaft dieser tropischen Walnussgewächse gefunden. Die bekannteste fossile Gattung aus der Verwandtschaft der *Engelhardia* wurde *Palaeocarya* genannt. Aus derselben Zeitepoche fand man auch Pollen in ehemaligen Küstenmooren in Mitteleuropa, die zur Gattung *Platycarya*, den Zapfennüssen, zählen. Eozäne Blätter, Pollen, Nüsse und Fruchtstände dieser Gattung hat man auch in Nordamerika und England entdeckt; ähnliche Fossilien, die man einer nah verwandten *Palaeoplatycarya* zurechnet, stammen aus dem Paläozän Nordamerikas.

Im Paläozän und Eozän (der Zeit nach dem Paläozän) sind in Nordamerika und Europa auch Gattungen entstanden, die längst wieder ausgestorben sind. Dazu zählen *Polyptera* und *Cruciptera*, deren kleine geflügelte Walnüsse sich nur bis ins späte Paläozän (*Polyptera*) oder Miozän (*Cruciptera*) nachweisen lassen. Die Entwicklung dieser Familie war also schon sehr früh vom Aussterben einiger zeitweise durchaus erfolgreicher Gattungen geprägt. Auch in Südamerika und in England wurden Fossilien von Gattungen gefunden, die längst wieder verschwunden sind; sie wurden *Anatonucula* oder *Casholdia* genannt.

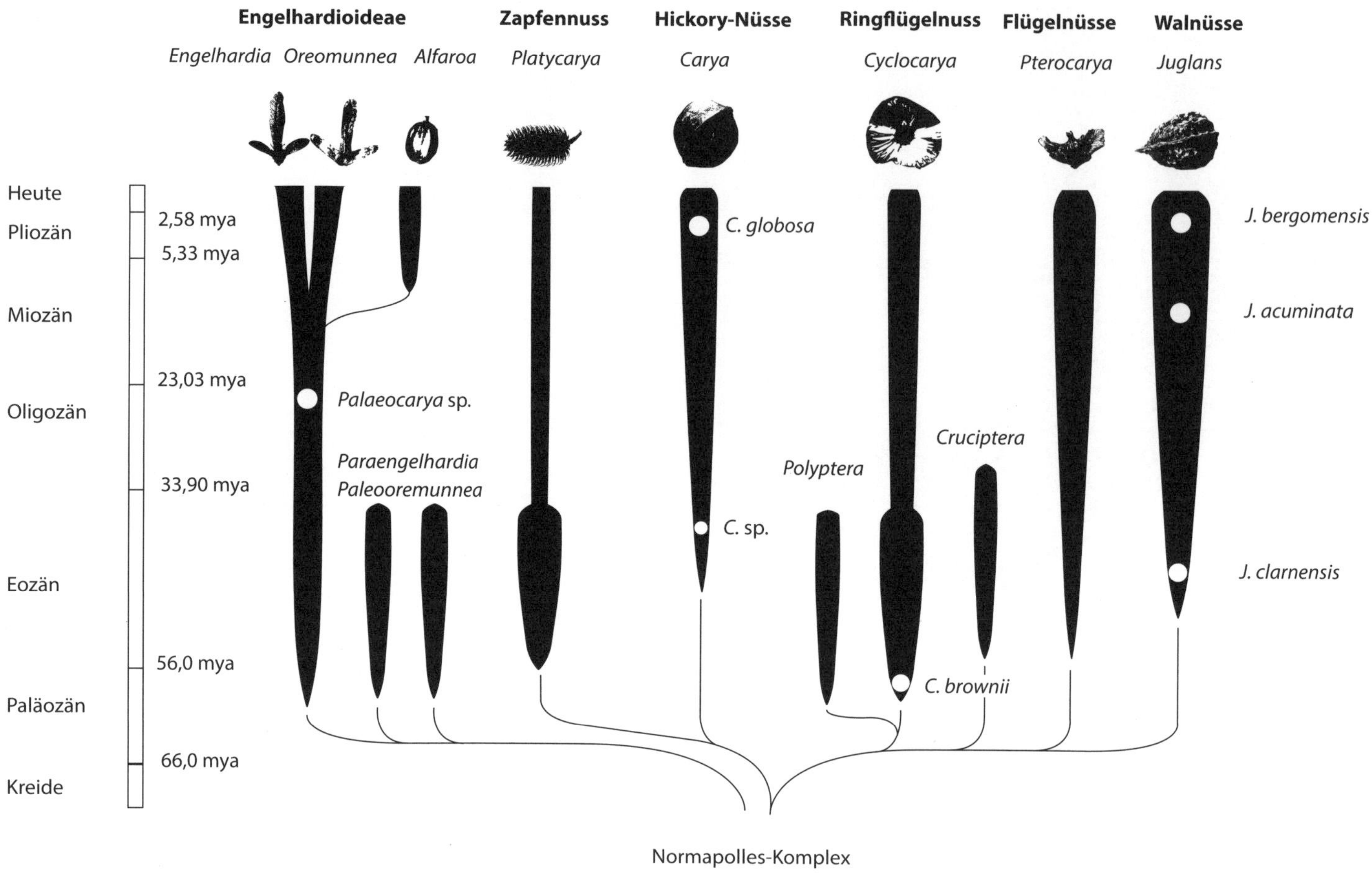

Die vermutete Entwicklung der Familie der Juglandaceae. Die weißen Punkte markieren den Zeitpunkt des Auftretens der erwähnten Fossilien. Einige der Artengruppen sind schon früh wieder ausgestorben. Die Verschmälerung der Liniendicke im Pleistozän stellt den Artenschwund während der Eiszeit dar. (mya bedeutet: Millionen Jahre vor unserer Zeit. Darstellung ohne *Rhoiptelea und Alfaropsis*. Verändert nach Schaarschmidt 1999.)

Die erste Walnuss

An einer eozänen Fundstelle in Clarno, Oregon (USA), die unter dem Namen »Clarno Nut Beds« bekannt geworden ist, wurden verschiedene fossile Fundstücke versteinerter Nussfrüchte entdeckt, darunter etwa zweihundert Nüsse, die man zu der zurzeit frühesten Art der Gattung der Walnüsse zählt, *Juglans clarnensis*. Sie wird in der Stammeslinie als frühe Form der Schwarznüsse beurteilt und lässt sich in die heute in Nordamerika verbreitete Sektion *Rhysocaryon* einordnen. Die Fundstücke aus Clarno sind etwa 44 Millionen Jahre alt. In anderen Regionen Nordamerikas, etwa der »Green-River-Formation« in Utah, wurden Hickoryblätter gefunden, die etwa ein ähnliches Alter haben. Da aber vielfach nur Blätter und keine Nüsse oder Blüten erhalten geblieben sind, ist umstritten, ob es richtig ist, sie in die heutigen Gattungen einzuteilen.

Aus der gleichen Zeit stammen Funde auf den Axel-Heiberg-Inseln, die zu den nördlichsten Fundorten arktischer Waldvegetation zählen. Weil sich die Region geologisch seither nur wenig bewegt hat, müssen die gefundenen Pflanzenreste tatsächlich von »arktischen« Wäldern stammen, die dort wuchsen, wo heute ewiges Eis herrscht. Neben Pollen aus der Gattung der Flügelnüsse sind hier zahlreiche, fast ganz erhaltene Schalen von Walnussfrüchten gefunden worden, die den Gattungen *Juglans* und *Carya* zugerechnet werden. Diese relativ neuen Befunde sind äußerst interessant; die Morphologie der Nüsse lässt eine enge Verwandtschaft mit der Herznuss *Juglans ailantifolia* var. *cordiformis* vermuten, deren Nüsse den gefundenen Walnüssen sehr ähnlich sind. Dieser Fund

Hickoryblätter: Rezentes Teilblatt der Königsnuss (*Carya laciniosa*) und eine Blattversteinerung der Gattung *Carya* aus dem Eozän (40 bis 50 Millionen Jahre) der Green-River-Formation, USA. (Beide Fotografien verkleinert abgedruckt.)

stellt eine äußerst wichtige Informationsquelle dar, weitere Arten aus dieser engeren Verwandtschaft treten erst viele Dutzend Millionen Jahre später wieder auf.

In der Schweiz hat sich schon sehr früh Oswald Heer (1809 bis 1883) um eine möglichst vollständige Aufstellung der Pflanzenarten des Tertiärs bemüht. Die Artenzahl der Gattung der Walnüsse schätzte er im Tertiär Mitteleuropas dabei mit 15 Arten sehr hoch ein. Heute würden seine Funde wohl zu einigen wenigen Artenkomplexen zusammengefasst. Als häufigste und vielleicht wichtigste Art nennt er *Juglans acuminata*, wohl eine Vorgänger- oder eine nahe verwandte Art unserer heutigen Echten Walnuss aus dem Miozän. Von dieser Walnussform wurden viele Blätter gefunden sowie seltener auch Nüsse. Diese sind etwas kleiner, jedoch ähnlich der heutigen der Echten Walnuss *Juglans regia*. Trotzdem gehen neueste genetische Untersuchungen davon aus, dass die heutige Form der Echten Walnuss erst viel später aus einer Hybridisierung verschiedener Walnussarten hervorgegangen ist. Aber auch die Verbreitung von Hickorys und Flügelnüssen konnte in Mitteleuropa nachgewiesen werden. Hauptsächlich wurden Blattfossilien gefunden, die anhand der Form und Blattnervatur in unterschiedliche Arten geteilt werden können. Die Frage, wo genau die Grenzen zwischen den Arten zu ziehen sind, stellt sich als schwer zu beantworten heraus. Wie erschließt sich etwa, ob eine versteinerte Nuss zu einem versteinerten Blatt passt? Wie groß war die Variabilität innerhalb einer Art? In geologischen Zeiträumen sind einige Millionen Jahre biologische Entwicklung eine kurze Epoche, in der sich sehr viel verändern kann. Ab wann also ist aus der einen Art eine neue entstanden?

Desweiteren wissen wir von heutigen Gehölzen, wie unterschiedlich die obersten und untersten Blätter eines einzigen Baumes in Bezug auf Aufbau und Größe sein können. Auch Jugend- oder Altersformen sowie Standort- und Umweltbedingungen haben Einfluss auf die Form der Blätter. Die unvollständige Erhaltung der Fossilien sowie die mögliche Verzerrung der Blattgeometrie durch die Versteinerungsprozesse stellen eine Erschwerung der Bestimmung solcher Fossilien dar. Die Unterteilung paläontologischer Fossilienfunde in unterschiedliche Arten ist daher ein sehr schwieriges Unterfangen, das je nach Autor unterschiedlich gehandhabt wird. Trotzdem gibt die Paläontologie hier sehr spannende Einblicke in die Entwicklungsgeschichte dieser Familie.

Ein Beispiel: Die Bergamo-Walnuss

In Europa sind besonders aus der Zeit des Pliozäns (Ende des Tertiärs) und seltener schon im Miozän vor 25 bis 5 Millionen Jahren beeindruckende Fossilien der Gattung der Walnüsse Juglans und Hickorys Carya erhalten geblieben. Damals war das Klima vergleichbar mit dem heutigen. Spannend ist auch, dass in dieser Zeit das Klima und die Artenkombination in den gemäßigten Gegenden schon vergleichbar waren mit unserer Zeit. Bekannt wurde wegen der vielen Funde besonders eine Art: die Bergamo-Walnuss.

Ihre Versteinerungen, botanisch zu einer Art mit Namen *Juglans bergomensis* gerechnet, wurden unter dem Namen *Juglandites bergomensis* vom italienischen Botaniker und Paläontologen Giuseppe Gabriel Balsamo-Crivelli im Jahr 1840 erstbeschrieben. Die Nüsse stammten aus einem Braunkohle-Bergwerk bei der norditalienischen Stadt Bergamo. Fast gleichzeitig wurde die Art in einer anderen Arbeit als *J. tephrodes* benannt, der Name wird heute als Synonym verwendet.

Auch nördlich der Alpen wurden Funde von diesen Nüssen im 19. und 20. Jahrhundert häufiger. Die über weite Teile Europas entdeckten fossilen Früchte von *Juglans bergomensis* haben optisch starke Ähnlichkeiten mit jenen der *Juglans cinerea*, der nordamerikanischen Butternuss. Auch die heute in Asien verbreitete Mandschurische Walnuss mit stark zergrateten Formen ist ihr ähnlich. Vor fünf Millionen Jahren waren also die Butternüsse auch in Europa heimisch.

Hier wurden die fossilen Nüsse im Rheingebiet, dem Elsass, und den Niederlanden gefunden. Auch Funde aus den Braunkohleabbaugebieten Ostdeutschlands und Polens und in Bulgarien sowie am Alpensüdrand belegen eine weite Verbreitung der Art.

Bekannt sind aber auch sehr ähnliche Fossilien aus Nordamerika (*Juglans eocinerea*), Russland (*Juglans sibirica*) und weiten Teilen Asiens. Einige davon werden viel älter datiert als die Funde aus dem Elsass, und mitunter werden sie trotz großer Ähnlichkeit auch sehr unterschiedlich benannt. In neueren Arbeiten wird darum dafür plädiert, fast alle Funde unter dem Namen *Juglans bergomensis* zusammenzufassen.

Während bei europäischen und nordamerikanischen Fossilien morphologisch kaum Unterschiede zur heutigen nordamerikanischen Butternuss ausgemacht werden können, wird darüber spekuliert, ob asiatische Nüsse aus der Bergomensis-Gruppe Vorgänger der asiatischen Butternüsse, insbesondere der ähnlichen,

Juglans bergomensis, Pliozän, circa 5 Millionen Jahre altes Fossil aus dem Elsass. Rechts daneben die nur in Nordamerika verbreitete *J. cinerea.*

Hickorynüsse (Abbildungen vergrößert): Aus plio-/pleistozänen Kiesablagerungen im Urstromtal des Rheins. Die Formen sind vermutlich eng mit *Carya aquatica* aus Nordamerika verwandt. Sie entsprechen mehrheitlich dem fossilen Taxon *C. globosa*.

scharfkantig zergrateten Mandschurischen Walnüsse sein könnten. Begründet wird die These durch größere Lakunen (Hohlräume) in asiatischen Butternüssen, die auch in den Fossilien nachgewiesen worden sind.

Von der Butternuss-Gruppe sind sonst nur sehr wenige Fossilien gefunden worden. Eine einzige andere Art, die *J. lacunosa* genannt wird, stammt aus Nordamerika und weist keine scharfen Kanten und Grate auf. Möglicherweise sind die eozänen Nüsse der Axel Heiberg Insel die ersten Vorfahren dieser Walnussgruppe.

Die europäischen Formen dieser Walnussgruppe sind aber im Pleistozän zum letzten Mal nachgewiesen worden, das heißt, sie sind wohl während den Eiszeiten ausgestorben. Sie stellen einen weiteren erloschenen Teil dieser Pflanzenfamilie dar.

Die sehr jungen Fossilien aus dem Plio- und Pleistozän (Ende Tertär, Anfang Quartär) haben keinen eigentlichen Versteinerungsprozess durchlaufen, sondern sind unter Luftausschluss verkohlt. Darum sind sie leicht, spröde und bröcklig und haben fast dasselbe Gewicht wie frische Walnüsse. Trotzdem können diese Nüsse nicht mehr genetisch untersucht werden, da beim Verkohlungsprozess keine analysierbare DNA erhalten geblieben ist. Auch können andere Artdefinitionen nicht angewendet werden, da weder biologische Eigenschaften noch die Fortpflanzungsfähigkeit mit anderen Populationen geprüft werden kann.

In der Paläontologie werden anhand gefundener fossiler Pflanzenreste klimatische Daten vergangener Epochen rekonstruiert. Dafür werden die nächsten lebenden verwandten Pflanzenarten einer Fossilienfundstelle verwendet, um anhand von deren Lebensraumansprüchen auf die damaligen Klimafaktoren am Fundort schließen zu können. Für die pliozäne Flora von Sessenheim im Rheintal beispielsweise, einer der bekanntesten Bergamo-Walnuss-Fundstellen, konnte so relativ genau das Klima mit Temperatur und Niederschlagsmenge beschrieben werden. Dafür wurden die klimatischen Ansprüche der heute verbreiteten und am nächsten verwandten Arten erfasst und aus dem Durchschnitt der Daten aller Arten, die in einer Schicht gefunden wurden, berechnet. Dieses Verfahren wird schon seit der Anfangszeit der Paläontologie angewendet. Obschon es auf Berechnungen basiert, die keine absolute Genauigkeit ermöglichen, lässt sich eine Vorstellung davon erstellen, welches Klima geherrscht haben könnte. Den Berechnungen zufolge war es zur Zeit der Bergamo-Walnuss im Rheintal mit etwa 15,5 Grad Celsius im Durchschnitt etwa fünf Grad wärmer als heute.

Schwarznüsse, Hickorys und ihr Aussterben in Europa

Eine weitere Walnussart, deren versteinerte Nüsse in den Braunkohlegebieten Osteuropas gefunden wurden, weist Früchte auf, die mit den heutigen Schwarznüssen fast identisch sind. Die gefundenen Früchte aus Bulgarien stammen aus dem Pliozän und wurden *Juglans kitanovii* genannt. Sie belegen eindrücklich, dass vor den Eiszeiten in Europa fast alle Sektionen der Gattung der Walnüsse einheimisch waren, wenn wir die ähnlichen Sektionen der nordamerikanischen und asiatischen Butternüsse, deren Unterteilung teilweise umstritten ist, hier durch die Bergamo-Walnuss repräsentiert sehen.

Interessant ist dies auch deshalb, weil ansonsten aus der Schwarznuss-Verwandtschaft fast ausschließlich Fossilien aus Nordamerika bekannt geworden sind. Einzig einige Holzreste, die unter dem Taxon *Rhysocaryoxylon* aus einer eozänen Fundstelle in Dänemark bekannt geworden sind, weisen sonst Schwarznuss-Charakteristik auf.

Dasselbe gilt für einige andere Gattungen der Walnussgewächse. So werden in den Braunkohle-Abbaugebieten Ostdeutschlands wie auch in Kiesablagerungen im Rheintal regelmäßig auch Samen von Hickorys gefunden, mitunter solche, die heutigen Arten derart ähnlich sehen, dass man sie in deren nähere Verwandtschaft stellen wollte. Sie werden *Carya angulata* (ähnlich der Schuppenrinden-Hickory *C. ovata*), *Carya askenasyi* und *Carya globosa* (ähnlich der Wasser-Hickory *C. aquatica*) genannt. Für die Hickorys wird aufgrund morphologischer Untersuchungen versteinerter Nüsse und genetischer Analysen der Ursprung der Gattung in Nordamerika vermutet. Über eine Landbrücke sind sie schon im Eozän nach Europa und später nach Ostasien gelangt. Auch die Früchte einer Ringflügelnuss (*Cyclocarya nucifera*) und zweier Flügelnüsse (*Pterocarya limburgensis* und *P. paradisiaca*) konnten aus diesen Fundstellen geborgen werden. Auch diese Liste stellt aber nur einen Bruchteil der gefundenen, als Arten beschriebenen Formen dar, die aber in vielen Fällen wieder zu größeren Artkomplexen zusammengefasst wurden.

Die Bergamo-Walnuss und einige weitere Arten der Familie dürften wegen der vielen gefundenen Fossilien noch bis zu Beginn der Eiszeiten relativ häufig in den Auenwäldern des damaligen Europa vorgekommen sein. Aber die Walnüsse haben sich im Vergleich zu anderen Pflanzenresten auch einfach besser erhalten. Nicht nur der harten, schwer abbaubaren Schalen wegen; auch weil Walnussarten meist Flussauen besiedeln; jene Orte also, an denen die Gesteine und Ablagerungen entstanden sind, welche die Fossilien bergen.

Mit dem Abkühlen des Klimas zu Beginn der Eiszeiten konnten die Arten jedenfalls nur mehr in südlicheren Gebieten überleben, was eine geografische Verschiebung der Pflanzenarten ausgelöst haben muss.

In Nordamerika und auch in weiten Teilen Asiens konnten die Pflanzenarten weit in südlichere Gefilde ausweichen, während in Europa die Alpen und das Mittelmeer unüberwindbare Querriegel für diese Ausbreitung darstellten. Heute sind viele der Standorte bekannt, an denen sich im eiszeitlichen Europa noch waldartige Vegetation halten konnte. Einige Rückzugshabi-

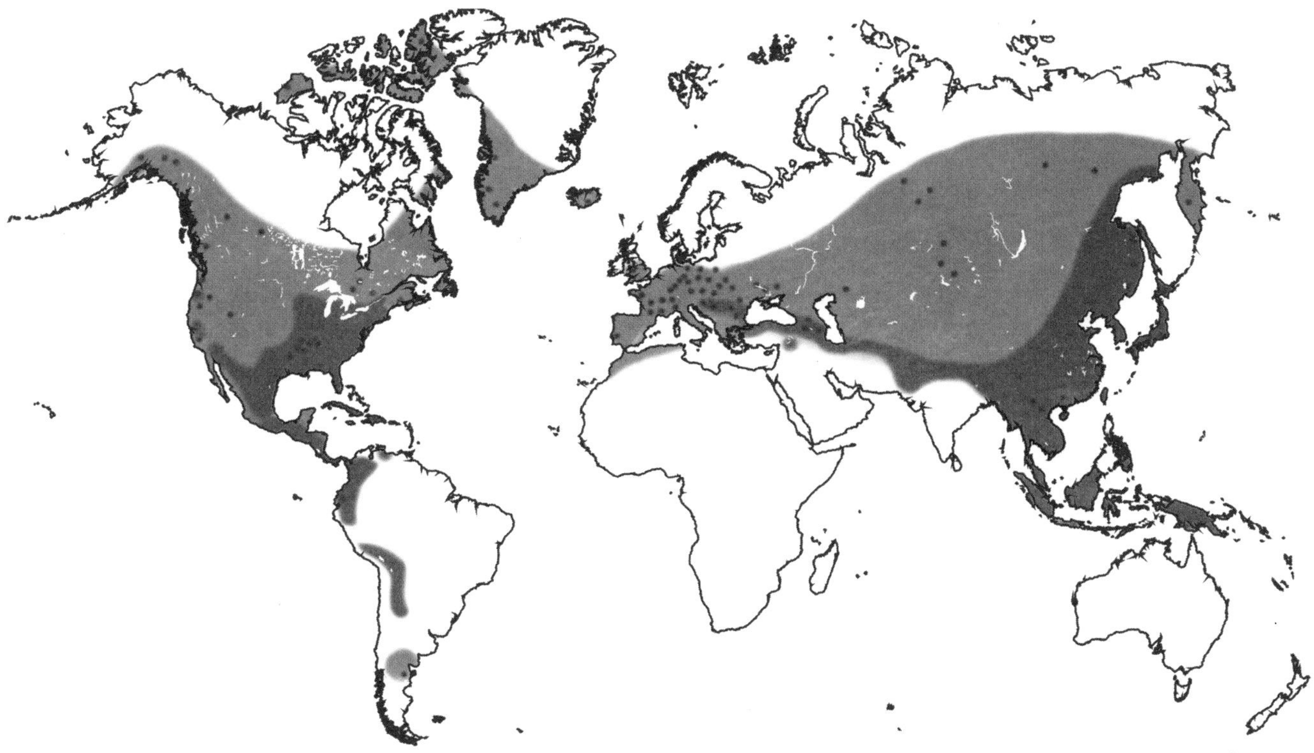

Die natürliche Verbreitung der Juglandaceae im Tertiär (hellblau) und heute (dunkelblau), dargestellt als zusammenhängendes Areal. Tatsächlich sind nur punktuell Fossilien gefunden worden (violette Punkte). Es haben sich die Kontinente und Meeresflächen seit Beginn des Tertiärs stark verschoben. (Fossilfunde nach Schaarschmidt 1999, Manchester 1987, Hermsen/Gandolfo 2016, Richter/LePage 2005, Meng et al. 2015)

tate finden sich im südlichen Italien, auf Sizilien, im Balkangebiet oder in der Ägäis. Vorzugsweise südexponierte Lagen und sonnige Flusstäler werden diese Reliktwälder bewachsen haben. Während der Eiszeiten war ein größerer Teil des Wasservorkommens der Erde in Eis gebunden. Darum war das Wasser in den gemäßigten Regionen für Pflanzen rar, die Niederschläge waren dürftig. Nur an ausreichend warmen und feuchten Stellen konnte sich auch deshalb die höhere und anspruchsvollere Vegetation halten.

Der tiefere Meerwasserstand schuf Landbrücken auf Inseln, die heute abgeschieden im Meer liegen. So hat etwa auf Kreta eine heute endemische Baumart der Zelkoven (*Zelkova abelicea*) überdauert, die sich nach den Eiszeiten dem wärmer werdenden Klima vor Ort hat anpassen können. Vor der Eiszeit waren die Zelkoven in Europa weiter verbreitet, wie sich aus fossilen Belegen ableiten lässt. So wie die Echte Walnuss und die Kaukasische Flügelnuss im Kaukasus und die anderen Walnussgewächse im fernen Osten und in Amerika.

Der in diesem Zusammenhang oft gebrauchte Begriff der »Pflanzenwanderung« ist dabei natürlich nicht bildlich zu verstehen. Genauso wenig wie die »Anpassung« an einen Lebensraum eine aktive Veränderung erfordert, sind auch hier nach den anerkannten Theorien primär passiv-selektive Veränderungen ausschlaggebend. Das noch unzureichend erforschte Feld der Epigenetik wird aber auch in Bezug auf klimatische Anpassungen von Pflanzen in Zukunft noch interessante Antworten auf offene Fragen geben.

Die natürliche Verbreitung der Samen (mit Wind, Tieren oder im Wasser der Flüsse etc.) trieb die Wanderung an, die Pflanzen gediehen dabei nur an jenen Orten weiter, an denen das Klima für sie günstig war, an anderen starben sie aus. Diese Form der Verbreitung findet immer statt, führt aber nur dann zu einer Wanderung der Vegetation, wenn sich das Klima auch verändert oder eine Art durch die Verbreitung plötzlich neue geeignete Habitate erreichen kann.

Viele dieser Veränderungen der Areale muss man sich als äußerst langsame Prozesse vorstellen, die mitunter viele tausend Jahre dauerten. Manche Verbreitungen sind wohl auch sprunghaft geschehen, etwa mit dem Einführen der Samen in neue Regionen durch Zugvögel, wandernde Wildherden oder Höhenwinde. Ganz wie die heute »Invasive Neophyten« genannten Arten, die sich ganz plötzlich in einem neuen Areal auszubreiten vermögen.

Wärmeliebende mitteleuropäische Pflanzenarten, deren Verbreitung sich während der Abkühlungsphase nicht östlich oder westlich der Alpen in den Mittelmeerraum erstreckte, starben unwiederbringlich aus. Dies erklärt die geringe Arten- und Gattungszahl an Pflanzen in Europa in unserer Zeit; bei den Walnussgewächsen ebenso wie in vielen anderen Pflanzenfamilien.

In den Zwischeneiszeiten, die selbst bis etwa zehntausend Jahre dauerten, wärmte sich das Klima immer wieder auf, mitunter auch über die heutigen Jahresmittelwerte. In diesen Zeitepochen wanderten die Pflanzen im gleichen Maße wie vorher in den Süden nun wieder zurück in nördlichere Gebiete. Das belegen eindrücklich sogenannte Schieferkohlen zwischen den Moränen verschiedener Gletscherstadien in den Alpen. Neben vielen Blatt- und Samenfossilien finden sich in Ablagerungen im Schweizer Mittelland auch immer wieder Pollen von Walnüssen.

Die »frischesten« fossilen Funde von Walnussgewächsen Europas reichen also weit in die Interglaziale, in die Warmepochen zwischen den Eiszeiten hinein. Nicht während der ersten Eiszeit, sondern erst nach einigen klimatischen Schwankungen sind neben der großen Verwandtschaft der Walnussgewächse auch die Magnolien, Strahlengriffel (Kiwis) und viele andere uns heute exotisch anmutende Pflanzenarten in Europa ausgestorben. Die direkten Vorfahren der Kaukasischen Flügelnuss finden sich in Stuttgarter Kalktuffen gar bis in die zweitletzte Zwischeneiszeit.

Letztlich starben manche Arten nach vielen Rückeroberungen ihres einstigen Verbreitungsgebietes trotzdem aus. Nach den Eiszeiten, vor etwa zehntausend Jahren, folgten die verbliebenen Arten denselben Pfaden, die ihnen auch in den früheren Zwischeneiszeiten zu Hilfe kamen, und konnten sich so aus ihren Refugien heraus wieder ausbreiten.

Damals waren in Mitteleuropa jedoch vermutlich bereits alle Arten der Walnussgewächse ausgestorben. In Asien und Nordamerika überlebten einige, mitunter auch die Abkömmlinge jener Pflanzengattungen, die einst zur europäischen Flora gezählt hatten. Aus dem östlichen China stammen etwa die abgebildeten Blätter von *Carya miocathayensis,* die eine Vorgängerart der heute noch in China heimischen *Carya cathayensis* sein könnte.

Noch in den Sechzigerjahren des letzten Jahrhunderts hat man davor gewarnt, dass wir uns in einer Zwischeneiszeit befänden, nach der sich wieder eine globale Abkühlung des Klimas ereignen würde. Diese Theorie basiert auf der Errechnung eines Eiszeitenzyklus, der sich während der Eiszeiten relativ konstant gehalten hatte. Setzt sich dieser Zyklus fort, müsste bald eine nächste Eiszeit einsetzen.

Obschon diese Annahmen angesichts der gegenteiligen klimatischen Entwicklung heute nur wenig Beachtung finden, ist es im größeren Zusam-

Blatt von *Carya miocathayensis* aus dem Miozän, 5–25 Millionen Jahre alt, Shandong, China.

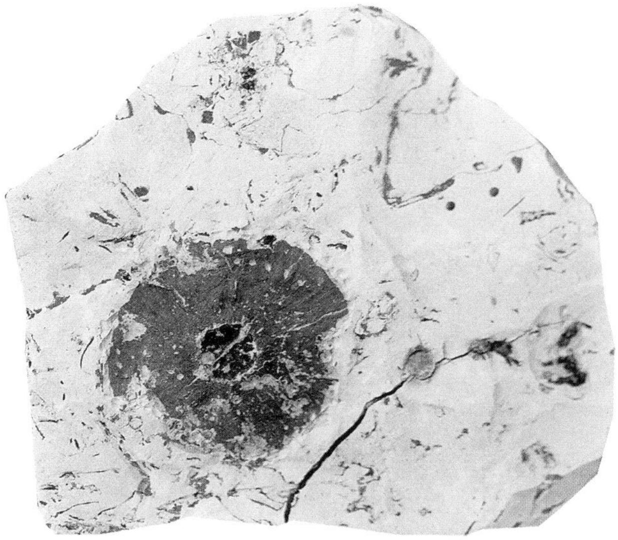

Cyclocarya cycloptera, vermutlich Oligozän, etwa 30 Millionen Jahre, Bockwitz, Ostdeutschland. Ausgestellt im Botanischen Garten Dresden.

menhang interessant zu sehen, in welchen zeitlichen Relationen unsere heutige Warmperiode zu den Zwischeneiszeiten liegt.

Nur der Wandel ist stetig

Eine Pflanzenart hat, wie die fossile Geschichte der Walnussgewächse eindrücklich belegt, nicht nur definierte Grenzen in der Genetik, Morphologie oder Verbreitung, sondern auch in der Zeit. Während seit Carl von Linné und der Definition eines ersten Artbegriffes erst gut 250 Jahre, und damit nur die Hälfte des Lebens der ältesten Walnussbäume Europas verstrichen sind, existiert diese Pflanzengruppe, aus der unter anderem die Pflanzenarten aus der Familie der Juglandaceae hervorgegangen sind, schon über 60 Millionen Jahre. Und sie haben sich seit dieser Zeit kontinuierlich, und wohl ohne große Sprünge zu machen, zu jenen Arten entwickelt, die wir heute kennen. Auch wenn immer wieder Formen der Walnussgewächse ausgestorben sind, ließen sich Linien von den Anfängen zu jeder heute existierenden Art ziehen. Trotzdem geben wir jeder uns bekannten Form, deren Fossilien gefunden wurden, einen eigenen Namen.

Dieser Umstand, dass der Übergang von der einen Art in die nächste mit der Zeit im Regelfall ein Kontinuum darstellt, führt zu einem Problem in der Systematik. Wir nennen zwar gewisse Arten die Vorgänger von anderen, so gilt etwa die fossile *Juglans eocinerea* als Vorfahre der heutigen Butternuss *J. cinerea*. Wo aber genau die Grenze liegt zwischen diesen Formen, lässt sich nicht mit den Mitteln der Botanik definieren.

Und die Entwicklung der Walnussgewächse steht nie still, auch heute nicht. So haben sich wohl viele der mittel- und südamerikanischen Walnussarten erst nach den Eiszeiten in die heute bekannten Arten aufgeteilt. Desweiteren haben die Walnussgewächse auch heute keine statischen Verbreitungsareale; durch naturbedingte Veränderungen genauso wie zunehmend durch den Menschen werden manche Arten verbreitet und andere auf kleinste Relikte zurückgedrängt. Die Pflanzung der Arten in Parks aus unterschiedlichen Herkünften ermöglicht zudem innerhalb der Gattung die Hybridisierung verschiedener Arten, was eine Vielzahl neuer Walnussformen hervorgebracht hat, aber auch etablierte Arten in ihrer ohne menschliche Beeinflussung entstandenen Form gefährden könnte.

Vergleicht man die Zeitspanne, in der in Mitteleuropa Walnussgewächse natürlich gewachsen sind, mit der Zeit nach ihrem Aussterben, so kommen wir zu einem erstaunlichen Schluss: In Europa hat seit der Entwicklung dieser Pflanzenfamilie wohl über 63 Millionen Jahre eine vielartige Walnussflora existiert, und erst seit knapp 2 Millionen Jahren fehlen viele Arten.

Wenn also einst fast alle Walnussarten in Europa heimisch waren und dann wieder ausgestorben sind, so folgt als nächster interessanter Punkt die Frage nach deren Entdeckung und (Wieder-)Einführung in älterer und neuester Zeit.

Die Wiedereinführung nach Europa und die Erforschung der Walnussgewächse

Die Rückkehr

Nachdem also die Walnussfamilie in fast allen Formen bis etwa fünf Millionen Jahre vor unserer Zeit in Europa heimisch war, sind mit der wiederholten Abkühlung des Klimas während der Eiszeiten vermutlich alle Arten ausgestorben. Dieses Kapitel behandelt nun ihre Rückkehr in die Kulturlandschaft und in die Parkanlagen Mitteleuropas.

Nach den Eiszeiten besiedelte sich das ehemals vergletscherte Europa über viele Schritte nach und nach wieder mit der uns bekannten Flora und Fauna. In dieser Zeit wurde auch der Einfluss des modernen Menschen auf die Landschaft Europas größer. Es wird kontrovers diskutiert, welche Pflanzenarten in dieser Rückeroberungsepisode zu welcher Zeit und in welcher Abhängigkeit zum Menschen wieder eingewandert sind.

Die früheste in Europa kultivierte Walnuss-Art ist die bekannteste aller Arten: die Persische oder Echte Walnuss, *Juglans regia*. Sie steht für die kulturell wichtigste Rückkehr eines Walnussgewächses nach Mitteleuropa. Verbreitet ist die Theorie der Einführung der Walnuss durch die Römer als Kulturpflanze, doch verschiedene Indikatoren lassen auch andere Rückschlüsse zu.

Der »Kern« des natürlichen nacheiszeitlichen Verbreitungsgebietes der Walnuss jedenfalls liegt in Vorder- und Mittelasien, es gab sie vom Kaukasus möglicherweise bis in den Himalaja. Die Walnuss kommt im Osten bis ins zentrale China und im Westen schon seit Langem bis in den Mittelmeerraum vor. Neuere Arbeiten weisen auf verschiedene, kleine Relikte während der Eiszeiten hin, wenige Reliktpopulationen könnten sich im Mittelmeerraum selbst im westlichen Südeuropa gehalten haben. Dabei ist es schwer festzustellen, welcher Teil des heutigen Areals der Art auch ohne menschliches Zutun besiedelt worden wäre. Als Wildpflanze wächst die Walnuss heute in weiten Teilen Europas, eine weitere Verbreitung der wärmeliebenden Baumart ist aufgrund der Erwärmung des Klimas zu erwarten und auch schon teilweise im Gange. In der Schweiz gilt die Walnuss als eingebürgert und ist sowohl in Kulturen als auch wild regelmäßig an Waldrändern oder in Hecken anzutreffen.

Als waldbildende Art findet man den Walnussbaum heute noch besonders zwischen dem Kaspischen und Schwarzen Meer im Kaukasus, in Georgien, im

Früchte und Samen von in Europa kultivierten Walnussgewächsen in einer Schale aus Schwarznussholz.

Iran und in der Türkei, aber auch östlich in Kirgistan, wo die Art in Hangwäldern bestandsbildend auftritt. Diese Region gilt gemeinhin als Ausgangspunkt für die weitere Verbreitung über die Welt.

Die Walnuss der Pfahlbauer

Im südlichen Europa treten gehäuft ab der Zeit der Hochkulturen im zweiten Jahrtausend vor Christus handfeste Nachweise einer Walnusskultur auf. Einige Holz- und Nussschalenfunde aus dem Neolithikum und der Bronzezeit in Italien machen für den Mittelmeerraum die Verwendung und Anwesenheit der Walnuss schon weit früher wahrscheinlich. Pollenfunde und genetische Analysen bestätigen diese These. Auch nördlich der Alpen finden sich in über zweitausendjährigem, konserviertem Torf aus Hochmooren Pollennachweise der Walnuss, die weit in die prähistorische Zeit hineinreichen. Die Mengen sind aber derart marginal, dass sie nicht als relevant gewertet werden. Die kleinen Konzentrationen könnten auch durch Verwehungen über die Alpen zustande gekommen sein. Daher wird im Allgemeinen davon ausgegangen, dass die Walnuss nördlich der Alpen erst durch die Römer eingeführt worden ist.

Vereinzelt lassen sich aber auch Quellen finden, welche die Walnuss in einigen Formen als einheimisches Gehölz nördlich der Alpen beschreiben. Die treibende Kraft in der Theorie um die »Einheimische Walnuss« war der Autor H. L. Werneck mit seiner Arbeit *Die Formenkreise der bodenständigen Wildnuss in Ober- und Niederösterreich* in den 1950er-Jahren. Er stützt sich in seiner Arbeit auf Walnussschalen-Funde aus jungsteinzeitlichen Siedlungen am Bodensee und das Auffinden von Wildformen der Walnuss an verschiedenen wärmebegünstigten Standorten in der Schweiz (Jurasüdfuss), Österreich und Deutschland.

Dabei bezeichnet er kleinfruchtige Formen der Walnuss als einheimisch für die mitteleuropäische Flora; diese Formen seien klimatisch viel besser an Nässe oder Bodenfrost angepasst als die eingeführten, großfruchtigen »Kaiser- oder Klosternüsse«. Werneck folgert aus seinen Untersuchungen, dass die wilde Form der Walnuss, die er *»Juglans regia* var. *germanica«* nennt, eine durch Vögel oder Nager viel früher natürlich verbreitete Pflanzenart sei als die großfruchtige Kulturform, die erst durch den Menschen in der Römerzeit eingeführt worden sei.

Die jungsteinzeitlichen Walnuss-Funde der nordalpinen Seen stammen alle vom Prähistoriker und Botaniker Ernst Emil Neuweiler, der sich in verschiedenen Schriften mit den Pflanzen in Pfahlbausiedlungen und den dort gefundenen Hölzern befasst hat. Er hat in der Arbon-Bleiche und aus Wangen am Bodensee 1918 detailliert Walnussfunde aus Ablagerungen der neolithischen Siedlungen beschrieben. Er bestätigt in seinen Schlussfolgerungen das Vorkommen der Walnuss in der Schweiz zur Zeit der Jungsteinzeit. Diese Funde haben in der botanischen Literatur bis in unsere Zeit für viele Interpretationen gesorgt, während in der neueren archäologischen Literatur keine Hinweise mehr auf ein Vorkommen der Walnuss im Neolithikum zu finden sind. Der Grund dafür liegt in der im frühen 20. Jahrhundert oft unzureichen-

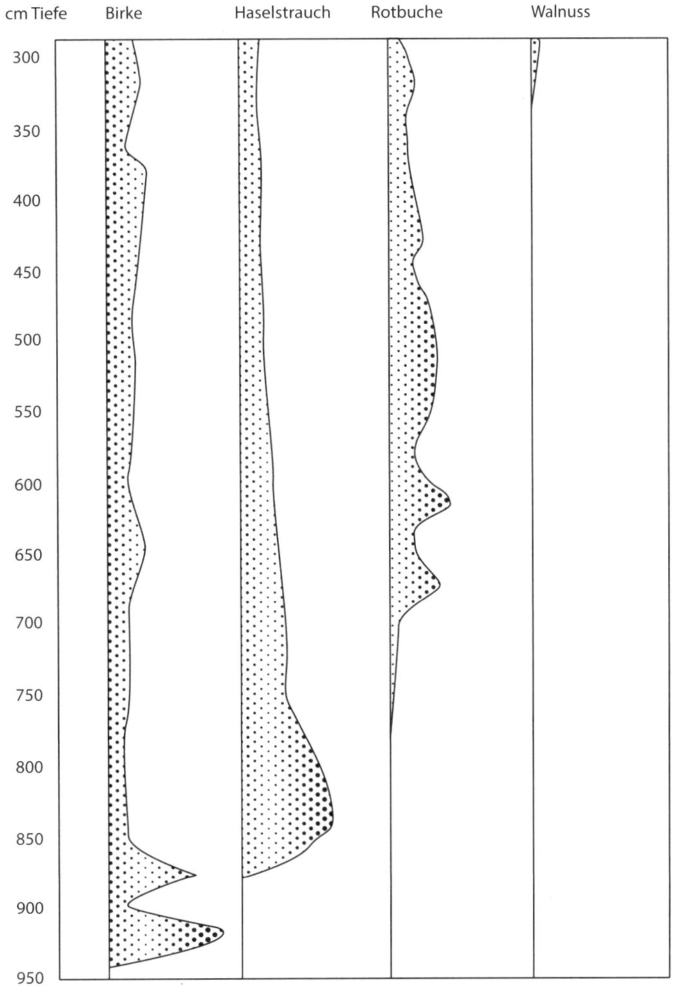

Pollendiagramm der Buchseen beim Bodensee: Die Walnuss tritt erst als eine der letzten Baumarten in Mitteleuropa auf. Die Tiefe der Pollenlage zeigt ihr Alter an. Pro Jahr wächst die Torfschicht um etwa 1 mm. (Nach einer Grafik aus: Denkmalpflege in Baden-Württemberg, 35. Jg. 4/2006)

den Absicherung von Funden in Grabungen. So wurde zur Zeit Neuweilers bei archäologischen Ausgrabungen nicht so präzise nach Schichten abgebaut (stratifiziert), wie das heute gemacht wird, was die Verunreinigung von Proben deutlich wahrscheinlicher macht. Auch könnten Nager mit ihren unterirdischen Nussverstecken viel später als die Pfahlbauten Nüsse in die entsprechenden Erdschichten gebracht haben. Die Walnussfunde sind auch nicht mit heutigen wissenschaftlichen Methoden bestätigt oder mithilfe des C14-Kohlenstoff-Tests im Alter bestimmt worden.

Und selbst wenn die Nüsse tatsächlich zur entsprechenden Zeit von Menschen abgelagert wurden, so müssten die Funde kein Beweis des Vorkommens von Walnussbäumen in der Region sein, zumal schon für diese Zeit der Tauschhandel mit weit entfernten Kulturen anhand verschiedener, weit transportierter Gegenstände dokumentiert ist. Weil keine neueren, gesicherten Funde der Walnuss aus vorrömischer Zeit nördlich der Alpen vorliegen, gelten die Funde Neuweilers heute als irrelevant.

Als wahrscheinlich gilt aber ein Vorkommen der Walnuss in den Schweizer Südtälern schon vor ihrem Auftauchen nördlich der Alpen. Südalpine Pollenfunde bestätigen diese Theorie: Vor etwa 3500 Jahren gab es erste höher konzentrierte Walnusspollen-Funde im Raum Lugano und noch etwas früher im Puschlav.

Nördlich der Alpen treten seit rund zweitausend Jahren gehäuft Walnusspollen in Pollendiagrammen auf, viel später als die Pollen der anderen spät

Früchte-Fresko mit Walnuss aus der antiken Stadt Pompeji, die 79 n. Chr. beim Ausbruch des Vulkans Vesuv verschüttet wurde.

natürlich eingewanderten Waldbäume der niedrigen Lagen, etwa die Pollen der Buchen. Das legt die Vermutung nahe, dass zu dieser Zeit nicht nur über den Handel Walnussholz und Nüsse zum Verzehr nach Mitteleuropa gekommen sind, sondern macht den Anbau und die Pflanzung von Bäumen ab dieser Epoche tatsächlich wahrscheinlich.

Die Frage nach der Zeit des Wiederauftretens der Walnuss nördlich der Alpen lässt sich heute nicht abschließend beantworten. Bestimmt wurde die Walnuss aber in verschiedenen Epochen in unterschiedlichen Kultivaren durch den Menschen eingeführt – ein Prozess, der bis heute andauert. Die von Werneck erwähnten natürlichen Walnuss-Vorkommen in Wäldern Mitteleuropas könnten auch eine Verwilderung ursprünglich kleinfruchtiger, durch den Menschen eingeführter Kultivare oder das Ergebnis einer Selektion auf kleinerfruchtige, durch Nager und Vögel einfach zu transportierende Individuen sein.

Die Walnuss zur Zeit der Griechen und Römer

Sicherere Schlüsse lassen sich aus schriftlichen und bildlichen historischen Quellen ziehen. Erstmals taucht die Walnuss in Europa in den Schriften der Griechen auf, zum Beispiel bei Plinius dem Älteren, der die Einführung der Nuss nach Europa der griechischen Hochkultur zuschreibt. In einer Schrift von Theophrastus wird die Walnuss »Persische Nuss« genannt. Vielleicht ist das ein Hinweis auf die urspüngliche Herkunft des Gehölzes. Einer Legende nach soll der griechische Eroberer Alexander der Große die Walnuss aus dem Mittleren Osten in den östlichen Mittelmeerraum gebracht haben. Für das mediterrane Gebiet wäre diese Einführung wenige Jahrhunderte vor Christi Geburt aber sehr spät und widerspricht manchen archäologischen Funden und Pollendiagrammen. Realistischer ist die Vermutung, Alexander der Große hätte neue, vielleicht größerfruchtige Kulturformen des Walnussbaums importiert.

Der stattliche Baum war auch Teil der altgriechischen Mythologie. So etwa in der Geschichte der verbotenen Liebe zwischen Karya, der Tochter des Königs der Lakonier, und dem umtriebigen Gott Dionysos. Karya wurde durch ihre eifersüchtigen Schwestern verraten, worauf sie aus Trauer und Ohnmacht starb. Dionysos verwandelte sie daraufhin in einen Nussbaum. Der antike Epiker Pherenikos zählte sie zu den schützenden Baumnymphen, unter denen sie dem Walnussbaum zugehörig war.

Die Bezeichnung Karya entwickelte sich zum Namen der Walnuss, was 1818 den Botaniker Thomas Nuttall dazu bewegte, der damals neu entdeckten Walnussgattung der Hickorys den botanischen Namen *Carya* zu geben.

Auch den Römern war die Walnuss bekannt. So sind beispielsweise auf einigen Fresken aus Pompeji, der durch einen Ausbruch des Vulkans Vesuv verschütteten römischen Stadt bei Neapel, Abbildungen von Früchten und Walnüssen erhalten geblieben. Dicke Schichten aus Asche haben diese Stadt im Moment ihrer Auslöschung im Jahr 79 n. Chr. erstarren lassen, was noch heute einzigartige Einblicke in das Leben der dortigen Bevölkerung ermöglicht. Erhalten blieben dabei sogar verkohlte Walnüsse. Diese sind bereits relativ großkernig und scheinen kultivierte Varietäten zu sein.

In der griechischen und römischen Literatur werden die Walnüsse in frühen wissenschaftlichen Werken erstmals beschrieben. Insbesondere ihre Heilwirkung und Anwendung in der Medizin war den Gelehrten ihrer Zeit wichtig; zum Beispiel Plinius dem Älteren, dem Arzt Pedanios Dioskurides oder dem römischen Schriftsteller Lucius Iunius Moderatus Columella.

Etwa zur selben Zeit, kurz vor Christi Geburt, zogen die römischen Feldherren Drusus und Tiberius über die Alpen und eroberten weite Gebiete damaliger keltischer Ländereien. Ab diesem Zeitraum nehmen die Pollenfunde der Walnuss nördlich der Alpen zu. Viele durch die Römer schon länger kultivierten Pflanzen fanden so erstmalig den Weg aus dem Mittelmeerraum in die neuen Herrschaftsgebiete. Gesicherte Funde von Walnüssen und Walnusshölzern in der Schweiz treten jedenfalls etwa im 3. Jahrhundert n. Chr. auf, wie etwa Funde der Grabungen in einer römischen Siedlung bei Eschenz des Amtes für Archäologie im Kanton Thurgau zeigen.

Hansjörg Küster, Geobotaniker und Biologe, der sich intensiv mit der Landschaft und den Gehölzen Mitteleuropas befasst hat, legt sein Augenmerk in einem Beitrag zur »Verbreitungsgeschichte der Walnuss« deswegen auch nicht auf die mögliche natürliche oder menschenbedingte Rückkehr des Nussbaumes, sondern auf die Frage nach seinem postglazialen Fehlen an vielen Orten. So ist das heutige Verbreitungsgebiet des Nussbaumes in Eurasien weit kleiner als sein potenziell klimatisch mögliches. Der Grund für das Fehlen der Art als natürliches Florenelement in vielen seiner potenziellen Habitaten sind die Klimaschwankungen der Eiszeiten – die genauen Zeiträume und Umstände der bisherigen Wiederbesiedlung werden nur fragmentarisch erfassbar bleiben.

Wann immer also die holozäne Besiedlung Europas mit der Walnuss wirklich begonnen hat – sie ist noch längst nicht abgeschlossen. Bis heute bürgert sich die Walnuss mehr und mehr ein, besonders in Waldschlägen, an Waldrändern und an warmen Gewässerrändern findet man nicht nur wenige »Kulturflüchtlinge«, sondern mitunter Gehölzbestände, die stark von Walnüssen durchsetzt sind.

Oder biologisch argumentiert: Während die ursprüngliche Entwicklung der großfruchtigen Walnussgewächse im Tertiär als Koevolution mit Nagern und Vögeln betrachtet wird, so könnte die Entwicklung und Verbreitung der Walnuss nach der Eiszeit als koevolutiv mit der menschlichen Entwicklung betrachtet werden. Heutige Formen der Echten Walnuss haben größere Nüsse als ihre Wildbestände und sind darüber hinaus heute noch primär durch den Menschen großräumig verbreitet worden. Die biologische Auslese und Verbreitung ist besonders auf größere geografische Räume gesehen mehrheitlich menschbedingt. Die Walnuss hat sich also – wenn auch als Teil eines passiven Prozesses – durch ihre verlockenden Kerne den Menschen zum wichtigsten Verbreiter gemacht.

Die Welschnuss und Karl der Große

Im deutschsprachigen Raum ist die »Karya« der Griechen und die »Nux« oder »Juglans« der Römer zur Walnuss geworden. Dieser Name wiederum stammt vom Begriff »Welschnuss«, der »Nuss der Welschen«, wie die Walnuss in der mittelalterlichen Literatur gerne genannt wird.

Während wir noch heute die französischsprachige Schweiz »Welschland« nennen und den Begriff primär mit der französischen Sprache in Verbindung bringen, bezeichnete »Welsch« im Mittelalter die Völker des romanischen Sprachgebiets, das auch die lateinischen, italienischen und spanischen Sprachgebiete miteinbezieht.

Der Name »Walnuss« wird also in der Literatur mit der vermuteten Einführung der Walnuss aus dem romanischen Kulturraum in die deutschsprachige Region begründet. Wann und wo genau der Begriff jedoch entstanden ist, bleibt Theorie.

Vielleicht bezieht sich der Name der Walnuss auch auf eine Epoche, die erst nach dem Zusammenbruch des Römischen Imperiums stattgefunden hat – einige Jahrhunderte später zur Zeit Karls des Großen. Der Frankenkaiser Karl der Große, der um das Jahr 800 wieder ein europäisches Reich aufbaute, war neben seiner Härte in kriegerischen Auseinandersetzungen auch für Reformen in der Welt des Klerus und der Landwirtschaft bekannt geworden. Er ordnete beispielsweise die Pflanzung von Walnussbäumen an. Unter dem lateinischen Wort »nucarios« findet man den Walnussbaum in seiner Reichsgüterverordnung, dem *Capitulare de villis vel curtis imperii*. Man nimmt an, dass in den Reichsgütern der Franken von den Verwaltern alle dort erwähnten Pflanzen angepflanzt werden mussten, so es das Klima zuließ.

Besonders in den Klöstern der Benediktiner, deren Orden damals auch in Mitteleuropa sehr stark vertreten war, wurden Gärten mit Obstgehölzen und anderen

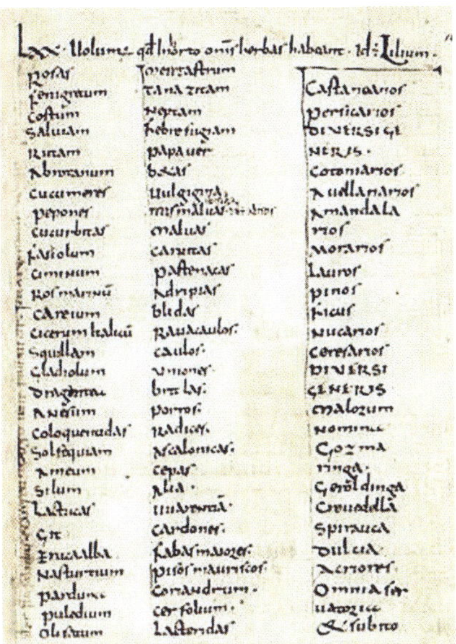

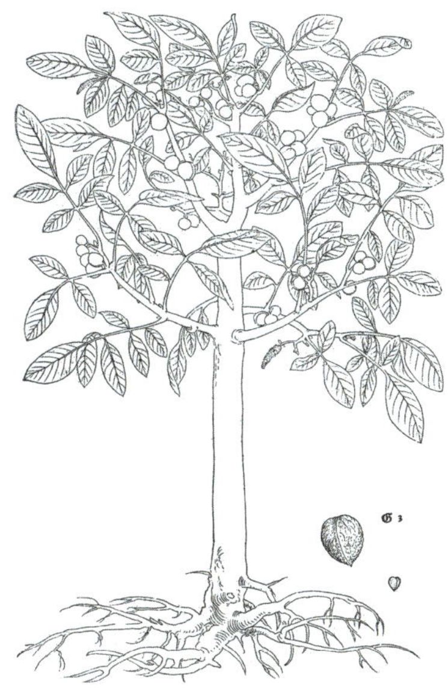

Links: Auszug aus dem *Capitulare de villis vel curtis imperii,* der Handelsgüterverordnung Karls des Großen, welche die Pflanzung von Walnussbäumen, »nucieros«, um das Jahr 800 n. Chr. in seinem Reich vorschrieb.
Daneben frühe Walnussabbildungen: links Walnuss aus dem *Tacuinum sanitatis,* der lateinischen Version von Ibn Butlāns *Taqwim es-sihha,* 11. Jh., rechts Walnussbaum, »Welschnuss«, aus der deutschen Version von Leonhart Fuchs' *Neu Kräuterbuch,* 16. Jh.

verordneten Pflanzen, etwa Gewürz- und Heilkräutern, angelegt. Aus dieser Zeit stammen auch die poetischen Gartengedichte Walahfrid Strabos von Reichenau.

Die Kultivierung dieser »Klosternüsse«, deren Tradition für die nordalpinen Völker mit größerer Wahrscheinlichkeit aus dem Westen kam und durch lateinischsprachige Mönche vorangetrieben wurde, könnten auch der Grund für den Namen »Walnuss« sein. Es ist nicht unwahrscheinlich, dass bei der Einführung von Walnüssen durch die Franken neue, größerkernige Formen der Echten Walnuss nach Mitteleuropa gelangt sind. Aus dieser Herkunft könnten die alten Namen »Kaisernuss« und »Klosternuss« für den Nussbaum stammen.

Auch heute noch ist Frankreich und insbesondere das Périgord und die Region um Grenoble bekannt für ihre lange Tradition der Walnusskultur.

Walnussliteratur im Mittelalter

Im Mittelalter wurde die Walnuss in Europa also schon lange kultiviert und war auch schon in großfruchtigen Kulturformen verbreitet. Der Wissenserwerb und die Erforschung der Pflanze blieb in dieser Zeit in Europa aber kulturell bedingt relativ bescheiden. Die einzigen wissenschaftlichen Quellen, die den wenigen Gebildeten im Mittelalter vorlagen, waren die Schriften der Griechen und Römer, die Heilwirkung und Nutzung der Walnuss beschrieben, diese aber auch mit allerlei heute nicht mehr stützbaren Vermutungen und Behauptungen ausschmückten. Besonders bekannt waren die Schriften von Plinius dem Älteren, dem römischen Gelehrten, dessen Beschreibungen sich in vielen spätmittelalterlichen Werken und in den Schriften der Renaissance wiederfinden. Ganz allgemein beschränkte sich die mittelalterliche Literatur zu Pflanzen- und Heilkunde meist auf das Zusammentragen antiker Quellen.

Im Spätmittelalter waren es zuerst kirchliche Gelehrte, dann Apotheker und Kräuterkundige, die detailliert über die Walnuss berichteten. Unter ihnen waren insbesondere Hildegard von Bingen, Hieronymus Bock oder Leonhart Fuchs. Unter dem Namen »*Nux usalis*« oder »Baumnuss« oder »Welschnuss« ist die Walnuss ab dieser Zeit in der Literatur zu finden. Während anfänglich die Beschreibungen im Mittelalter in lateinischer Sprache verfasst wurden, liefert beispielsweise Leonhart Fuchs im 16. Jahrhundert auch Übersetzungen in deutscher Mundart.

In Arabien war der Erwerb von Informationen bereits im früheren Mittelalter für die Wissenschaft von zentraler kultureller Bedeutung. So wurde schon um die erste Jahrtausendwende im Werk *Taqwim as-sihha* des populären Arztes Ibn Butlan ein Walnussbaum abgebildet und seine Heilwirkungen beschrieben. Diese Schriftensammlung wurde einige Jahrhunderte später als *Tacuinum sanitatis* in die lateinische Sprache übersetzt und war fortan eine wichtige Basis für die späteren mittelalterlichen Werke.

Die Erforschung der Walnussfamilie – Von Carl von Linné bis Wayne E. Manning

Der botanische Gattungsname der Walnuss *Juglans* wurde von Carl von Linné 1753 in seinem *Species Plantarum* aufgeführt. Das Werk Linnés, das eine erste Nomenklatur, also eine erste wissenschaftliche Einteilung der Arten mit einem einheitlichen binären (zweiteiligen) botanischen Namen in lateinischer Sprache in Gattung und Artnamen darstellte, war wegweisend für die Wissenschaft. Erst dort wurden systematisch botanische Arten beschrieben und anhand getrockneter Herbarbelege (Typusexemplare) charakterisiert. Ein Typusexemplar einer Pflanze, die unter einem bestimmten botanischen Namen beschrieben wird, ist die Basis für jede weitere Beschreibung – anhand dieses Exemplars können alle anderen Formen verglichen und abgegrenzt werden.

Die Bezeichnung *Juglans* war in dieser Form schon den Römern bekannt und setzt sich aus den lateinischen Begriffen *glans* und *Iovis* zusammen. Die Bedeutung dieses Namens ist in etwa »Eichel des Jupiter«. Auch der botanische Artname *regia* (lat. für königlich) wurde der Nuss in der Erstbeschreibung von Carl von Linné verliehen und lehnt sich – wie bereits oben erwähnt – an geschichtliche Inhalte an.

Zwei andere Arten, die um 1753 in Europa schon bekannt waren, die Schwarznuss *Juglans nigra* und Weißnuss (= Butternuss, *J. cinerea*) finden hier ihre erste wissenschaftliche Erwähnung. Alle weiteren Arten der Pflanzenfamilie waren zur Zeit Linnés unbekannt.

Erst mit der genaueren Erforschung der Flora von Nordamerika, Asien und der Tropen im 19. und 20. Jahrhundert wurde die Vielfalt der Pflanzenfamilie bekannt. Die folgenden Beispiele sollen zeigen, wie interessant und ereignisreich die kulturbotanische Geschichte der Erforschung dieser Pflanzenfamilie manchmal gewesen ist.

Bei der Japanischen Walnuss (*J. ailantifolia*) etwa erfolgte die Erstbeschreibung 1878 durch den französischen Botaniker Élie-Abel Carrière. Die Beschrei-

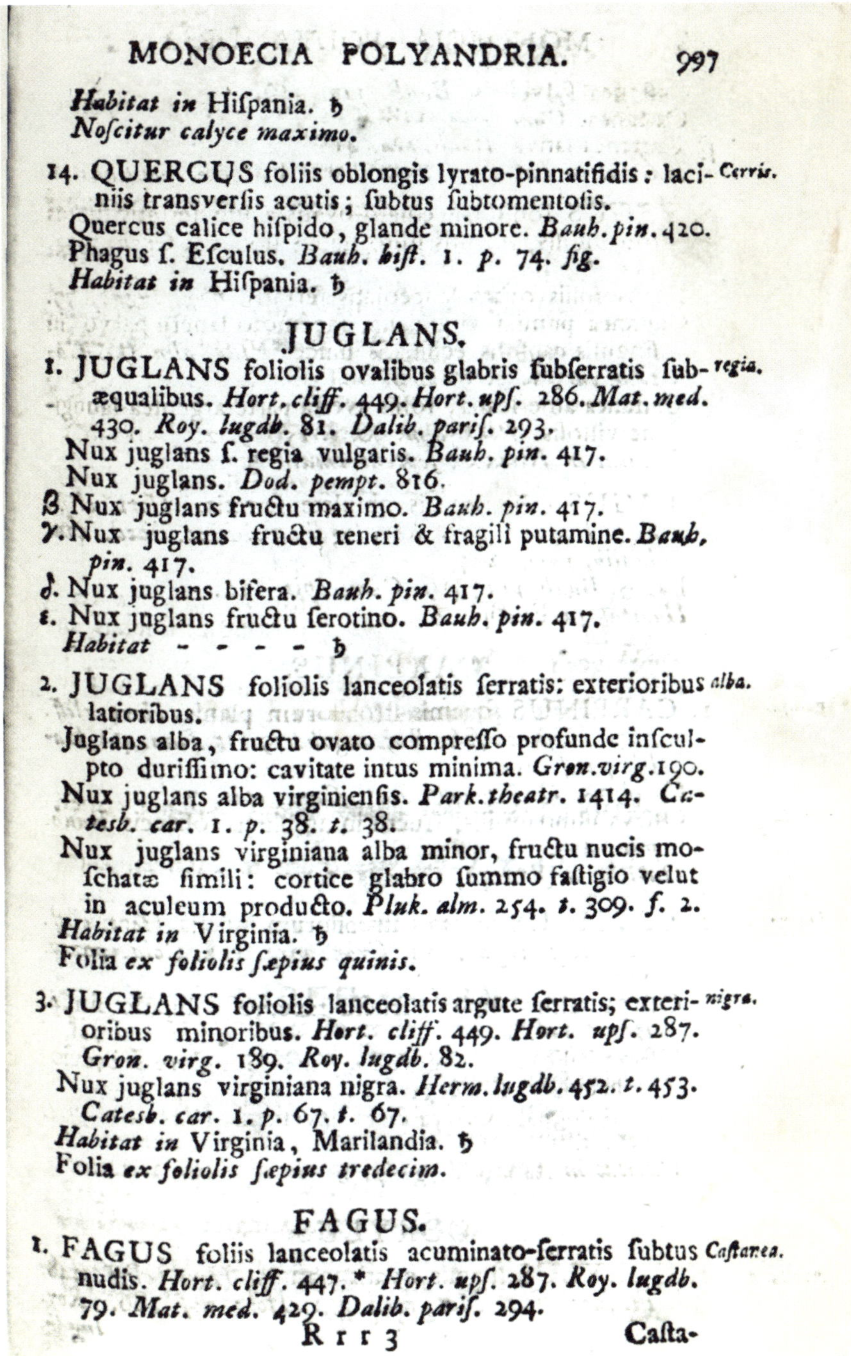

MONOECIA POLYANDRIA. 997

Habitat in Hiſpania. ♄
Noſcitur calyce maximo.

14. QUERCUS foliis oblongis lyrato-pinnatifidis: laciniis transverſis acutis; ſubtus ſubtomentoſis. *Cerris.*
Quercus calice hiſpido, glande minore. *Bauh. pin.* 420.
Phagus ſ. Eſculus. *Bauh. hiſt.* 1. *p.* 74. *fig.*
Habitat in Hiſpania. ♄

JUGLANS.

1. JUGLANS foliolis ovalibus glabris ſubſerratis ſubæqualibus. *Hort. cliff.* 449. *Hort. upſ.* 286. *Mat. med.* 430. *Roy. lugdb.* 81. *Dalib. pariſ.* 293. *regia.*
Nux juglans ſ. regia vulgaris. *Bauh. pin.* 417.
Nux juglans. *Dod. pempt.* 816.
β Nux juglans fructu maximo. *Bauh. pin.* 417.
γ. Nux juglans fructu teneri & fragili putamine. *Bauh. pin.* 417.
δ. Nux juglans bifera. *Bauh. pin.* 417.
ε. Nux juglans fructu ſerotino. *Bauh. pin.* 417.
Habitat - - - - ♄

2. JUGLANS foliolis lanceolatis ſerratis: exterioribus latioribus. *alba.*
Juglans alba, fructu ovato compreſſo profunde inſculpto duriſſimo: cavitate intus minima. *Gron. virg.* 190.
Nux juglans alba virginienſis. *Park. theatr.* 1414. *Catesb. car.* 1. *p.* 38. *t.* 38.
Nux juglans virginiana alba minor, fructu nucis moſchatæ ſimili: cortice glabro ſummo faſtigio velut in aculeum producto. *Pluk. alm.* 254. *t.* 309. *f.* 2.
Habitat in Virginia. ♄
Folia *ex foliolis ſæpius quinis.*

3. JUGLANS foliolis lanceolatis argute ſerratis; exterioribus minoribus. *Hort. cliff.* 449. *Hort. upſ.* 287. *Gron. virg.* 189. *Roy. lugdb.* 82. *nigra.*
Nux juglans virginiana nigra. *Herm. lugdb.* 452. *t.* 453. *Catesb. car.* 1. *p.* 67. *t.* 67.
Habitat in Virginia, Marilandia. ♄
Folia *ex foliolis ſæpius tredecim.*

FAGUS.

1. FAGUS foliis lanceolatis acuminato-ſerratis ſubtus nudis. *Hort. cliff.* 447.* *Hort. upſ.* 287. *Roy. lugdb.* 79. *Mat. med.* 429. *Dalib. pariſ.* 294. *Caſtanea.*

Rrr 3 Caſta-

Carl von Linnés *Species Plantarum*, Band 2, Seite 997: Erstbeschrieb der 1753 bekannten Arten der Walnussgewächse *Juglans regia*, *Juglans alba* (heute *J. cinerea*) und *Juglans nigra*.

bung der Mandschurischen Walnuss (*J. mandshurica*) lieferte bereits 1856 der russisch-deutsche Botaniker Karl Johann Maximowicz. Zwischen 1852 und 1864 war er auf vielen Reisen (zum Beispiel im Amurgebiet, in China, Korea und Japan) unterwegs und brachte unzählige herbarisierte Pflanzenbelege mit. Er verbrachte viele Jahre mit dem Beschreiben seiner Funde. – Das 19. Jahrhundert war sowieso das Jahrhundert der Pflanzenjäger. Unzählige Forscher brachen in dieser Zeit von Europa aus auf, um neue Arten zu beschreiben und botanische und zoologische Raritäten zu finden; sie erforschten mit ungeheurem Abenteuergeist die Weiten des Ostens und Westens der Alten und Neuen Welt. Nachdem Alexander von Humboldt 1799 nach Amerika aufgebrochen war und

Noyer de Meinier: Der größte Nussbaum der Schweiz ist 25 Meter hoch und hat über 35 Meter Kronendurchmesser. Er wurde 1863 gepflanzt, in der Blütezeit vieler botanischer Entdeckungsreisen. Er ist eine Hybride aus der Schwarznuss und der Echten Walnuss (*Juglans* x *intermedia*).

mit seinen Berichten aus der Ferne die Abenteuerlust vieler Wissenschaftler angefacht hatte, brachen unzählige Expeditionen in alle Herren Länder auf. Meist finanziert von den Adelshäusern reisten die wissbegierigen Europäer in fremde Länder, um zu sammeln, zu dokumentieren und Geologie und Geografie, Ethnien, ihre Kulturen und Sprachen, Gesteine, Tiere und Pflanzen anderer Erdteile zu erfassen. Obschon auch viele dieser Expeditionen wegleitend oder Teil des heute kritisch betrachteten Imperialismus und der Christianisierung indigener Völker waren, ist die Zeit im wissenschaftlichen Sinne von großem Interesse.

Doch nicht alle Pflanzenjäger waren nur damit beschäftigt, Pflanzen zu entdecken, zu herbarisieren, zu zeichnen und ihre Erkenntnisse im Dienste der Wissenschaft zu publizieren. Viele der Pflanzenjäger wurden von Unternehmen finanziert und bekamen Auflagen: Sie sollten Heilpflanzen, Kaffee oder Zierpflanzen mit nach Europa bringen. Oder, wie in vielen Fällen dokumentiert, Zierpflanzen für Gartenanlagen und Pflanzenhäuser für die Botanischen Gärten der Universitäten und private Anlagen. Besonders die Engländer waren geradezu besessen davon, mit neuartigen Pflanzen ihre Landschaftsparks zu schmücken. Exoten, Raritäten in Freianlagen und riesigen Schauhäusern wurden zu Publikumsmagneten.

In dieser Zeit sind auch die ersten exotischen Walnussarten in vielen Parkanlagen Europas eingeführt worden.

Im Jahr 1863 wurde der »Noyer de Meinier« gepflanzt, der heute größte und wohl einer der ältesten Nussbäume der Schweiz. Obwohl kaum Überlegungen der Gartenkunst ausschlaggebend waren für die Pflanzung dieses Baumes hinter der Kirche von Meinier bei Genf, so ist er doch ein Hinweis auf ein damals aufkommendes Interesse an exotischen Pflanzen; es handelt sich um eine Hybridnuss *Juglans* x *intermedia*, eine Kreuzung zwischen der Walnuss und der Schwarznuss.

Die Bezeichnung *Carya* wurde vom englischen Botaniker und Pflanzensammler Thomas Nuttall eingeführt, der den Namen 1818 in seinem Werk *The genera of North American plants* zur Bezeichnung der Gattung verwendete. Diese Bezeichnung hatte er dem Altgriechischen entlehnt, wo Karya – wie bereits erwähnt – Walnuss hieß. Da der gültige botanische Name einer Pflanzengattung oder Art stets jener der offiziellen Erstbeschreibung ist, wurde Nuttall zum Namensvetter der Gattung. Zu Unrecht eigentlich, denn schon zehn Jahre früher sind die Hickorys unter dem Namen *Hicoria* durch den Universalgelehrten Constantine S. Rafinesque beschrieben worden, weshalb verschiedene Wissenschaftler für die Umbenennung der Gattung plädierten. Weil der Name *Carya* aber schon so verbreitet war, wurde der Namenswechsel nie vollzogen.

Der Gattungsname der Flügelnüsse, *Pterocarya*, wurde von Karl Sigismund Kunth (1788 bis 1850) vergeben. Die Flügelnüsse waren schon vorher vom französischen Botaniker André Michaux beschrieben worden, der von seiner botanischen Reise nach Persien Herbarexemplare der Kaukasischen Flügelnuss mitgebracht hatte. Michaux nannte seinen Fund aber *Juglans pterocarpa*, weil er die Pflanze der Gattung der Walnüsse zurechnete. Kunth erkannte in den getrockneten Pflanzenresten eine neue Gattung, und so wurde der Herbarbogen von Michaux zum Typusexemplar der Gattung der Flügelnüsse *Pterocarya*.

Kunth, der selbst nicht nach Asien gereist war, hat dafür eine Expedition nach Mittelamerika unternommen und 24 Jahre seines Lebens damit verbracht, Alexander von Humboldts gesammelte Proben von dessen Amerikareise zu katalogisieren.

Die Japanische Flügelnuss (*P. rhoifolia*) wurde von Philipp Franz von Siebold (1796 bis 1866) zuerst beschrieben. Er war einer der ersten Europäer, die im isolierten Japan des 19. Jahrhunderts für längere Zeit forschten und lebten. Als Arzt und Naturwissenschaftler brachte er einerseits viel von seinem Wissen in das abgeschottete Land mit, nahm aber auch seinerseits viel Wissen mit nach Hause. Als einer der Höhepunkte seiner Arbeit gilt die *Flora Japonica*, ein Buch mit der ersten Beschreibung der Pflanzenarten Japans. In diesem schön illustrierten Werk beschrieb er zusammen mit Joseph Gerhard Zuccarini unzählige Pflanzen Japans zum ersten Mal, darunter die genannte Japanische Flügelnuss und auch die Zapfennuss (*Platycarya strobilacea*). Bei seiner Abreise schmuggelte Siebold viele Pflanzenarten aus Japan nach Europa. So gelangten die japanischen Wildpflanzen in die Gärten und Arboreten Europas. Über die 1839 gegründete Siebold-Gesellschaft und Siebolds Akklimatisationsgarten in Leiden wurden Pflanzen aus Japan für die europäischen Gärten akklimatisiert und vermehrt.

Stark vergrößerte Nuss der Zapfennuss: *Platycarya strobilacea* oder *Fortunaea chinensis*.

Im Jahr 1844 hat auch der bekannte englische Pflanzensammler Robert Fortune die Zapfennuss in China gefunden und ließ in der Annahme, es sei eine neue, noch nicht beschriebene Art, der Royal Horticultural Society in London Herbarmaterial und Samen zukommen. John Lindley, der Sekretär der Society, benannte den Pflanzenfund nach seinem Finder *Fortunaea chinensis* und bezeichnete die Art als wichtigsten Neufund Fortunes. Später wurde bekannt, dass die Art durch Siebold schon ein Jahr früher beschrieben worden war, weshalb der Name heute nur noch ein Synonym ist und sonst keine Bedeutung mehr hat.

Die Zapfennuss (*Platycarya strobilacea*), Originalabbildung aus der *Flora Japonica* von Siebold und Zuccarini, 1870.

Fortunes bedeutendste Handlung war der Schmuggel von Teepflanzen aus dem abgeschotteten China nach Indien. Die Möglichkeit, Tee selber anzupflanzen, hatte enorme wirtschaftliche Folgen für die Beziehungen zwischen Europa und den Kolonien, diese haben die Entwicklung Indiens und anderer heutiger Teeanbaugebiete maßgeblich beeinflusst.

Zu Fortunes Ehren wurden die zwei Gattungen *Fortunella* (Kumquats) und *Fortunearia* (eine Gattung der Zaubernussgewächse) und die heute in Europa verwilderte Chinesische Hanfpalme (»Tessinerpalme«) *Trachicarpus fortunei* nach ihm benannt.

Genauere Untersuchungen der Walnussgewächse wurden insbesondere im 20. Jahrhundert unternommen. Zu den wesentlichen Walnuss-Forschern gehörte zum einen der französische Botaniker Louis-Albert Dode (1875 bis 1945). Er gliederte die Gattung *Juglans* in insgesamt 44 Arten, die er anhand von morphologischen Untersuchungen erkannte. Viele seiner Einteilungen sind heute widerlegt worden. Da Dode einen Großteil seiner Arbeit anhand von Herbarmaterial erledigte, hat er viele kleine Unterschiede zwischen seinen Proben als Artunterschiede gewertet. Da die Unterschiede zwischen zwei Bäumen derselben Art schon sehr groß sein können, und da sich die Blätter eines Wasserschosses (Wassertriebes) und eines älteren Astes oder die Nüsse eines guten und schlechten Jahres am selben Baum recht stark unterscheiden können, zeigen Herbarbelege manchmal viel mehr Unterschiede als Gemeinsamkeiten. Darum wurden später einige Grenzen, die Dode zwischen den Arten beschrieben hat, wieder revidiert. Bis heute jedoch gilt Dode's Einteilung der Walnüsse (Gattung *Juglans*) in die vier Sektionen: *Juglans, Rhysocaryon, Cardiocaryon* und *Trachycaryon*. Einzig die Einteilung der Amerikanischen Butternuss in eine eigene Sektion ist noch immer gelegentlich umstritten. Die Butternuss wird heute gemäß mancher Autoren der Sektion *Cardiocaryon* angerechnet.

Später wirkte lange Zeit der nordamerikanische Botaniker Wayne E. Manning (1899 bis 2004), der im 20. Jahrhundert umfangreiche Untersuchungen zur Familie der Walnüsse gemacht hat. In Mannings Systematik kommen noch 21 Walnussarten vor, was der effektiven Artenzahl der Gattung *Juglans* wesentlich näher kommt. Vierzig Publikationen hat er zu den Walnussgewächsen geschrieben, und ihm zu Ehren wurde auch eine Art der Walnussgewächse nach ihm benannt: die tropische Art *Alfaroa manningii*. 1963 hat er die in Mexiko endemische *Carya palmeri* erstbeschrieben. Während seiner Arbeiten befasste er sich insbesondere intensiv mit den mittel- und südamerikanischen Walnuss-Arten. Die amerikanischen Arten hat er deswegen sehr klar darstellen können, sodass lange Zeit nur wenige Zweifel an ihrer Ordnung geäußert worden sind. Erst in neuester Zeit wird der Artstatus einiger Populationen der Gattung *Juglans* wieder diskutiert. Ab wann eine Population als eigene Art bezeichnet werden kann, ist auch hier wieder umstritten. Als Basis für seine Einordnungen hat Manning große Sammlungen von Nüssen und Herbarmaterial angelegt, die noch heute als eine der wichtigsten Referenzsammlungen der Walnussgewächse gilt. Die Sammlung wird in der Bucknell University in Pennsylvania (USA) verwaltet.

Im deutschen Sprachraum hat sich in Bezug auf die Walnussgewächse insbesondere Horst Schaarschmidt, ein Diplombiologe aus Leipzig, verdient gemacht. Sein Werk *Die Walnussgewächse* aus den späten Achtzigerjahren ist bis heute ein Standardwerk zum Thema und fasst detailreich viele Informationen zur Walnuss-Familie zusammen.

Bis in die 2000er-Jahre hat sich auch der US-Botaniker Donald E. Stone (1930 bis 2011), der Mitautor der *Flora of North America* oder des Juglandaceen-Teils der Mesoamerikanischen Floren und der *Flora of China* war, mit der Systematik der Walnussgewächse beschäftigt.

Dies sind nur einige wenige der bekannteren Namen von Forschern, die sich um die Erforschung dieser Pflanzenfamilie verdient gemacht haben. Das Quellen- und Literaturverzeichnis nennt noch einige mehr – und doch nur einen Bruchteil aller, die sich um das Thema bemüht haben.

Systematik und Veränderung des Artbegriffs

Die Systematik und die Einteilung der Pflanzen in Familien, Gattungen und Arten ist Basis für die Forschung und das Verständnis ihrer Verwandtschaft. Doch gerade der Artbegriff hat sich in der Zeit der Erforschung der Walnussfamilie stark verändert. Heute wird die Artenbeschreibung hauptsächlich über genetische Verwandtschaftsverhältnisse bestimmt und nur noch sekundär über die optische Ähnlichkeit. Dies ist insofern ein großer Vorteil, weil die in einem Stammbaum abgebildeten Verwandtschaftsverhältnisse die tatsächlichen genetischen Unterschiede (und damit die reelle Verwandtschaft) zwischen den benannten Formen recht genau abbilden können. Gleichzeitig distanziert sich die Forschung dabei aber von einer Artdefinition, die auch Laien im Feld eine Bestimmung anhand von optischen Merkmalen ermöglicht.

Früher zählten zwei Individuen zu einer Art, wenn ihre Nachkommen fortpflanzungsfähig waren. Dann wurden anhand morphologischer Unterschiede auch neue Arten beschrieben, wenn diese in entfernten Habitaten vorkommen und untereinander fortpflanzungsfähig waren; häufig wurde dieser Umstand aber nicht geprüft, da neue Arten anhand von Herbarmaterial beschrieben wurden, nicht aufgrund aufwendiger Langzeitstudien. Zudem konnten die Auswertungen von Herbarmaterial häufig nicht von den Sammlern des Pflanzenmaterials vorgenommen werden, was zu einer weiteren Erschwerung der Umstände geführt hat.

Im Falle der Walnussgewächse ist diese Arten-Definition auch insofern problematisch, weil sich viele Arten innerhalb der Gattungen der Walnüsse und Hickorys unter sich kreuzen lassen. Entstandene Hybriden sind oft wieder rückkreuzbar mit den Elternarten. Ein Grund dafür ist, dass die verschiedenen Arten seit einiger Zeit eine geografisch getrennte Entwicklung durchlebt haben; geografische Grenzen zu nah verwandten Arten machen das Vorhandensein biologischer Barrieren überflüssig.

Es bilden so beispielsweise die in einem sich stark überlappenden Verbreitungsgebiet heimischen Schwarz- und Butternüsse Nordamerikas, soweit bekannt ist, keine hybriden Formen, während beide Arten mit der eurasischen Echten Walnuss sofort hybridisieren. Während also bei Arten mit gemeinsamem Habitat genetische oder biologische Barrieren die Befruchtung mit anderen Arten einschränken, finden sich solche Barrieren bei Arten mit weit entferntem Habitat innerhalb der Gattungen weniger.

Biologische Barrieren können Differenzen im Blütezeitpunkt, die Morphologie der Pollenkörner oder auch Verdoppelungen im Chromosomensatz sein. Diese Entwicklung haben zum Beispiel einige Arten der Gattung Carya durchlaufen, was in Nordamerika die Entwicklung einer großen Zahl unterschiedlicher Hickorys mit ähnlichem Verbreitungsgebiet ermöglicht hat. Spezifischer widmet sich diesem Phänomen der Einführungstext zu den Artporträts der Hickory-Nüsse auf Seite 200.

Ohne solche biologische Barrieren würden sich die Vertreter unterschiedlicher Formen innerhalb einer Gattung im selben Lebensraum entweder nicht zu individuellen Arten aufspalten können oder aber bald so vermischen, dass sie nicht mehr unterschieden werden könnten. Vermutlich war im Verlauf der

Entstehung der Walnussgewächse das Zusammentreffen unterschiedlicher Populationen und ihre Hybridisierung auch immer wieder die Grundlage für die Entstehung neuer Arten.

Diesen Prozess kann man gut an den Schösslingen aus Nüssen exotischer Walnussgewächse in botanischen Gärten beobachten: Viele der Nachkommen der Gattung *Juglans* weisen intermediäre Merkmale der heimischen Walnuss und der jeweils gepflanzten exotischen Art auf.

In genetischer Hinsicht gelten heute zwei Individuen meist dann als Vertreter derselben Art, wenn sie eine gewisse genetische »Distanz«, gemessen an experimentell gesetzten Markern, nicht überwinden. Aufgrund der Ergebnisse neuester genetischer Untersuchungen wurden so auch einige Neu-Zuordnungen innerhalb der Walnussfamilie vorgeschlagen. Einige Arten könnten demnach als Gruppen zusammengelegt werden und andere sich neu aufspalten. So werden etwa die Arten in der Sektion *Cardiocaryon* (Mandschurische Walnuss, *J. mandshurica*, Chinesische Butternuss *J. cathayensis* und Japanische Walnuss *J. ailantifolia*) heute in neuen Publikationen zu einer einzigen Art zusammengefasst. Verbreitet ist aber zumindest die Annahme, dass es sich bei den Festland-Arten (*J. cathayensis* und *J. mandshurica*) um eine einzige Art handelt. Verschiedene genetische Untersuchungen in den letzten Jahren haben diesbezüglich aber nicht immer zu gleichen Resultaten geführt.

Obschon die Pflanzen des südlichen und nördlichen Verbreitungsgebietes wesentliche optische Unterschiede aufweisen, finden sich auch viele Übergangsformen zwischen den »typischen« Vertretern der drei früher beschriebenen Arten (Mandschurische Walnuss, Chinesische Butternuss und Japanische Walnuss). Hier fordert das »Stichprobenverfahren« der Artbeschreibung anhand von Herbarien basiertem Pflanzenmaterial seinen Tribut. Die Unterteilung der beiden beschriebenen Arten (*J. cathayensis* und *J. mandshurica*) wurde zwar in genetischen Untersuchungen bestätigt, was aber auch auf eine kleine Stichproben-Zahl in einer genetisch relativ breit aufgestellten Artgruppe hinweisen könnte. Abgeschlossen ist die Diskussion noch nicht, und neuere Arbeiten stützen sich mal auf die eine, mal auf die andere Untersuchung beim Begründen ihrer These zum Gliedern der Gruppe in unterschiedliche Arten.

So kommt es, dass sich die Artenzahl in der Familie der Walnussgewächse im letzten Jahrhundert schon Dutzende Male verändert hat. Es wurden neue Arten gefunden, alte Systeme revidiert, aufgrund unklarer Bestimmungen getroffene Arteinteilungen rückgängig gemacht und neue Gattungen beschrieben, weil manche bekannte Arten nicht ganz so gut zu ihren nächsten Verwandten passen.

Dieser Prozess wird – solange die Wissenschaft genauso wie die natürliche Entwicklung voranschreitet – nie ganz abgeschlossen sein. Und so lange gilt auch hier, was der deutsch-baltische Biologe Jakob Johann von Uexküll schon vor mehr als hundert Jahren treffend bemerkt hat: »Die Wissenschaft von heute ist der Irrtum von morgen.«

Nutzung, Symbolik und Heilmittel

Plantage der Echten Walnuss (*Juglans regia*) im Schweizer Mittelland.

Die Kultur der Walnuss in Europa hatte wohl schon immer primär den Zweck, Nüsse für den Verzehr anzubauen. Daneben war aber auch lange Zeit das Nussöl von großer Bedeutung. Als Nebennutzung wurde und wird das Holz der Walnussbäume gerne zu Möbeln verarbeitet.

Aber von vorn: Schon im antiken Griechenland und Rom war die Nusskultur, soweit belegt, primär wegen der Nahrungsmittelproduktion verbreitet. So ist anzunehmen, dass schon damals Walnüsse gezogen und gezielt ertragreichere Formen ausgelesen wurden. Es liegen auch Belege für die Nutzung des hochwertigen Walnussholzes vor.

Die Walnuss war zudem Gegenstand der Symbolik und Mythologie im alten Rom. So stand die Walnuss für Fruchtbarkeit und Lust. In den Hochzeitsbräuchen der Römer und später der Germanen sollen Walnüsse eine wichtige Rolle gespielt haben. So hatte der Bräutigam dem Festvolk Walnüsse zugeworfen, die dann beim Aufprall auf dem Boden hell klangen. Je heller der Klang, desto glücklicher würde die Ehe werden. Solche Heiratsrituale haben sich in unterschiedlichen Formen in verschiedenen Regionen erhalten. Auch wurden reich tragende Walnussbäume in einem Besitz als zukünftiger Kindersegen gewertet. Daher stammt wohl auch der Spruch »Nussjahre sind Bubenjahre«. Manchmal wird die Walnuss symbolisch als Vulva interpretiert.

Dieses Symbol der Fruchtbarkeit war später der Lehre der Enthaltsamkeit im Christentum zuwider. So rankten sich Mythen um Hexen und Teufelspakte um die Pflanze, die in einigen katholischen Regionen daher verpönt

Kerne einer Kulturform der Pekannuss (*Carya illinoinensis*), der Echten Walnuss (*Juglans regia*), der Chinesischen Pekannuss (*C. cathayensis*) und der Butternuss (*J. cinerea*) (Originalgröße). Alle Kerne sind genießbar.

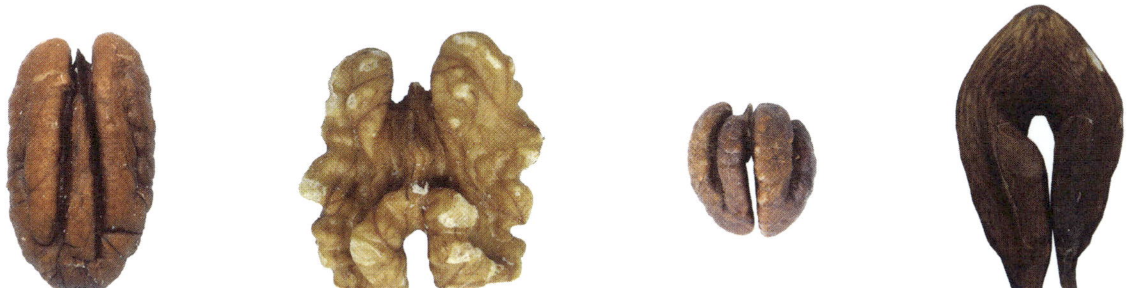

war. Andererseits wurde die Walnuss aber auch zum heiligen Symbol der Kirche, letztlich war Walnussöl als Ewiges Licht in den Gotteshäusern verbreitet im Einsatz.

In der Symbolik bis heute erhalten hat sich die Walnuss als »Futter fürs Gehirn«. Die optische Ähnlichkeit zwischen dem Kern der Walnuss und unserem Denkorgan wurde schon von den Griechen beschrieben und findet sich seit dieser Zeit bis heute in den Schriften der Signaturlehre. Generell ist die Walnuss in der europäischen Kultur Teil der Advents- und Weihnachtszeit, in der entweder durch das Christkind, den Nikolaus oder in der Schweizer Tradition durch den Samichlaus Wal- und andere Nüsse als Geschenk für die Kinder gebracht werden.

Im Keltischen Baumkreis galten Menschen, die im Zeichen des Walnussbaums geboren worden sind, als besonders leidenschaftlich und leidensbereit. Als »Nussbaum-Menschen« gelten alle, die zwischen dem 21. und 30. April oder dem 11. und 24. November geboren werden. Doch nicht nur in den europäischen, auch in ostasiatischen und nordamerikanischen Kulturkreisen waren Walnüsse schon sehr lange von großer Bedeutung.

Die Butternuss *J. cinerea* ist verglichen mit der Schwarznuss *J. nigra* meist kleinkernig.

Walnussgewächse in den traditionellen Kulturen Nordamerikas

In Nordamerika waren die Hickorys schon vor der Ankunft der Europäer eine wichtige Nährstoffquelle – und insbesondere ein attraktiver Wintervorrat der indigenen Völker. So stammt die Bezeichnung »Hickory« auch aus der Sprache der Algonkin-Indianer. Eine Speise, aus Hickory-Nüssen zubereitet und in Wasser gekocht, hatte den Namen »pocohiquara«.

In einer Höhle im Bundesstaat Texas, der Baker's Cave am Devil's River, wurden Pekannüsse (*Carya illinoinensis*) zusammen mit Überresten menschlicher Kulturen im Alter von etwa achttausend Jahren gefunden. Noch älter sind die dort entdeckten, etwa neuntausend Jahre alten Reste der Felsennuss (*J. microcarpa*), die ebenfalls aus Schichten mit kulturellen Gegenständen früher indigener Völker stammte. Damit ist die Kulturgeschichte der Walnussgewächse für Nordamerika vermutlich ebenso alt wie jene der Echten Walnuss. Ausführliche Informationen finden sich in Jules Janicks Standardwerk der Nusskultur *Fruit Breeding*.

Auch die Verwendung von anderen Walnussgewächsen durch die indigene Bevölkerung Nordamerikas ist bekannt. So soll die leicht toxische Rinde der Butternuss (*J. cinerea*) zum Betäuben von Fischen in kleine Bäche ausgebracht worden sein. Auf diese Art ließen sich die aufschwimmenden Fische sehr einfach fangen. Diese Fischfang-Methode wird auch in Persien mit Blättern der Echten Walnuss und in Ostasien mit diversen subtropischen und tropischen Walnussgewächsen bis heute praktiziert und ist scheinbar an geografisch weit entfernten Orten ähnlich entstanden.

Von den Cherokee-Indianern wurde die Butternuss gegessen, aber Teile der Pflanze wurden auch als Mittel gegen Zahnschmerzen und zum Färben gebraucht. Die Irokesen benutzten die Rinde dieser Baumart als Entwurmungsmittel.

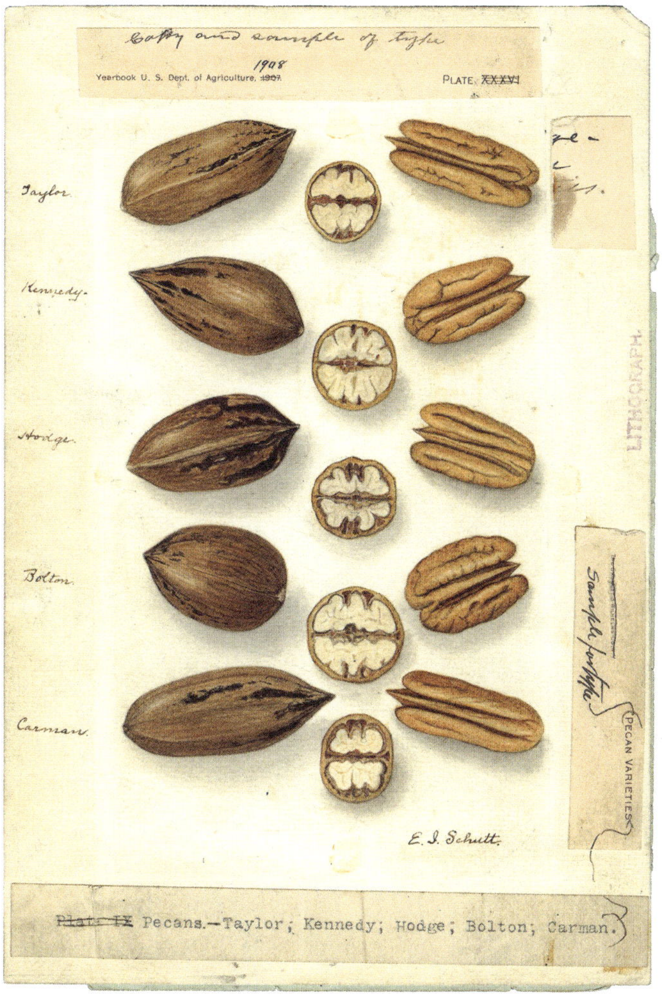

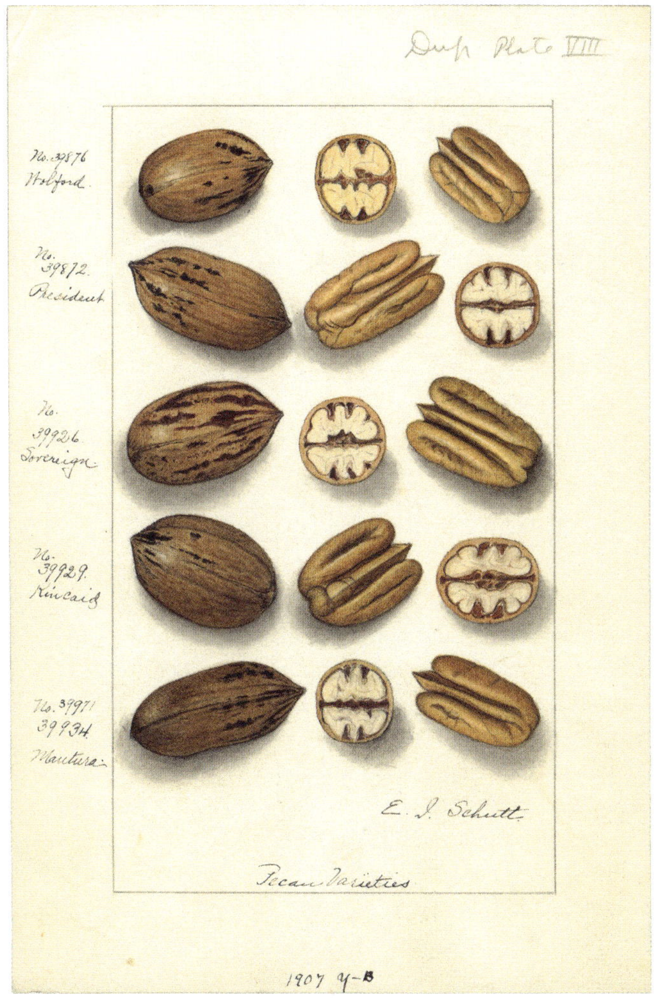

Pekankultivare, Illustration von Ellen Isham Schutt (1873–1955).

Den Europäern ist aufgefallen, dass die Hinds-Walnuss (*Juglans hindsii*) im heutigen Kalifornien insbesondere in näherer Umgebung von ehemaligen Indianersiedlungen gewachsen ist. Darum wird vermutet, dass die Art schon von den indigenen Völkern Nordamerikas ausgesät worden war oder diese ihre Siedlungen gezielt an Walnuss-Standorten errichtet hatten. Im Gebiet der Apachen wuchs die Arizona-Schwarznuss (*J. major*), deren Nutzung als Nahrungsmittel genauso überliefert ist wie die Verwendung der Fruchthüllen als Färbemittel. Als Wintervorrat eigneten sich die Walnüsse für die nativen Völker besonders. Auch die Schwarznuss, die Kalifornische Walnuss und viele Hickory-Arten wurden als Nahrungsmittel genutzt, ihr Holz war für Schnitzereien beliebt, und aus der faserigen Unterrinde wurden Korbgeflechte hergestellt.

Carya x *nussbaumeri* 'McAllister'
C. laciniosa x *C. illinoinensis*

Carya x *drunbarii*
C. laciniosa x *C. ovata*

Schwarznusshain im Arnold Arboretum, USA. In solchen Hainen werden Schwarznüsse auch wirtschaftlich produziert.

Kultur der Nordamerikanischen Walnussgewächse heute

Heute werden von den heimischen Arten Nordamerikas besonders die Pekannüsse (*Carya illinoinensis*) kommerziell angebaut. Dabei wurden auch unzählige Sorten gezüchtet, die weit größere Kerne als die Wildart bilden und teilweise viel kälteresistenter sind als die Wildformen aus dem Süden des Kontinents. Diese Formen werden »Northern Pecan« oder »Improved Pecan« genannt; Pekannüsse aus dem Erwerbsobstbau stammen von diesen Sorten ab, in Parkanlagen dort findet man hauptsächlich kleinfrüchtige Wildformen.

Der Erwerbsanbau der Pekannuss ist trotzdem stark auf die südlichen Staaten der USA fixiert, etwa Illinois, Texas oder Georgia, wo temperaturbedingt viel mehr großkernige Sorten wachsen. Wichtige Handelssorten sind etwa 'Caddo', 'Desirable' oder 'Forkert', die alle gezielte Kreuzungen etwas älterer großkerniger Sorten wie 'Barton' oder 'Jewett' sind. Insgesamt sind Tausende Sorten und Varietäten der Pekannuss bekannt, weshalb diese Liste nur einen kleinsten Einblick in die Vielfalt der Pekankultur gibt. Pekannüsse werden im Süden der USA und in Mexico in großen Hainen angebaut, die aufgrund der Wuchshöhe von etwa 40 Metern weit eindrücklicher und höher wachsen als die vergleichsweise kleinen europäischen Walnussbäume mit ihrer Kulturhöhe von höchstens 15 bis 20 Metern. Im südlichen Kanada werden auch Sorten für die Kultur im hohen Norden angeboten, darunter 'Lucas' oder 'Deerstand'. Auch wurden einige großkernige Sorten der Shellbark-Hickory (Königsnuss *Carya laciniosa*) wie 'Bradley', 'CES 24', 'Eureka' 'Henry' oder 'Fayette' ausgelesen, die jeweils für bestimmte Klimazonen optimale Eignung haben. Auch die Shagbark-Hickory (Schuppenrinden-Hickory, *Carya ovata*) wird gewerbsmäßig angebaut, vielversprechende Sorten sind 'Anthony', 'Davis', 'Yoder' oder 'Neilson'. Ein bekannter Hybride der beiden Arten läuft unter dem Sortennamen 'Weschke'.

Daneben gibt es noch einige Züchtungen mit dem Namen »Hican«, die durch Kreuzungen zwischen der Pekannuss und anderen Hickory-Arten entstanden sind. Weil gerade die genannte Königsnuss und auch die Schuppenrinden-Hickory meist eher dickschalig und im nördlichen Klima winterhart sind, erweitern sie das Anbaugebiet der Walnussgewächse nach Norden. Ihres feinen Aromas wegen sind diese Hickorys und ihre Hybriden besonders beliebt. Wichtige Hican-Sorten sind *C.* x *nussbaumeri* (*C. illnoinensis* x *laciniosa*) 'McAllister' und 'Burton'. Diese Sorten sind trotz ihres hybriden Ursprungs ertragreich. Auch Hybriden der dünnschaligen Bitternuss-Hickory (*C. cordiformis*) mit anderen Hickory-Arten sind beliebt, weil sie zwar dünnschalig sind, aber wesentlich weniger Bitterstoffe enthalten als die Elternart. Viele dieser Formen sind im gemäßigten Klima winterhart und würden auch in Mitteleuropa gedeihen. Es gibt aber nur wenige Literaturhinweise für gepflanzte Individuen dieser Kreuzungen in Europa. Der Anbau von Hickorys (mit Ausnahme der Pekannuss) und der erwähnten Hybrid-Sorten beschränkt sich im Norden der USA meistens auf stark durchmischte Plantagen mit verschiedenen Sorten oder Anlagen mit Permakulturcharakter. Diese Form der Landwirtschaft setzt nicht auf standardisierte Abnahme durch den Großhandel, sondern verfolgt Ideale einer möglichst biodiversen, vielfältigen Eigenproduktion. Sorten der

'Daniel' 'Sparrow' '2-1055'

'EmmaK' 'Dot' 'Sparks 127'

Schwarznusskultivare (*Juglans nigra*); Handelssorten und Neuzüchtungen des Center for Agroforestry an der University of Missouri.

Gattung Carya werden meistens veredelt auf dem Wurzelstock einer in der Region gut wüchsigen Hickory-Art.

Die *Northern Nut Growers Association*, eine Vereinigung von Nuss-Interessierten, spielt insbesondere in den USA und in Kanada eine wichtige Rolle. Ihr Ziel ist es, den Walnussanbau in den nördlichen Regionen zu fördern und das Wissen darüber zu erhalten, weil die ertragreichen Kulturen (sowohl die der Pekannuss als auch jene der Echten Walnuss) auf die warmen Gebiete konzentriert sind. In der Association sind insbesondere Baumschulen und Einzelpersonen engagiert, die sich der Zucht von Nusskultivaren verschrieben haben. In ihrer Schriftenreihe »The Nutshell« findet sich über ein Jahrhundert wertvollen Wissens über die Walnusskultur Nordamerikas, aber auch die anderer Gebiete der Welt. In den temperierten Gebieten Europas ist dieses Wissen ebenfalls von einem zunehmenden Interesse, besonders in Permakultur-Kreisen.

Obwohl der Hauptanbau an Walnüssen in Nordamerika wie bei uns auf die Europäische (beziehungsweise Persische) Walnuss fällt, werden hier auch die heimischen Walnüsse (*Juglans*) verbreitet genutzt und angebaut. In der Zucht und Erforschung der Kultur- und Naturformen sind auch Universitäten engagiert. Für die Echte Walnuss sind die Forschungen an der *UC Davis* in Kalifornien von großer Bedeutung. Für die Pekannuss und Hickorys ist es das Southern Plains Agricultural Research Center in Texas, das insbesondere genetische Erforschungen der Gattung *Carya* vorgenommen hat. Ein Forschungsprogramm zu Schwarznüssen (*J. nigra*) finden wir im Center for Agroforestry an der University of Missouri.

Schwarznüsse haben ein einzigartiges Aroma, das unter den Walnussgewächsen heraussticht. Viele Wildformen bilden jedoch einen vergleichsweise kleinen Kern in der schwer knackbaren Schale. Ziel ist es daher, möglichst dünnschalige, einfach zu knackende Schwarznüsse zu züchten, die ertragreich sind und auch geschmacklich das Beste bieten.

Der Querschnitt dieser Auslesen und Züchtungen macht dabei deutlich, dass die Schale insbesondere bei neuen Akzessionen dünner und einfacher zu knacken ist. Einige dünnerschalige Sorten haben damit ein besseres Kern-Schale-Verhältnis. Es gibt einen regional bedeutsamen Schwarznussanbau in spezialisierten Kulturen, beliebte Sorten sind 'EmmaK', 'Sparrow' oder 'Sparks'. Abgebildet sind auch einige vielversprechende Neuakzessionen der Universität Missouri, wie '2-1055', die derzeit frisch gezüchtet noch auf ihre landwirtschaftliche Eignung geprüft werden. Die Sortenauslese ist bei den Walnussgewächsen eine aufwendige, langfristige Arbeit: Nach erfolgter Bestäubung eines Ursprungsbaums kann es inklusive aller Tests der Sortenqualität mehrere Jahrzehnte bis zur Marktreife dauern. Die Hauptverwendung liegt bei der Schwarznuss allerdings in der forstlichen Holzgewinnung, die auch in Nusskulturen eine Zweiteinnahmequelle darstellt. Es werden in Nordamerika auch Hybriden zwischen der Schwarznuss und der Walnuss gezogen, allerdings kommen diese Formen aufgrund ihrer Wüchsigkeit hauptsächlich als (Veredelungs-) Unterlagen für andere Walnüsse zum Einsatz.

Wildform (oben) und Kultivar der Pekannuss (*Carya illinoinensis*).

Auch die klimatisch angepasste Claro- oder Hinds-Walnuss (*Juglans hindsii*) und deren Hybride mit der Walnuss (*J.* x 'Paradox') wird oft als Unterlage für die Echte Walnuss in Kalifornien eingesetzt. Die Paradox-Nuss gilt als Hallimasch-resistent und hat darum in Kalifornien eine besondere Bedeutung als Unterlage für veredelte Walnüsse. Luther Burbank (1849 bis 1926), ein US-amerikanischer Pflanzenzüchter, hat diese Kreuzung erstmals beschrieben. Er hat auch eine Hybride der Schwarznuss und Hinds-Walnuss gezüchtet und damit zwei Hybriden geschaffen, die bis heute von wirtschaftlicher Bedeutung sind. Noch heute kann man in seinem ehemaligen Garten diese Züchtungen bestaunen, die er *Juglans* x 'Royal' getauft hat. Diese Hybriden sind die vermutlich größtwüchsigen Walnussbäume der Welt und werden in der USA unter dem Namen »Oregon Walnut« als Nutzholz geschätzt. Der vermutlich größte Walnussbaum der Welt war eine solche Kreuzung. Er stand bei Portland auf der Insel Sauvie Island. Der Baum stammte etwa aus dem Jahr 1850. Er war von der in Nordamerika grassierenden Walnusskrankheit »Thousand Canker Disease« befallen, die ganze Kronenteile zum Absterben brachte, weshalb der Baum gefällt werden musste.

Auch die Butternuss (*Juglans cinerea*) wird als Fruchtbaum kultiviert. Von dieser Art werden einige größerkernige Sorten angebaut. Da hier aber Aufwand und Ertrag in Bezug auf die Schälbarkeit und Größe des Kerns eher unausgewogen scheint, ist der Anbau Spezialisten vorbehalten. Eine gezüchtete Hybride der Butternuss mit der Japanischen Herznuss (*J.* x *bixbyi*), Bixbyi-Walnuss oder Buart-Walnuss (Butter-Heart-Nut) genannt, wird auch gerne kultiviert. Sie hat vergleichsweise große Kerne und eine leichter zu öffnende Schale. Die Kerne beider Arten sind äußerst butterig und süßlich und enthalten nicht die von der Walnuss bekannten Gerbstoffe. In Nordamerika sind an vielen Orten solche Hybriden gepflanzt worden, da sie resistent gegen den Butternusskrebs sind.

Die traditionelle Nutzung der Walnussgewächse in Ostasien

Auch in Asien werden verschiedene importierte und heimische Walnuss-Arten als Fruchtbäume angebaut. Auch dort ist wirtschaftlich die Echte Walnuss am wichtigsten, China ist der weltweit größte Walnussproduzent. In den fernen Osten wurde die Echte Walnuss vermutlich vor etwa zweitausend Jahren durch den Handelsreisenden Chan Qian während der Han-Dynastie aus Kleinasien importiert. In einigen Regionen aber wächst die vermutlich dort heimische, nahe verwandte östliche Form *Juglans sigillata* (zum Beispiel in der chinesischen Provinz Yunnan und im indischen Nagaland). Diese östliche Walnuss wird in einem verbreiteten Kultivar »Yangbi-Walnuss« genannt.

Aus der Gattung *Carya* werden neben der schon sehr verbreiteten nordamerikanischen Pekannuss auch heimische Hickory-Arten kultiviert. Die unter dem Namen »Chinese Pecan« erhältlichen, meist gerösteten und gesüßten Nüsse gehören meist der Art *Carya cathayensis* an. Ohne die Röstung soll die Nuss sehr bitter sein, ähnlich der nordamerikanischen Bitternuss-Hickory (*C. cordifor-*

Wildform (oben) und Kultivar/Auslese der Schuppenrinden-Hickory (*C. ovata*).

Der größte bekannte Walnussbaum der Welt (*Juglans* x 'Royal') auf Sauvie Island, OR, USA.

mis). Diese Art wird besonders in der chinesischen Provinz Zhejiang kultiviert, während die seltenere *Carya hunanensis* hauptsächlich in Hunan und Guizhou angebaut wird. Es wird auch gelegentlich von Hybriden der Hunan-Hickory mit der Pekannuss berichtet. Asiatische Hickory-Arten weisen im Gegensatz zur Pekannuss sehr ausgeprägte Querwände (Septen) aus, was die Schälbarkeit erheblich erschwert. Von der Nutzung der anderen chinesischen *Carya*-Arten ist nur wenig bekannt, die Nutzung als Ölpflanze soll aber auch bei weiteren Hickorys von regionaler Bedeutung sein.

Weltweite Walnussproduktion

Die weltweite jährliche Produktion von Walnüssen lag 2017 gemäß Statistiken der FAO (Food and Agriculture Organization der Vereinten Nationen) bei etwa 383 000 000 Tonnen. Das ist siebenmal so viel wie in den 60er-Jahren. Großproduzenten sind insbesondere China, die USA, Iran sowie die Türkei und Mexiko. In den USA, dem Hauptproduzenten von Hickorys, werden jährlich etwa 130 000 Tonnen Pekannüsse produziert. Die Kultur der Walnussgewächse erfolgt normalerweise in großen, einartigen Obstgärten, die erst dicht im Quincunx gepflanzt und dann nach und nach ausgelichtet werden, damit sich die Kronen gut entwickeln können. Für jegliche Nusszucht ist das Entwickeln einer großen Krone wichtig, während im Anbau für Nutzholz die Stellung der Bäume viel enger gehalten wird, damit sich lange, astlose Stämme bilden.

Die Walnussbäume werden in Europa besonders in Grenoble, südlich von Genf in Frankreich, für ihre Nüsse kultiviert. In der Region ist die Walnuss die wichtigste landwirtschaftliche Kulturform, allerdings erst seit etwa hundertfünfzig Jahren. Vorher waren im Weinbauklima Grenobles die Weinreben und die Maulbeeren für die Seidenraupen-Zucht von größter Bedeutung. Nachdem aber eingeschleppte Rebläuse und Maulbeeren-Krankheiten die damaligen Kulturen großflächig unrentabel gemacht hatten, wurde die Walnuss, die bis dahin nur die Hecken und Kulturränder gesäumt hatte, zur Hauptkultur.

Carya cathayensis, die Chinesische Pekannuss.

Walnussplantagen in Stockton, Kalifornien, USA. Die Plantagen erstrecken sich über riesige Flächen.

Walnussplantagen bei Grenoble in Frankreich. Obwohl hier auch intensiv angebaut wird, hat sich in der unregelmäßigeren Topografie im Isère-Tal eine große Diversität in der Landschaftsstruktur erhalten.

Linke Seite: Die Region Grenoble mit ihren Walnussplantagen. Mitte: ein Sechoir, eine Nusstrocknerei, in der Walnüsse zum Trocknen auf Holz-Lattenrosten ausgelegt wurden (unten; zu sehen im Grand Sechoir in Vinay).

Der Grund, warum sich unter den wohlschmeckenden Hickory- und Walnussarten insbesondere die Echte Walnuss und die Pekannuss als weltweit kultivierte Fruchtbäume durchgesetzt haben, liegt in ihrer einzigartig gestalteten Nussschale. Nur diese zwei Arten haben eine einfach zu knackende Schale und keinen mehrfach durch verholzte Zwischenwände (Septen) unterbrochenen Kern. Zwar finden sich auch bei der Walnuss zwei Septen, doch sind diese weit weniger hart und brüchiger als bei anderen Arten. Auch bei der Pekannuss sind diese inneren »Wände« nur schwach ausgebildet, während sie bei anderen genießbaren Hickorys komplett verholzen und sich der Kern nur in Stücken herauslösen lässt. Diese Septen sind im Kapitel zur Biologie genannt sowie in den Querschnitt-Abbildungen im Artenteil zu sehen.

Einem Großteil der Walnusskultur liegt heute eine relativ kleine Auswahl an Walnusssorten zugrunde. In den klimatisch günstigen Gebieten in Kalifornien oder in der Türkei wird die Walnuss in riesigen Monokulturen angebaut. Diese besonders ertragreichen und oft resistenten Sorten sind sehr wirtschaftlich und haben deshalb eine große Verbreitung gefunden.

Leider bilden sich in diesen Kulturformen auch vermehrt Probleme mit Insekten, Pilzen und Krankheiten, was den Pestizideinsatz fördert und mitunter problematische Auswirkungen auf die Ökologie der Anbaugebiete haben kann. Auch die weitläufige Monotonie in den Anbaugebieten ist der Biodiversität nicht förderlich.

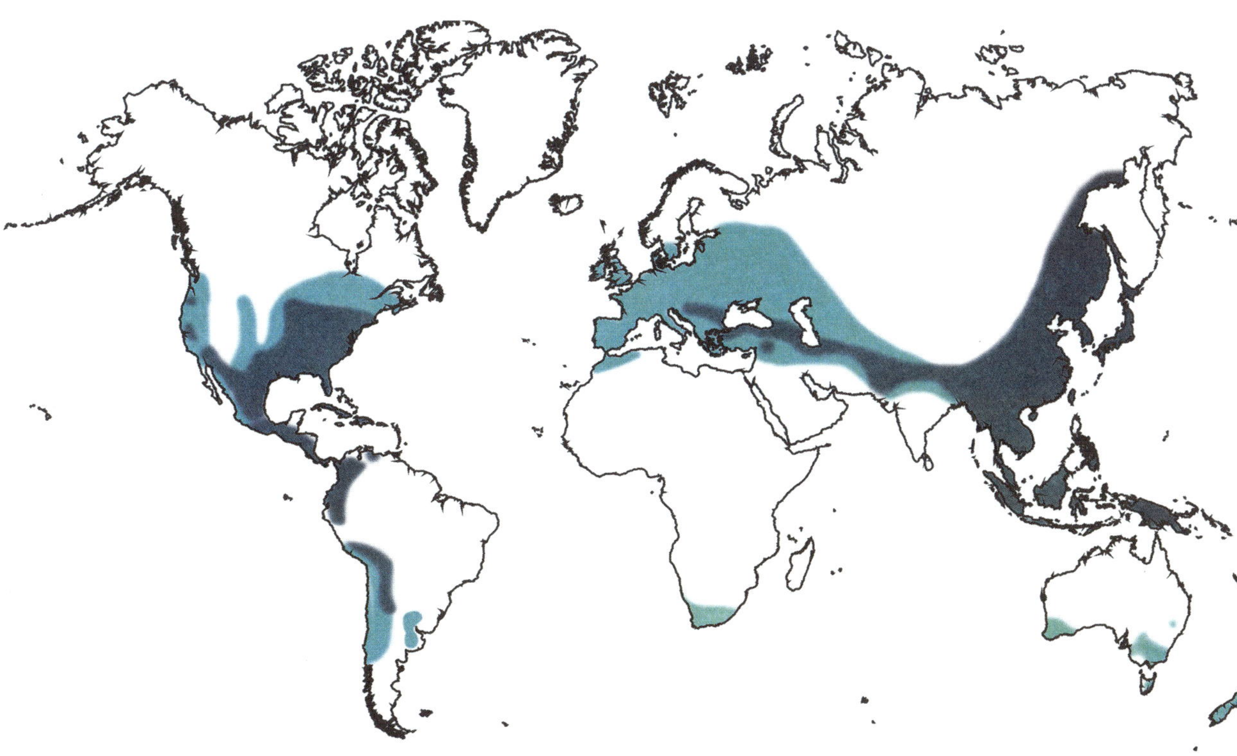

Die natürliche Verbreitung der Juglandaceae (dunkelblau) und die Areale ihrer Kultur (hellblau). Die Kultur betrifft besonders die Echte Walnuss und die Pekannuss, die heute weltweit im geeigneten Klima angebaut werden. (Nach diversen schriftlichen Quellen und der Website inaturalist.org)

Eine der wenigen Schweizer Walnussplantagen, bei Truttikon, Kanton Zürich.

Zurzeit laufen weltweit FAO-Projekte, bei denen versucht wird, durch Einkreuzen von resistenten Walnussarten gegen verschiedene Walnusskrankheiten vorzugehen. Dabei gelingt es auch, aus relativ weit entfernten Arten Hybriden zu schaffen, die sich mit einer der Elternarten rückkreuzen lassen. Eine solche Rückkreuzung über drei Schritte könnte heißen: ([*Juglans regia* x *Juglans major*]) x *J. regia*) x *J. regia*. Nach zwei Rückkreuzungen sind die Einflüsse der Arizona-Schwarznuss optisch nur noch schwer erkennbar, Resistenzen gegen Pilze und Insekten könnten sich aber erhalten. Die Hybriden sind besonders als Unterlagen für die Edelsorten der Walnüsse interessant.

Globalisierung und Krankheiten

Die Globalisierung verschärft derweil das Problem weiter, weil potenzielle Krankheiten weltweit verfrachtet werden. So auch beim verschleppten und vermutlich aus Asien stammenden Pilz »Butternusskrebs« (*Sirococcus clavigignenti-juglandacearum*), der neben den Walnusskulturen auch die Wildbestände der Butternuss in Nordamerika stark geschwächt hat. Während die meisten Walnussarten eine relativ große Resistenz aufweisen, haben viele Wildbestände der Butternuss massiv an Vitalität eingebüßt.

Aus Nordamerika wiederum wurde zu uns durch den Handel die Walnussfruchtfliege eingeführt. Diese Fliegenart lebt ursprünglich auf der Schwarznuss und den zwei kalifornischen Walnussarten in Nordamerika, ist aber der hiesigen Walnuss nicht abgeneigt. Sie legt ihre Eier auf die Fruchthülle, die dann von den Larven gefressen wird. Die Nüsse bilden sich danach häufig deformiert und in optisch wenig ansprechender Qualität aus, was für die Walnussproduzenten massive Verluste bedeuten kann.

Die Fliegenart *Rhagoletis completa* wurde schon in den 1980er-Jahren nach Europa eingeschleppt. Nach dem Jahr 2000 wurde sie in Österreich und Deutschland nachgewiesen, auch aus der Schweiz sind Funde bekannt. Heute wird sie hier noch nicht mit Insektiziden bekämpft, während in Kalifornien, wo die Fliegenart in allen Walnussanbaugebieten wohl auch wegen der heutigen Kulturform stark auftritt, der Gifteinsatz ein gängiges Mittel zur Bekämpfung ist. Die Palette an Insektiziden, die eingesetzt werden können, ist riesig, mitunter werden in den Listen des UC IMP (University of California Statewide Integrated Pest Management Program) in den USA auch umstrittene, für viele Insektenarten hochgiftige Neonikotinoide empfohlen. Man hat festgestellt, dass die Anfälligkeit von Walnusssorten auf die Fliege sehr unterschiedlich stark ist. Daher ist es sinnvoll, bei der Neupflanzung von Bäumen die Resistenz der gewünschten Sorten auf die Walnussfruchtfliege zu prüfen. Auch in Schwarznuss-Kulturen tritt die Fruchtfliege auf. Weil dort die Fruchthüllen aber erst bei Fruchtreife befallen werden, können die Nüsse oft noch vor dem Befall geerntet werden. Für Großplantagen, in denen das schnelle Ernten nicht wirtschaftlich wäre, wird trotzdem zu Gifteinsatz geraten.

In den USA macht zudem die »Thousand Canker Disease« vor allem der Schwarznuss Probleme. Vertragen durch einen Borkenkäfer gelangt der Pilz *Geosmithia morbida* in die Äste von Walnussbäumen, worauf größere Teile der Krone absterben können. Der Borkenkäfer war früher auf die Arizona-Schwarznuss spezialisiert und befällt bei dieser Art nur kleine Zweige, weshalb er nicht als wirtschaftlicher Schädling angesehen wurde. Er hat wohl erst Ende des letzten Jahrhunderts sein Wirtspflanzenspektrum auf die Schwarznuss *Juglans nigra* erweitern können, das heißt, auf eine Art, deren natürliches Habitat im weit entfernten Osten der USA liegt und die nur durch den Menschen in die Parks des Südwestens gekommen ist. Seit 2013 wird die Krankheit auch in Padua (Italien) auf angepflanzten Schwarznüssen beobachtet, seit 2014 ist

Die Walnussfruchtfliege *Rhagoletis suavis* subsp. *completa* auf einer durch ihre Larven angefressenen Walnuss (*J. regia*).

Typisches Schadbild der »Thousand Cancer Disease«, hier am größten Walnussbaum der Welt in Portland.

der Befall der eurasischen Walnuss (*Juglans regia*) bekannt. Eine weitere Verbreitung der Krankheit ist nicht unwahrscheinlich, da die Symptome heute im Westen der USA schon nördlich bis zur Grenze zu Kanada und inzwischen auch im natürlichen Verbreitungsgebiet der Schwarznuss an der Ostküste zu finden sind. Klimatisch würden Käfer und Pilz auch in Nordeuropa überleben können. In den Walnussplantagen Kaliforniens sind nur kleine Schäden bekannt, vermutlich, weil hier aufgrund anderer Schädlinge ausgebrachte Pestizide die Ausbreitung des Käfers verhindern. Die Borkenkäfer (»Walnut Twig Beetle«, *Pityophthorus juglandis*) werden außerhalb ihrer eigenen Flugreichweite durch den Transport von Holz vertragen. Das erste Auftreten in Italien wird daher mit dem Import von Holz aus den USA in Verbindung gebracht. Italien ist zurzeit der größte Importeur amerikanischer Hölzer in Europa.

Weitere im Walnussanbau regelmäßig auftretende Krankheiten sind verschiedene Pockenmilben (*Eryophies*), der Apfelwickler (*Cydia pomonella*) sowie Pilz und Bakterienbefall der Blätter (Marssonina und Bakteriose). Sortenabhängig und klimatisch bedingt verursachen diese parasitären Arten zurzeit in Europa die größten Probleme. Aus Asien breitet sich derzeit der Kleinschmetterling *Garella musculana* nach Westen aus, der die Triebe und Nüsse der Echten Walnuss und der Schwarznuss befallen kann. Erste Nachweise liegen aus der Türkei und Osteuropa vor.

Kulturformen, Sorten und Arten

Dem weltweiten Markt mit wenigen Sorten sehr ertragreicher, einfach zu schälender Walnüsse steht in vielen Regionen der Welt eine riesige Zahl Walnussformen gegenüber, die oft eine lange Tradition in bestimmten Gebieten haben. Ein ähnliches Bild zeigt sich bei den Pekannüssen in Nordamerika. In den USA sind über tausend Pekan-Sorten inventarisiert, aber neunzig Prozent der kommerziellen Ernte stammt von 33 Sorten. Nationale und internationale Inventare listen unzählige Sorten der Echten Walnuss auf; in Grenoble in Frankreich etwa sind Sorten wie Franquette, Parisienne oder Mayette beliebt und werden oft angebaut; in Deutschland werden die Sorten mit der Gei-

Milotai 10, Ungarn.

Aufhauser Baden, Deutschland.

Sibisel 44, Rumänien.

Ambicka, Schweiz.

Rote Gublernuss I, Schweiz.

Mars, Tschechien.

Red Rief, Deutschland.

Lara, Frankreich.

Weinheimer; Geisenheim 139, Deutschland.

Kultursorten der Echten Walnuss (*Juglans regia*) nach Ursprungsland.

Sämling, aus verwildertem Bestand.

Sämling, aus verwildertem Bestand.

Franquette, Frankreich,
häufigste Sorte im Handel.

Feradam, Frankreich.

Meylannaise, Frankreich.

Esterhazy 2, Ungarn.

Plovdivski, Bulgarien.

Chandler, USA.

Broadview, Ukraine.

Zufallssämlinge von einem Waldrand und verschiedene Kultursorten der Walnuss (*Juglans regia*) nach Ursprungsland.

senheim-Nummerierung erfasst; dort bekannte Sorten sind etwa die Nr. 120 (Moslaner), 139 (Weinheimer), oder 1239 (Rote Donaunuss). Für den Anbau in der Schweiz macht das Agroscope Vorschläge für beliebte Sorten, darunter finden sich viele internationale, aber auch einige an der Hochschule Wädenswil ausgelesene Sorten. Bis in die 1960er-Jahre wurden in der Schweiz fast nur Sämlinge und kaum ausgelesene Walnusssorten gepflanzt; auch war der Walnussanbau beinahe ausschließlich auf Hofbäume beschränkt; es gab und gibt bis heute nur wenige Anlagen, in denen plantagenartig Walnüsse kultiviert werden. Die Edelsorten von Walnüssen oder Pekankultivare werden in der Regel über vegetative Vermehrungsmethoden kultiviert.

Wenn eine Pflanze mit den gewünschten Eigenschaften erkannt, ausgelesen oder gezielt gezüchtet worden ist, lässt sie sich mit sogenannten »Edelreisern«, die man in unterschiedlichen Verfahren auf eine wüchsige und resistente Unterlagenpflanze veredelt, vervielfältigen. Als Unterlage dient bei den Walnüssen meistens ein einjähriger Sämling einer Walnuss, der besonders resistent gegen Krankheiten ist und im Klima gut gedeiht. Je nach Anbauort und Methode wird dabei zum Beispiel für Sorten der Echten Walnuss auf starkwüchsige Unterlagen aus der Schwarznuss oder verschiedenen Hybriden gegriffen. Besonders in den USA sind als Unterlagen amerikanische Arten und Hybriden beliebt, in Europa wird wegen der Schwarzlinienkrankheit lieber auf Sämlinge der Echten Walnuss gesetzt. Auf diesen Wurzelstock wird mit unterschiedlichen Methoden ein »Edelreiser«, der Zweig einer gleich starken Edelsorte, aufgepfropft. Mit verschiedener Technik werden dabei die Schnittstellen der beiden Gehölze so verbunden, dass sie zu einer Pflanze verwachsen.

Auch die Platten- oder Ringokkulation, bei der ein »Auge«, eine Knospe sowie kurze Abschnitte der Rinde inklusive Leitbündel verpflanzt werden, kann bei der Walnuss angewendet werden. Bei dieser Technik wird bei der Unterlage, die dabei meist dreijährig ist, ein gleichgroßes Stück Rinde am Haupttrieb entfernt und an dieser Stelle das Auge der Zielsorte okkuliert. Es ist auch möglich, auf einzelne Zweige eines älteren Walnussbaums andere Sorten mit anderem Blütenzeitpunkt oder besserer Fruchtbildung zu okkulieren. Bei diesen Methoden wird die Wunde mithilfe von Wachs, Bast oder einem Gummiband verschlossen. Heute gibt es nur noch wenige spezialisierte Betriebe und Privatpersonen, welche die Verfahren der manuellen Walnussveredelung anwenden.

In Europa und Nordamerika laufen Inventarisierungen und Erhaltungsprogramme zur Förderung alter und seltener Walnusssorten. So gibt es in der Schweiz ein Programm der Organisation Fructus, das sich der Beschreibung und Erhaltung alter Walnusssorten angenommen hat. Schweizweit sind über hundert regionale Sorten beschrieben worden, die sich in der Ertragsfähigkeit, der Nussqualität, der Bitterstoffhaltigkeit, dem Blütezeitpunkt, der Winterhärte und der Nussgröße und -form unterscheiden. Auch sind einige selbstfruchtende Sorten bekannt.

Eine weitere nützliche Anpassung ist das Ausbilden einer zweiten Blüte, die normalerweise nach der Zeit des Spätfrosts blüht und dann noch ein we-

nig Nussertrag liefert, wenn die vorherigen Blüten erfroren sind.

Die meisten Sorten sind vormännlich, das heißt, die männlichen Blüten sind zum Verhindern der Selbstbestäubung beim Aufblühen der weiblichen Blüten schon verblüht. Deshalb werden in Kulturen auch Bestäubersorten mit passendem Blütezeitpunkt gepflanzt. Doch deswegen ist der Erhalt von Walnusssorten nicht ganz einfach. Wenn man einen neuen Walnussbaum aus einer Nuss zieht, hat dieser die Eigenschaften beider Elternpflanzen und ist damit oft nicht mehr »sortenecht«, da zur Befruchtung andere Sorten besser geeignet sind. Im Grunde ist jeder von selbst gekeimte Walnussbaum, wenn er beschrieben und kultiviert wird, eine eigene Sorte, die wieder vegetativ vermehrt werden könnte.

Diese große Vielfalt stellt eine wichtige genetische Basis dar, wenn aufgrund neuer Krankheiten oder eingeschleppter Organismen resistente Sorten gesucht werden müssen.

In der Schweiz hat die Zahl der erfassten Nussbäume stark abgenommen. So sind von den 700 000 Nussbäumen um 1892 noch gut 300 000 um das Jahr 1929 gezählt worden; Anfang des 21. Jahrhunderts waren nur noch etwa 130 000 registrierte Bäume übrig. Damit hat die Walnuss etwa achtzig Prozent ihrer Kulturfläche im Laufe des 20. Jahrhunderts verloren. Dies, obwohl weltweit die Produktion im gleichen Zeitraum stark zugenommen hat. Gemäß der neuesten Landwirtschaftsstatistik werden in der Schweiz nur zwei Prozent des Nussbedarfs der Bevölkerung (inklusive anderer Nüsse wie Haselnuss oder tropischer Nüsse wie Cashew und Ähnliche) durch die eigene Produktion gedeckt. Obschon die Walnuss in allerneuester Zeit wieder etwas in Mode gekommen ist und als Nischenprodukt von einigen Obstbauern angebaut wird, ist der Selbstversorgungsgrad hier doch beeindruckend klein. Bei der Walnuss liegt er gemäß Fructus etwa bei zwanzig Prozent.

Ein älterer, solitär stehender Walnussbaum kann in einem guten Jahr bis hundert Kilogramm Nüsse produzieren, mit gut vierzig Kilogramm kann man in Plantagen pro Baum rechnen. Sorten mit Fruchtbildung an lateralen Ästen (Seitenzweigen) führen dabei mehr Nüsse als jene, die nur an Hauptzweigen (terminal) fruchten. Während ältere westeuropäische Sorten nur an Hauptzweigen Früchte tragen, sind die aus dem östlichen Verbreitungsgebiet stammenden Pflanzen lateral tragend. Aus diesem Ursprungsgebiet stammen auch die mehrheitlich lateralen US-Sorten, die sich heute in Europa größer werdender Beliebtheit erfreuen.

Andererseits sind beispielsweise die terminal tragenden französischen Sorten weniger spätfrostgefährdet als viele osteuropäische oder US-amerikanische Züchtungen. Im Iran und in Kleinasien sind zudem Sorten bekannt, die dichte bis zwanzigfrüchtige Fruchtstände bilden, weit mehr als die meist zwei bis vier Früchte hiesig gepflanzter Sorten. Die Früchte bleiben aber meist klein und sind daher bei uns nicht von großem wirtschaftlichem Interesse.

Nussknacker verschiedener Herkunft und Funktionsart.

Geerntet wird noch heute oft von Hand, die Nüsse werden nach der Reife am Boden gesammelt oder in gespannten Netzen aufgefangen. Es gibt aber auch hochspezialisierte Maschinen, welche die Nüsse von den Bäumen schütteln und am Boden aufsaugen.

Nach der Ernte der Walnüsse im frühen Herbst ist die Lagerung der Nüsse von besonderer Bedeutung. Um Schimmelpilz-Befall vorzubeugen, müssen frische, gereinigte Nüsse ohne Hülle gut durchlüftet getrocknet werden. Im Raum Grenoble wurden dafür spezielle Trocknungs-Gebäude, sogenannte »Sechoirs« gebaut. Diese werden heute aber nur noch selten genutzt, da es schnellere, maschinelle Heißluft-Trocknungsgebläse gibt.

Die Nüsse werden in den Anbauregionen oft nach Größe sortiert, in Qualitätsklassen eingeteilt und abgepackt verkauft.

Die lange Tradition der Walnussproduktion hat auch eine große Vielfalt verschiedener Nussöffnungsgeräte hervorgebracht. Nicht nur die »Nussknackerfiguren« aus dem Erzgebirge waren sehr beliebt. Verschiedenste Mechanismen werden zum Nussknacken eingesetzt. Das Knacken der Nüsse hat schon so manchen Bastler und Erfinder zu neuartigen und effizienteren Nussschälern animiert. So sind heute viele äußerst feinfühlig gestaltete Nussknacker auf dem Markt. Auch bekannte Designer haben sich mit der Form des Nussknackers auseinandergesetzt. In Nordamerika sind technische, hocheffektive Nussknacker im Einsatz, mit denen sich selbst Schwarznüsse oder dickschalige Hickorys öffnen lassen.

Regionale kulinarische Spezialitäten

Neben ihrem geschätzten Geschmack gelten Walnüsse wegen vieler Inhaltsstoffe als besonders gesund. Neben den ungesättigten Fettsäuren werden besonders ihr hoher Vitamingehalt und die Menge an Mineralien, besonders Magnesium, geschätzt. Fast in allen Regionen, in denen Walnüsse kultiviert werden, sind auch regionale Spezialitäten mit der Nussfrucht verbreitet.

In der Schweiz ist insbesondere die Bündner- oder Engadiner Nusstorte bekannt, ein Mürbeteig-Kuchen mit karamellisierter Walnussfüllung. Interessant dabei ist, dass die Torte ausgerechnet im Engadin erfunden wurde und dort immer noch hergestellt wird, denn das Engadin ist ein inneralpines Bündner Hochtal, in dem aus klimatischen Gründen keine Walnüsse gedeihen können. In den Föhntälern des Bündnerlandes werden allerdings viele Walnussbäume angebaut. Allüberall ranken sich verschiedene Geschichten um die Entstehung der traditionellen Torte.

Besonders in Frankreich ist ein Walnussbrot beliebt, auch verschiedene Käsesorten werden mit Walnusskernen verfeinert. In Rohwürsten oder Saucissons, in Salaten, Schokoladen, in Rahmeis oder als grüne Frucht im Juni eingelegt in Zuckerlösung sind die Walnüsse eine beliebte Zutat von Desserts und Süßspeisen.

Besonders in Norditalien wird ein Walnusslikör, der »Nocino«, hergestellt, bei dem unreife Walnüsse mit Zucker in gebranntem Schnaps eingelegt werden.

Dieser erhält dadurch einen angenehmen süßen, nicht zu bitteren Walnussgeschmack. Ähnlich werden auch Weine mit Nussgeschmack verfeinert.

In Grenoble, einem der Zentren der Walnuss in Europa, wird die Walnuss noch in vielen weiteren regional vermarkteten Spezialitäten verwendet. Hier findet man aromatisierten Walnuss-Honig, Walnuss-Senf, verschiedenste Weine und Alkoholspezialitäten, in die nicht nur die Nüsse, sondern auch die Blüten oder Blätter der Walnuss eingelegt worden sind. Aber auch unzählige Gebäckstücke und Knabbereien, Walnuss-Riegel, Schoko-Walnüsse, Aperitifs mit Chili und Pfeffer, Meringues (Baiser) oder Walnuss-Nougat.

In der türkischen und persischen Küche sind Süßgebäcke, aber auch Hauptgerichte mit Walnüssen beliebt; in China werden die dort heimischen Hickorys frittiert und karamellisiert als Spezialität angeboten. Aus Hickoryrinden wird in Nordamerika nach alten Rezepten »Black walnut Syrup« oder »Hickory Syrup« hergestellt, der ähnlich wie Ahornsirup schmeckt. Der Hickory Syrup wird allerdings durch das Aufkochen der Rinde in Wasser und mit Zugabe vom Zucker bereitet. Aber auch in der europäischen zeitgenössischen Küche erfreut sich die Walnuss einer wieder größer werdenden Beliebtheit. Rezepte für Desserts, Aperitifs und Hauptspeisen mit der aromatischen Nussfrucht füllen ganze Rezeptbücher.

Doch Walnüsse werden nicht nur gegessen, sondern auch zu Öl gepresst. Dafür sind in der Schweiz noch immer einige Mühlen in Betrieb, die in traditionellem Verfahren Nüsse mit oder ohne Schale zu Walnussöl pressen. Walnussöl ist ein feines, jedoch nicht besonders stark erhitzbares Öl. In Salatsaucen, Margarinen oder zum Verfeinern von Speisen ist es aber gut geeignet. Wegen seiner hohen Anteile an ungesättigten Fettsäuren gilt das kaltgepresste, raffinierte Walnussöl als besonders gesund. Es wird auch in Ölfarben und in der Holzbehandlung eingesetzt. Im Geschmack noch intensiver und leicht süßlich ist das im Handel seltener erhältliche Pekannussöl. Es ist kaum erhitzbar und wird deshalb beinahe nur in Salatsaucen und zum Verfeinern von Speisen eingesetzt.

Das Holz

Walnussholz ist ein äußerst beliebtes Möbelholz, es gilt als eines der besten Edelhölzer aus dem gemäßigten Klima. Das Kernholz ist oft von schöner geflammter Maserung, dunkelbraun, relativ hart und feinfaserig. Als Parkettholz und für Intarsien, aber auch für Musikinstrumente wie Klaviere oder Orgeln oder für Schachbretter sowie als Drechselholz für Schalen oder Möbelbeine ist Walnussholz beliebt. Gewehrschäfte wurden wegen der guten Stoßfestigkeit früher bevorzugt aus Nussbaumholz gefertigt. Unter dem Mikroskop erkennt man eine schwach ringporige Struktur und feine Markstrahlen.

Dem Walnussholz ist das Holz der Schwarznuss ähnlich. Wegen des stärkeren Wachstums und des etwas dunkleren Holzes erfreut sich das Schwarznussholz fast noch größerer Beliebtheit.

Als bestes Nutzholz für längere, astfreie Bretter wird indessen die Hybridnuss (*J.* x *intermedia*) zwischen diesen beiden Arten diskutiert, die qualitativ

1

2

3

EN DAUPHINÉ
MOUTARDE
AUX NOIX
SANS ARÔMES AJOUTÉS
38160 CHATTE

4

5

6

7

8

9

10

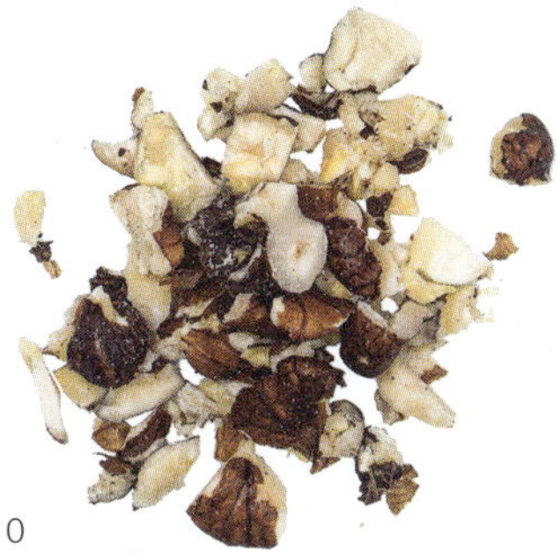

11

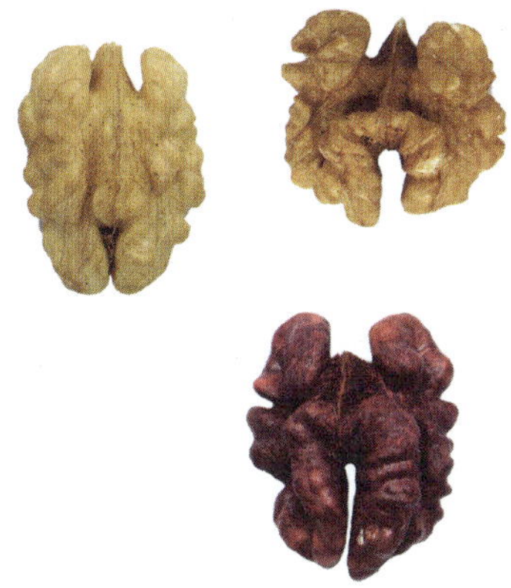

12

13

14

15

1 Dattelbrot mit Walnüssen (*Juglans regia*). 2 Engadiner Nusstorte mit Walnussfüllung. 3 Senf mit Walnussgeschmack. 4 »Schwarze Walnüsse«: Das sind unreife Echte Walnüsse, in Zuckerlösung eingelegt, als Dessert. 5 Mit Schokolade überzogene Walnüsse als Snack. 6 Geschnittene Blätter der Echten Walnuss (Blattdroge) als Tee. 7 Walnuss-Käsespezialität. 8 Walnuss-Nougat. 9 Nocino, Walnusslikör, aromatisiert mit grünen Nüssen. 10 Schwarznusskerne (*Juglans nigra*) werden meist gebrochen angeboten. 11 Walnüsse verschiedener Sorten, darunter die rotkernige 'Rote Gublernuss'. 12 Geröstete und gesüßte Chinesische Pekannüsse (*Carya cathayensis*). 13 Pekannuss-Kerne (*Carya illinoinensis*). 14 Nussöl aus der Echten Walnuss. 15 Öl der Pekannuss.

Linke Seite oben: Ein mit Echten Walnüssen (*Juglans regia*) durchmischter Forst. (Kanton Zürich, Schweiz)
Unten: Schwarznüsse (*J. nigra*) und Mandschurische Walnüsse (*J. mandshurica*) in Waldpflanzung (Botanischer Garten Meise, Belgien).

Diese Seite: Butternuss (*J. cinerea*), wenige Wochen nach der Keimung.

hochwertiges Nutzholz, eine große Wuchskraft und im Wald zwischen anderen hohen Gehölzen gezogen einen sehr hohen Astansatz aufweist. Auch die noch schneller wüchsige Hybride der Mandschurischen Walnuss mit der Hybridnuss (*J.* x *intermedia*) soll forstlich vielversprechend sein. Den Förstern spielt dabei der sogenannte Heterosis-Effekt in die Hand, ein in der Pflanzenzucht wichtiger Faktor: Beim Kreuzen von verschiedenen Arten weisen oftmals die Hybriden positive Eigenschaften beider Elterngehölze auf; in diesem Fall neben der Holzqualität insbesondere der schnelle Wuchs. Ein Teil der Intermedia-Hybriden sind auch Kreuzungen der Echten Walnuss mit der nordamerikanischen Arizona-Schwarznuss (*Juglans major*); aufgrund ihrer Ähnlichkeit mit den »echten« Hybrid-Walnüssen aus Schwarz- und Walnuss wird forstlich aber kaum zwischen den beiden Formen unterschieden.

Generell werden Walnüsse in Nutzholzpflanzungen dicht beieinander gepflanzt und bilden daher einen hohen, astfreien Stamm und den für Waldbäume typischen hohen Kronenansatz aus. In Nordamerika ist auch das relativ helle Holz der Butternuss (White Walnut) und das sehr dunkle Schwarznussholz als Edelholz im Einsatz. Hölzer der seltenen Hinds Walnuss und ihre Hybriden sind an der Westküste besonders beliebt und auch entsprechend teuer im Handel.

Walnussholz. Von oben: Hickory (*Carya tomentosa*), Japanische Walnuss (*J. ailantifolia*), Echte Walnuss (*J. regia*), Schwarznuss (*J. nigra*), Nogal (Südliche Walnuss, *J. australis*).

Als besonders hochwertiges Holz gilt der Wurzelstock der Echten Walnuss. Daraus lassen sich wertvolle Maser-Furniere herstellen, die etwa in Luxus-Automobilen die Armaturen bilden. Auch Wucherungen an Veredelungsstellen von Kultursorten der Walnuss werden zu Maserfurnieren verarbeitet.

Walnussholz hat im letzten Jahrhundert seinen Stellenwert etwas verloren, weil problemlos und günstig Holz aus den tropischen Wäldern eingeschifft werden kann. Doch das Walnussholz hat in Bezug auf Beständigkeit und Farbe durchaus ein ähnliches qualitatives Niveau wie viele Tropenhölzer. In jüngster Zeit werden heimische Edelhölzer wieder beliebter, vielleicht auch, weil den Konsumenten bewusst geworden ist, dass sich die tropischen Regenwälder nur sehr schwer von der oftmals großflächigen Abholzung erholen können. Zu den tropischen Walnussgewächs-Nutzhölzern zählen die Hölzer der Gattungen *Oreomunnea*, *Engelhardia* und *Alfaroa* aus den Tropen der Alten und Neuen Welt.

Fast alle Arten der Walnussgewächse werden forstlich verwendet, und es finden sich Quellen, die den Bau von Gebäuden, Möbeln und Sportgeräten mit diesem Holz belegen. Bei vielen Arten ist die Verwendung aber eher regional von Bedeutung und strahlt kaum außerhalb der natürlichen Verbreitungsregion der Gehölze hinaus.

Verschiedene Hickory-Arten sind besonders in Nordamerika als Nutzholz beliebt. Ihr Holz ist im Splint und Kern hell, hart und von großer Elastizität. Aus diesem Grund werden daraus vor allem Griffe für Äxte, Hämmer oder andere Werkzeuge hergestellt. Auch im Maschinenbau ist es beliebt. Sportgeräte und Skier wurden früher oft aus Hickory-Holz hergestellt. Eine traditionelle Form des Golf, das »Hickory-Golf« wird noch heute mit Schlägern aus *Carya*-Holz gespielt. Es wird bei der Bezeichnung »Hickory-Holz« kaum auf die botanische Art geachtet, da die Hölzer der verschiedenen Hickorys in Optik und Qualität ähnlich sind. Am beliebtesten sind die Hölzer der »True Hickorys« aus der Sektion *Carya*, zu denen die Königsnuss-Hickory und die Schindelborken-Hickory gehören. Das Holz der Pekannuss und ihrer nah verwandten Arten ist ebenfalls beliebt, die qualitativen Eigenschaften gelten aber als nicht ganz so ausgezeichnet wie bei voriger Gruppe. Die Qualitäten der Hickory-Hölzer haben auch zu Anpflanzungen der besten Nutzholzvarietäten in Europa beigetragen, wo in verschiedenen Regionen Forstversuche mit Hickorys auf größeren Gebieten gestartet worden sind. Heute werden Hickory-Holzschnitzel und -Bretter gerne zum Grillen verwendet, da sie dem Grillgut einen besonderen Geschmack verleihen.

Die Verwendung als Farbstoff und Medizin

Das stark färbende Juglon, das Walnussgewächse produzieren, wird als Naturfarbstoff verwendet. Aus getrockneten Blättern wird ein olivgrüner Farbstoff gewonnen, aus den Hüllen fast aller Walnussarten ein warmer Braunton. Aus verschiedenen natürlichen Verbreitungsgebieten ist bekannt, dass diese Farbstoffe schon von indigenen Völkern angewendet wurden. Als Tinte bildet Schwarznuss-Hüllenfarbe einen braunen Strich, als dunkelbrauner oder grün-

1

2

3

4

5

6

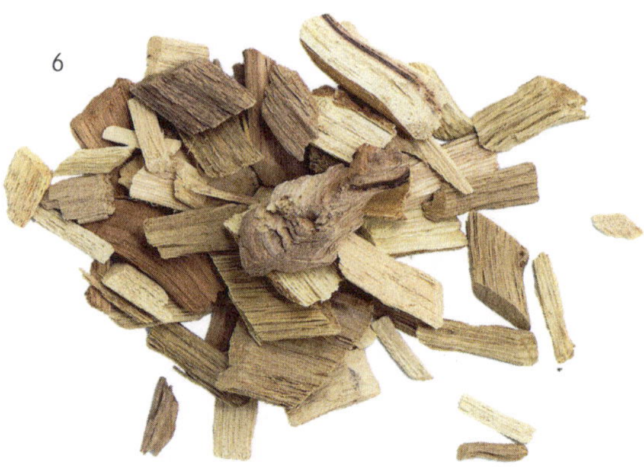

7

1 Schachbrett aus dem Holz der Echten Walnuss (*Juglans regia*, dunkle Felder).
2 Schüssel aus Schwarznussholz (*J. nigra*).
3 Pulver aus Schwarznuss-Hüllen als Medikament und Farbpigment.
4 Wasserfarbe aus Schwarznuss-Fruchthüllen.
5 Tee aus getrockneten Blättern der Ringflügelnuss (*Cyclocarya paliurus*).
6 Schnitzel aus Hickory-Holz (*Carya* sp.) zum Aromatisieren von Grillgut.
7 Hammer mit Hickory-Stiel.

licher Farbton ist es auch zum Färben von Stoffen und Kleidern im Einsatz. Ein sattes Braun ergibt Juglon in natürlichen Haarfärbemitteln. Auch in Selbstbräunungsmitteln soll der Stoff eingesetzt werden. Der Farbstoff bleibt auf der Haut mehrere Monate haften, also sollte man beim Schälen frischer Walnüsse aufpassen, da das zu entsprechenden Hautverfärbungen führen kann.

Juglon ist aber auch ein pilzhemmender Stoff, er unterdrückt zudem das Wachstum anderer Pflanzen und wird traditionell als schwaches, biologisches Insektizid verwendet. Juglon aus den Nusshüllen hemmt die Keimkraft anderer Pflanzen, was oft zu einem kargen Boden unter Walnussbäumen führt; die Schwarznuss soll gar über die Wurzeln andere, konkurrierende Pflanzen mithilfe dieser Substanz abtöten können.

Juglon entsteht erst bei der Oxidation von Hydrojuglon in den Pflanzensäften der Walnuss mit Luftsauerstoff. Darum schwärzen Schwarznüsse, deren Hüllen sehr viel Juglon enthalten, erst, wenn man die (frischen) Nüsse zu öffnen versucht, oder eben erst nach einiger Zeit an der Luft.

Juglon hat zudem eine blutungshemmende Wirkung, weshalb Heilmittel mit Walnussblättern oder den Fruchthüllen-Extrakten traditionell gegen Entzündungen und zur Wundheilung Anwendung finden.

Die Blätter der Echten Walnuss enthalten erhebliche Mengen an Gerbstoffen und haben einen sehr hohen Vitamin-C-Gehalt. Getrocknet werden sie als Teekraut überbrüht und können als Entwurmungsmittel eingesetzt werden. Auch das Schwarznuss-Hüllenpulver wird als wurmtreibendes Heilmittel verwendet.

Walnüsse enthalten zudem das einschläfernde Hormon Melatonin. Der Vitamin- und Mineralstoffgehalt von Walnüssen ist höher als bei vielen Gemüsearten. Walnüssen werden auch krebshemmende Eigenschaften nachgesagt. Gelegentlich wird auf die mutagene Eigenschaft des hochreaktiven Juglons hingewiesen.

In der chinesischen Medizin ist auch die seltene Ringflügelnuss von großer Bedeutung, aus deren Blättern Tees und Auszüge zur Behandlung von Diabetes und vielen weiteren Krankheiten gewonnen werden. Auch aus Blattextrakten der Flügelnüsse werden in ihren Herkunftsregionen lokal Heilmittel hergestellt.

Die Nusskultur in China und Japan

Eine besondere Tradition haben die chinesischen Wen-Wan-Nüsse. Diese Walnüsse, die optisch den Echten Walnüssen sehr ähnlich sehen, werden nicht wegen ihrer Früchte als Nahrungsmittel kultiviert. Ihre Schale ist um ein Vielfaches dicker, auffällig hirnartig zerfurcht, und der Kern ist kleiner. Seit der Qing-Dynastie haben diese Walnüsse vielmehr als Accessoires der wohlhabenden Bevölkerung Chinas und als Heilmittel eine große Bedeutung.

Traditionell werden Paare möglichst identischer Nüsse gebildet, die dann als Handschmeichler spielerisch die Handinnenseiten massieren. Die raue, harte Schale stimuliert dabei die in der chinesischen Medizin wichtigen Energiepunkte und regt die Durchblutung an. In der heutigen Zeit erlebt diese

Wen-Wan-Walnusspaare: frische Mahetao-Nüsse, älteres Paar mit geschnitzten Blumenmotiven (beide *Juglans hopeiensis*). Darunter ältere Yangbi-Walnüsse (*J. sigillata*). Unterste Reihe: Chinesische Echte Walnüsse (*J. regia*) beschnitzt mit »1000 Gesichtern«, die der Interpretation nach buddhistische Mönche darstellen.

Tradition eine Wiederbelebung unter wohlhabenden Chinesen; Walnuss-Schmuck und Handschmeichler sind sehr beliebt, zeigen Tradition und Herkunft und sind in den entsprechenden Kreisen zum Statussymbol geworden.

Durch das stetige Drehen und Wenden der Nüsse in der Hand und gegeneinander entsteht mit der Zeit eine feine, durch das Handfett geölte Nuss-Oberfläche. Dabei verändert sich die Farbe der Nüsse über die Zeit vom anfänglich gelblichen Beige über Orange letztlich zu einem intensiven Dunkelrot. Die charakteristischen Wen-Wan-Walnüsse werden der botanischen Art *Juglans hopeiensis* zugerechnet. Dieses Taxon wurde in der europäischen Literatur lange Zeit als Synonym der Mandschurischen Walnuss gehandhabt oder gar nicht aufgeführt. Umgangssprachlich werden Nüsse dieser Bäume in China »Mahetao« oder »Ma-Walnüsse« genannt. Diese Walnussform ist gemäß neuesten genetischen Untersuchungen aus China sowohl nah mit *J. mandshurica* als auch mit der Echten Walnuss verwandt. Möglicherweise ist diese *J. hopeiensis* eine Hybride zwischen der Mandschurischen Walnuss und der Echten Walnuss; es wurde festgestellt, dass sich die Art schwer sexuell vermehren lässt, was diese Annahme stützt.

Die Nüsse ähneln jenen der in Europa kultivierten Kreuzung *Juglans* x *sinensis* (*J. mandshurica* x *J. regia*)-Bäumen. Möglicherweise sind die Mahetao-Nüsse also eine besondere Züchtung oder Auslese dieser Hybride. Die Nüsse sind generell größer und haben eine etwas dickere Schale als hiesig kultivierte Formen; Blätter und Habitus sind aber ähnlich. In der langen Tradition der skulpturalen chinesischen Walnüsse ist es wahrscheinlich, dass Sorten mit besonders auffälligen Früchten vermehrt und gekreuzt worden sind, bis die einzigartige Form besonders ausgeprägt in Erscheinung getreten ist. Eindeutig ist die botanische Verwandtschaft der Ma-Walnuss aber noch nicht geklärt. Eine Hybriden-Herkunft zwischen *J. mandshurica* und *J. sigillata* ist morphologisch auch wahrscheinlich, zumal die typisch hervorstehende Dorsalnaht (Naht zwischen den Schalenhälften) bei *J. sigillata* noch stärker ausgeprägt ist als bei der normalen Englischen Walnuss. Selbst neueste Studien kommen mit unterschiedlichen genetischen Untersuchungen nicht zu übereinstimmenden Resultaten.

Jedenfalls wird die Mahetao-Nuss offiziell nur in einem sehr kleinen Gebiet in China in der Provinz Hebei bei Peking kultiviert. Es sind nur sehr wenige mögliche Naturstandorte in Wäldern bekannt. Einige andere Formen der Wen-Wan-Nüsse werden auch in das Taxon *Juglans sigillata* eingeordnet. Diese Art wird oft als östliche Form von *Juglans regia* betrachtet; sie ist die eigenständigste Form aus der vielgestaltigen Gruppe der Echten Walnüsse und wird daher in der *Flora of China* und einigen neueren wie älteren Arbeiten als eigene Art aufgeführt und übersetzt »Yangbi-Walnuss« genannt. Neuere genetische Studien aus China stützen diese Unterteilung.

Äußerlich unterscheiden sich die Nüsse durch eine gröbere, dicke, durch auffällige Dellen geprägte Schale von unseren Walnüssen, woraus sich auch der englische Name »Iron Walnut« ableitet. Auch anhand der größeren Anzahl der Teilblätter lässt sich die östliche Art von der Walnuss unterscheiden.

Auf alle Fälle wurden die Wen-Wan-Walnüsse, die »Playing Walnuts« oder »Collectible Walnuts«, wie sie im Internet gehandelt werden, zu einer rentab-

1

3

2

1 Mala, eine buddhistische Gebetskette aus Mandschurischen Walnüssen (*Juglans mandshurica*).
2 Chinesisches Tabak-Schnupf-Fläschchen (Snuffbottle) aus einer Walnuss.
3 Japanische Pfeife mit Walnuss-Netsuke aus der Japanischen Walnuss (*J. ailantifolia*).

len Geldanlage. Wohlhabende Chinesen investieren in solche Walnüsse riesige Beträge, im Internet liest man vom Wert eines »perfekten« Walnusspaars von mehreren Zehntausend Dollar.

Auf dem internationalen Markt kosten die Nüsse je nach Qualität im Paar immerhin einige Hundert bis Tausend Dollar. Der Wert der Nüsse, die stets als Paar den Besitzer wechseln, definiert sich durch ihr Alter, die Größe, die Seltenheit der Form und die Ähnlichkeit der zwei Nüsse. Da jene Nüsse besonders wertvoll sind, die schon lange in Gebrauch sind und daher eine rötliche Färbung haben, steigert sich der Wiederverkaufswert bei regelmäßiger Benutzung als Handschmeichler. Besonders extrem war der Investitionswert zwischen 2008 und 2013, als der Preis rarer Nüsse den Gewichtspreis von Gold überstiegen hatte.

Die enorme Investitionsattraktivität der Nüsse und ihre Wertsteigerung erinnert mitunter an die Tulpenmanie in den Niederlanden im 17. Jahrhundert. Innerhalb kürzester Zeit wurde damals der Preis seltener, besonders schmucker Tulpen in die Höhe getrieben. Die Investition führte damals in eine Blase, die viele Verschuldungen nach sich zog. Auch wenn heute die »Walnussmanie« in China längst nicht diese Formen angenommen hat, so ist ihre Geschichte unserer Kultur doch derart fremd und unbekannt, dass wir den Reiz hinter dieser Spekulation kaum verstehen können.

Die Walnüsse aus der Mahetao-Gruppe werden ihrer Form nach kategorisiert und heißen dann etwa »Drachenkopf«, »Löwenkopf«, »Hut« oder »Herz«.

Ein besonderes Handwerk ist die chinesische Walnuss-Schnitzkunst. Wen-Wan-Nüsse werden mit Blumenmotiven, Drachen, Menschenköpfen oder buddhistischen Darstellungen geschmückt. Der Großteil dieser Arbeiten soll im 19. oder im beginnenden 20. Jahrhundert entstanden sein. Für die Schnitzerei sind besonders die Hopeiensis-Walnüsse mit ihrer dicken Schale beliebt; buddhistische Darstellungen finden sich meist auf Varietäten der Echten Walnuss *J. regia* und stammen wohl aus dem westlichen China oder aus Tibet.

Auch Malas, die Gebetsketten in der buddhistischen Tradition, werden aus verzierten Wen-Wan-Nüssen hergestellt. Hierfür kommen oftmals kleinere Walnüsse zum Einsatz, meist Wildformen der Mandschurischen Walnuss oder der sehr nah verwandten Chinesischen Butternuss *J. cathayensis*.

In der japanischen Tradition wurden aus Früchten der Japanischen Walnuss *Juglans ailantifolia*, insbesondere aus der Herznuss, schmuckvolle Netsuke gefertigt. Netsuke waren als haltende Gegengewichte bei der Befestigung von an einem Gurt gehängten Dosen, Pfeifen oder Taschen gedacht, welche das taschenlose japanische Gewand Kimono ergänzten. Walnüsse (*kurumi*) wurden für diesen Zweck mit feinen Schnitzmustern verziert. Ähnlich der chinesischen Wen-Wan-Schnitzkunst wurden oft Gartenmotive, Blumen oder Gesichter als Darstellung gewählt. Aufgrund der dünnen Schale dieser Nüsse sind die Darstellungen aber weniger dreidimensional als ihre chinesischen Pendants auf *J. hopeiensis*-Nüssen. Häufiger als aus Walnüssen wurden die Netsuke-Schnitzereien aus Elfenbein, Walzähnen oder anderen hochwertigen Materialien gefertigt.

Die Arten und Gattungen, ihre Unterscheidung und Biologie

Zusammenfassung der Gattungen

Nach dem Einblick in die Kulturgeschichte der Walnussgewächse, in die Geschichte ihrer Entdeckung, Beschreibung, Kultur und Nutzung stellt sich nun auf einer gärtnerischen Ebene die Frage nach der Zahl der tatsächlich kultivierten Arten dieser Familie – nicht nur bezüglich des Erwerbsanbaus, sondern auch bezüglich ihres Habitus und des gestalterischen Werts oder des Sammlerwerts in Parkanlagen und Arboreten.

Die Walnussgewächse sind eine in den Stadtparks und Arboreten verbreitete, aber trotzdem weitgehend unbekannte Gruppe von Gehölzen. Weil sich die Systematik und die Namen der Arten im letzten Jahrhundert einige Male geändert haben, ist die Bestimmung nicht einfach. Zudem ist mit Ausnahme der wenig verbreiteten Fachliteratur kaum ein Baumführer zu finden, der die Mehrzahl der kultivierten Arten abbildet. Nicht selten entsprechen die ausgewiesenen Bestimmungen in unseren Parkanlagen nicht der heutigen Nomenklatur oder sind ohne Kenntnis der ganzen Breite dieser Pflanzenfamilie gesetzt worden.

In der schwer zugänglichen botanischen Fachliteratur finden sich sehr detaillierte Untersuchungen und Informationen zum Bestimmen der Arten, die jedoch in die gärtnerische Literatur nur partiell eingeflossen sind. Genau diesen Zwischenraum, diese Lücke zwischen der gärtnerischen und wissenschaftlichen Literatur will dieses Kapitel füllen. Die einheitliche und detaillierte Bebilderung der wichtigsten Bestimmungsmerkmale soll für die Benennung der Arten eine wesentliche Erleichterung darstellen. Detaillierte Porträts zu allen Arten und Darstellungen der Blätter und Früchte in Originalgröße finden sich ab Seite 131.

Die etwa vierzig Arten und Hybriden der Walnussgewächse, die im gemäßigten Europa kultiviert werden, stammen aus fünf Gattungen. Diese sind in der Grafik der Verwandtschaftsverhältnisse auf Seite 90/91 durch dicke Linien gekennzeichnet und mit der Abbildung eines Samens oder einer Frucht einer typischen Art aus der Gattung versehen.

Die größte Gattung sind hierbei die Walnüsse (*Juglans*). Alle ihre Vertreter, einschließlich der Echten Walnuss, bilden große Früchte mit einer fleischigen

Früchte der Königsnuss-Hickory (*Carya laciniosa*), der Japanischen Herznuss (*Juglans ailantifolia* var. *cordiformis*) und der Butternuss (*J. cinerea*) im Juli, noch unreif.

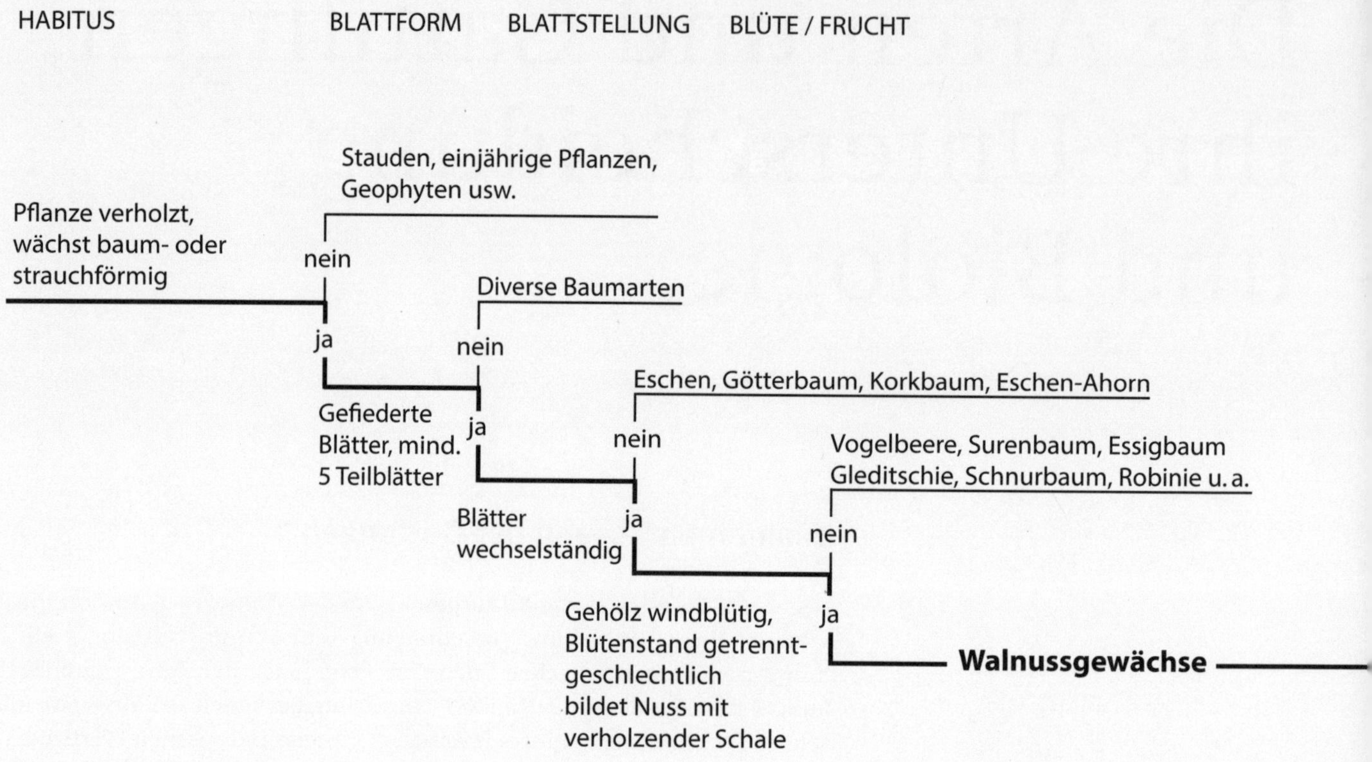

Hülle. Fast ebenso artenreich sind die ähnlichen Hickory-Nüsse (*Carya*). Gelegentlich findet man Flügelnüsse (*Pterocarya*) in Parkanlagen, die vergleichsweise kleine, mit Flügeln besetzte Früchte bilden. Vornehmlich in botanischen Gärten wird die rare Ringflügelnuss (*Cyclocarya*) und die Zapfennuss (*Platycarya*) angepflanzt.

Bestimmungsschema zum Identifizieren der Walnussgewächse im temperierten Klima bis auf Gattungsebene. Die Stufen im Schema entsprechen den auffälligen Merkmalen und *nicht* den Verwandtschaftsverhältnissen. So sind etwa Flügelnüsse näher mit den Walnüssen verwandt als Hickorys. Die weitere Bestimmung bis auf Artebene erfolgt in den Gattungsbeschreibungen.

Vorkommen

Im Allgemeinen sind die hier kultivierten Walnussgewächse mit Ausnahme der Echten Walnuss und manchmal der Schwarznuss oft nur in spezialisierten Sammlungen zu finden. Es sind zudem in den Wäldern Europas auch forstliche Anpflanzversuche mit Schwarznüssen und Kaukasischer Flügelnuss bekannt, die sich mehrheitlich auf Ostdeutschland konzentrieren. In sogenannten Exotenwäldern wurde in der Sowjetunion großflächig mit exotischen Baumarten experimentiert, um den forstlichen Ertrag mit wertvollen Edelhölzern zu steigern. Die Hybridnuss (*Juglans* x *intermedia*) ist die häufigste exotische Form, die man heute in den Wäldern Europas findet. Nur selten werden Japanische Walnüsse, Schuppenrinden-Hickorys oder Butternüsse als Forstbäume in Westeuropa eingesetzt. Auch in der Schweiz sind Anbauversuche mit verschiedenen Walnussarten in Wäldern experimentell erprobt worden.

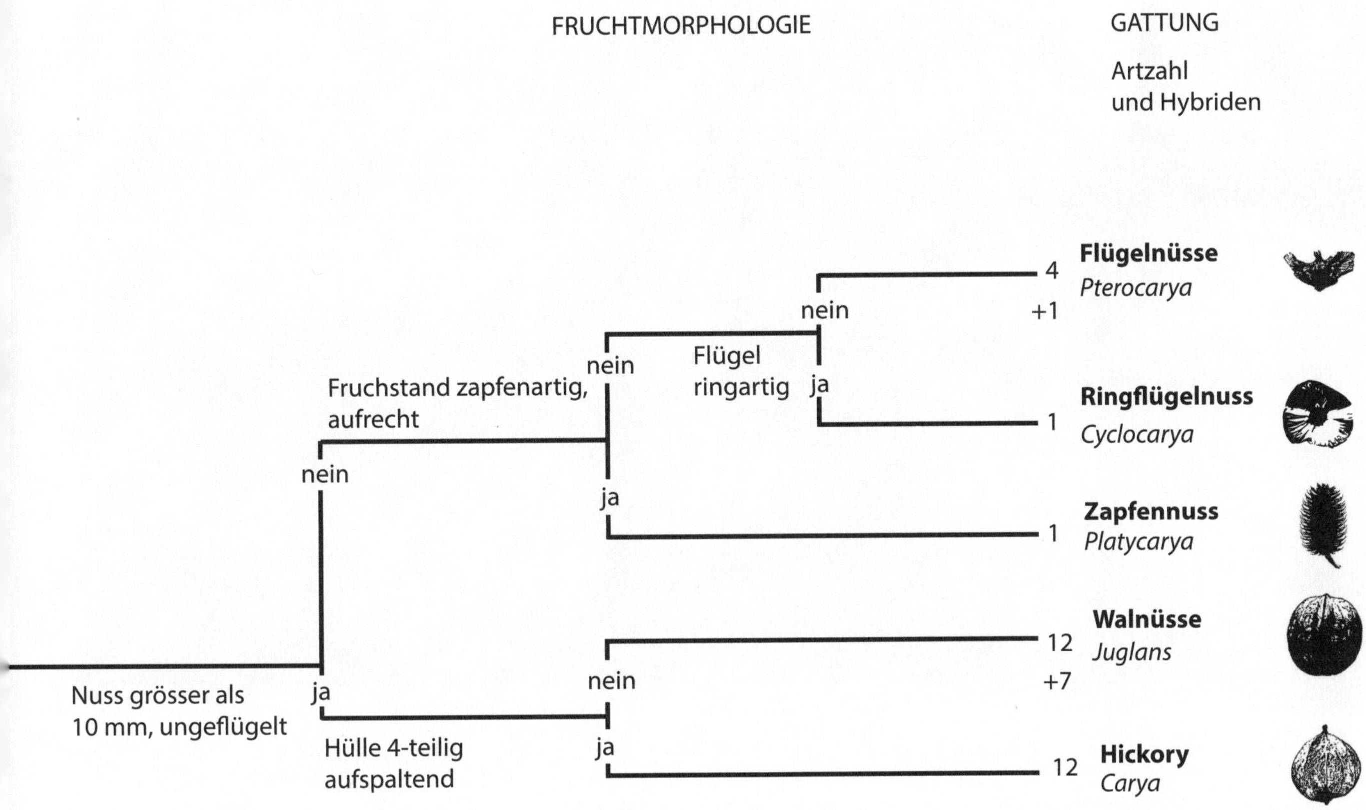

Am häufigsten aber findet man die exotischen Arten der Walnussgewächse in Europa als Teil von Baumsammlungen in botanischen Gärten oder als Ziergehölze in Parkanlagen. Die dort kultivierten Gehölze der Familie sind oft als Solitärbäume offener Parkbereiche oder als Bestandteil großer Gehölzgruppen gepflanzt; dazu mehr im Kapitel »Landschaft und Landschaftsarchitektur«.

Wuchs, Blätter und Knospen

Allen Gehölzarten der Familie der Walnussgewächse ist gemein, dass sie stets gefiederte Blätter bilden, verholzen und meistens als Phanerophyten, das heißt baumförmig wachsen. Einige wenige Arten aus mehrheitlich ariden (trockenen) Gebieten sind kleinerwüchsig und haben eher strauchigen Charakter. Etwa bei *Carya floridana* oder *Juglans microcarpa* dürfte es sich, aber mehrheitlich um eine standortbedingte Kleinwüchsigkeit handeln. In Parkanlagen auf nahrhaften, nicht zu trockenen Böden wachsen fast alle Arten zu Bäumen auf.

Der Großteil der Walnussgewächse hat darüber hinaus wechselständige Blätter; die Blätter sprießen also abwechselnd auf zwei Seiten der Zweige und stehen sich nicht gegenüber. Das trifft auf alle in unserem Klima kultivierten Arten zu, was bei der Bestimmung sehr hilfreich ist; so lassen sich die Bäume einfach von Gehölzen mit ähnlich gefiederten Blättern unterscheiden, etwa den Eschen (*Fraxinus* spp.) oder dem Surenbaum (*Toona sinensis*).

Roter Austrieb der Echten Walnuss (*Juglans regia*) mit männlichen Blüten.

Von gefiederten Blättern spricht man, wenn sich ein Blatt aus mehreren Teilblättern zusammensetzt. Die Teilblätter sind gegenständig an einer Blattspindel (Rhachis) angeordnet und haben arttypisch entweder ein Endteilblatt an der Blattspitze oder nicht – man spricht dann von unpaarig oder paarig gefiedertem Laub.

Im Austrieb weisen viele hiesig kultivierte Arten eine rötliche Verfärbung der Blätter auf, wie sie sonst besonders bei tropischen Gehölzen vorkommt; das Blattwachstum verläuft hier schneller als die Bildung des grünen Chlorophylls, weshalb die sonst erst im Herbst sichtbaren Farbstoffe wie Anthocyane oder Carotinoide dann schon das erste Mal sichtbar werden. Auch andere schnellwüchsige Baumarten, darunter der Götterbaum und viele Pappelarten besitzen dieses Merkmal.

Wie bei fast allen Baumarten sind Blätter in beschatteten und solche in stark besonnten Bereichen der Krone anders ausgestaltet. Schattenblätter aus der unteren Kronenhälfte sind breiter, flächiger und dünner, während Blätter der oberen Kronenhälfte oft eine sehr schmale Blattspreite haben, dicker sind und mit einer stärker ausgebildeten Cuticula (wachsartiger Überzug) bewehrt sind. Größere Unterschiede an den Blättern eines Baumes sieht man aber oft nur bei älteren Exemplaren.

Die gefiederten Blätter der Walnussgewächse sind in der Zahl der Teilblätter, der Behaarung, der Gestalt der Blattränder, der Blättchengröße, der Form und Blattnervatur verschieden. Während die Blätter der asiatischen Walnussarten an jungen Trieben mitunter Längen von einem Meter oder mehr erreichen können, bleiben jene von langsamwüchsigeren Arten, wie etwa der Zapfennuss, wesentlich kleiner. Generell bilden Flügelnuss-Arten Blätter mit sehr vielen, schmalen Teilblättern (oft 15 bis 21), während die Mehrzahl der Hickory-Nüsse nur fünf bis neun breite Teilblätter aufweisen. Die jungen Blätter fast aller Juglandaceae sind behaart, verlieren dann aber im Verlauf des Jahres

Buart-Nuss
(*Juglans x bixbyi*).

Japanische Flügelnuss
(*Pterocarya rhoifolia*).

Echte Walnuss
(*Juglans regia*).

Zapfennuss
(*Platycarya strobilacea*).

Schuppenrinden-Hickory
(*Carya ovata*).

Bitternuss
(*Carya cordiformis*), Herbstfärbung.

Blätter der Walnussgewächse, alle stark verkleinert.

Gleditschie
(*Gleditsia triacanthos*).

Götterbaum
(*Ailanthus altissima*).

Essigbaum/Hirschkolben-Sumach
(*Rhus thypina*).

Speierling
(*Sorbus domestica*).

Europäische Esche
(*Fraxinus excelsior*).

Japanischer Schnurbaum
(*Styphnolobium japonicum*).

Vergleich: Häufig gepflanzte Gehölze mit ähnlichen Blättern wie die Walnussgewächse. Verkleinerte Darstellung.

Knospe Bitternuss
(*Carya cordiformis*).

Knospe Kaukasus-Flügelnuss
(*Pterocarya fraxinifolia*).

Knospe Echte Walnuss
(*Juglans regia*).

Knospe Japanische Walnuss
(*Juglans ailantifolia*).

Sonnen- (links) und Schattenblatt von einem großen Bitternussbaum (*Carya cordiformis*).

Junge Triebe mit gekammertem Mark der Echten Walnuss (links) und der Schwarznuss (rechts) im Querschnitt.

diesen Haarflaum in unterschiedlichem Maße. Darum sind die in vielen Bestimmungsschlüsseln angegebenen Merkmale zur Blattbehaarung oft erst an ausgewachsenen Blättern im Sommer stimmig. Auch wachsen die letzten Teilblätter manchmal nach und nach aus, was dem Blatt im Frühling eine andere Erscheinung verleiht als im Sommer. Das Endteilblatt, dessen Vorhandensein oder Fehlen für viele Arten ein charakteristisches Merkmal ist, verwächst bei vielen Arten gerne mit einem Teilblatt des vordersten Blattpaares, weshalb man besonders in der Gattung *Juglans* nicht selten Blätter mit Asymmetrien findet.

Es gibt bei der lange kultivierten Walnuss und der Schwarznuss Ziersorten mit einem zusammengewachsenen Blatt ('Monophylla') oder mit fein zerschlitzten Blättern ('Dissecta') sowie rotlaubige Formen. Auch von der Schwarznuss und der Hybrid Flügelnuss *Pterocarya* x *rehderiana* werden zerschlitzt-blättrige Varietäten kultiviert.

Die Äste sind bei der schnellwüchsigen Gattung der Walnüsse besonders im Jugendstadium eher dick und wenig fein verzweigt, was die Kronen der Bäume sparrig erscheinen lässt. Viele Hickory- sowie die Flügel-, Ringflügel-

und Zapfennüsse weisen schon in der Jugend einen feiner verzweigten Habitus auf. Ein weiteres Unterscheidungsmerkmal zwischen den verschiedenen Walnussgewächsen ist das Mark kleiner Zweige. Bei den Gattungen der Walnüsse, Flügelnüsse und der Ringflügelnuss ist es gekammert. Das unterscheidet diese Arten einerseits innerhalb der Familie von den anderen Gattungen, etwa den Hickorys und der Zapfennuss, aber auch von vielen Gehölzen außerhalb der Familie mit ähnlichen Blättern, etwa dem Götterbaum oder den Eschen.

Die Rinde ist bei diesen Gehölzen in der Jugend fein und ebenmäßig von braunem bis grauem Farbton. Im Alter entwickelt sie eine längsrinnige Struktur und wird borkig. Insbesondere die Schwarznuss bildet schon relativ bald eine dunkle, raue und im Alter tief zerklüftet-borkige Rindenstruktur. Bei einigen *Carya*-Arten löst sich die Rinde auffällig schindelig vom Stamm ab, was ihnen auch den Namen »Schuppenrinden-Hickory« und »Schindelborken-Hickory« eingebracht hat.

Auch die Betrachtung der Knospen bietet wichtige Bestimmungsmerkmale für die Walnussgewächse. Farbe, Größe und das Vorhandensein von Knospenschuppen sind dabei wichtige Hinweise für die Bestimmung. So ist etwa die orange Färbung der Knospen der Chinesischen Hickory *Carya cathayensis* unverwechselbar, oder die sonst für Flügelnüsse untypischen Knospenschuppen der beiden Arten *Pterocarya rhoifolia* und *P. macroptera*.

Früchte

Die Frucht und die darin befindliche Nuss, das vermutlich auffälligste, namensgebende Merkmal der Pflanzenfamilie, ist bei allen Arten sehr ähnlich aufgebaut. Der zwei-, vier- oder mehrteilige Samen (Kern, Embryo) ist immer von einer Nussschale umgeben, die bei den meisten Arten hart verholzt. Eingeschlossen ist die Nuss von einer Hülle, die oftmals fest mit der Nuss verwachsen, faserig und geflügelt, oder auch wie das Fruchtfleisch von Kernobst fleischig ausgebildet sein kann. Besonders durch die die Nüsse umgebenden Hüllen fallen auf den ersten Blick primär die Unterschiede zwischen den groß- und kleinfrüchtigen Juglandaceen auf.

Vergleich: Nuss der Flügelnuss (*Pterocarya fraxinifolia*) in Originalgröße und skaliert.
Daneben eine *Juglans cinerea*-Hybride.

Getrocknete Frucht, Nuss, Kernhälfte, Querschnitt von Chinesischer Flügelnuss (*Pterocarya stenoptera*), Bitternuss-Hickory (*Carya cordiformis*), Echter Walnuss (*Juglans regia*).

Weil die winzigen Samen von Zapfen- oder Flügelnüssen mit ihren Flügeln eine für die Verbreitung durch den Wind geeignete Form haben, liegt der Schluss nahe, dass Tiere, etwa Eichhörnchen, Mäuse oder größere Vogelarten wie die Häher oder Krähen, mithelfen, die Walnüsse und Hickorys zu verbreiten. Mäuseverstecke oder die verlorenen Nüsse der Krähen, die sich beim Fallenlassen aus dem Flug auf harte Oberflächen nicht geöffnet haben, sind für die Verbreitung der Arten sehr wichtig. Der wirklich globale Erfolg der heute fast auf allen Kontinenten wild wachsenden Echten Walnuss geht allerdings auf die Pflanzung durch den Menschen zurück. Was die Nager und Krähenvögel auf lokaler Ebene verrichten konnten, hat der Mensch nun globalisiert.

Interessanterweise können wir genau diese Samentypen auch bei verwandtschaftlich weit entfernten Pflanzengruppen beobachten, etwa den Kiefern oder Föhren der Gattung *Pinus*. Während die Waldföhren (*P. sylvestis*), die Schwarzföhren (*P. nigra*) und ähnliche Arten sehr feine, geflügelte Samen produzieren, findet man etwa bei Pinien (*P. pinea*) oder den Arven (Zirben, *P. cembra*) größere, nussartige Samen, die genau wie Walnüsse einen sehr fetten, energiereichen Kern haben und durch Rabenvögel (zum Beispiel Tannenhäher) und Nager vertragen werden.

Die Ähnlichkeiten zwischen Gattungen, etwa *Juglans* und *Pterocarya* fällt schnell auf, wenn man die ausgehüllten Nüsse der beiden Arten auf dieselbe Größe skaliert.

So ist der Kern vieler Walnussgewächse sehr ähnlich, obschon er bei den verschiedenen Arten in einer optisch sehr unterschiedlich ausgebildeten Hülle steckt. Diese Hülle ist aus den Trag-, Vor- und Kelchblättern hervorgegangen. Bei einigen Arten sind diese fest mit der verholzten Nussschale verwachsen, insbesondere bei vielen Walnüssen oder den Flügelnüssen. Bei der Schwarznuss etwa löst sich der Same erst nach dem Verrotten aus der in-

Fotografie des Fruchtstandes am Baum und Querschnitt durch eine Frucht der Echten Walnuss (*J. regia*) und der Chinesischen Butternuss (*J. cathayensis*) im Juni, darunter reif ohne Hülle. Die Chinesische Butternuss ist in dieser Fotografie ohne Kern. So wird ersichtlich, dass der Kern der »Abguss« des Schalenhohlraums ist. Alle Hohlräume bilden sich erst im Reifungsprozess.

1 Fruchthülle.
2 Nussschale vor und nach dem Verholzungsprozess.
3 Septum (Querwand; je nach Art ein bis zwei; dadurch wird der Kern zwei- oder vierteilig).
4 Samen/Nusskern (Embryo).
5 Lakunen (Hohlräume): Erst im Reifungsprozess bilden sich die Hohlräume aus mulmigem Material der Schale.
6 Dorsalnaht: Naht, bei der die Nussschale durch den Keimling gesprengt wird.

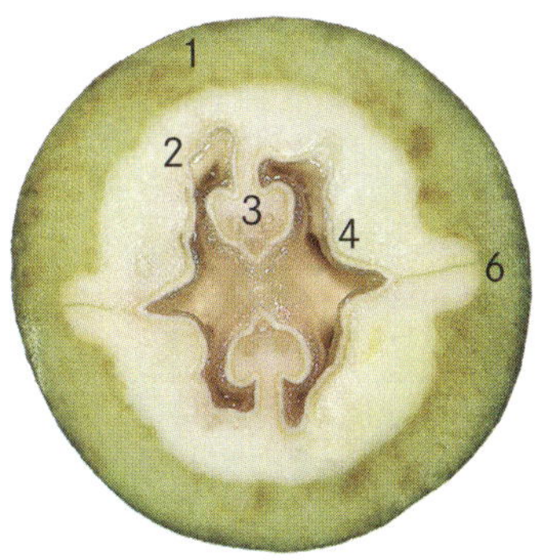

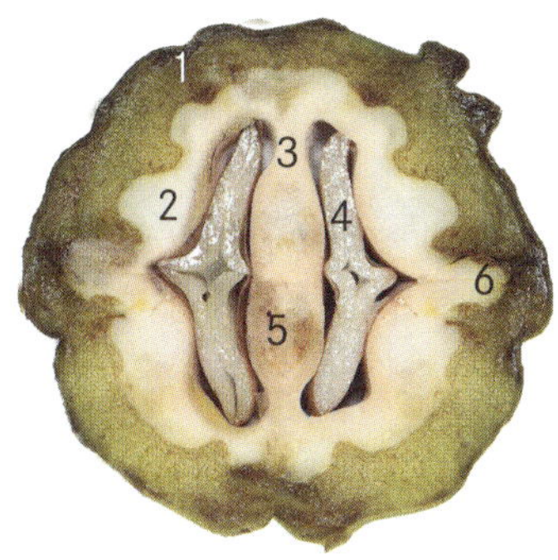

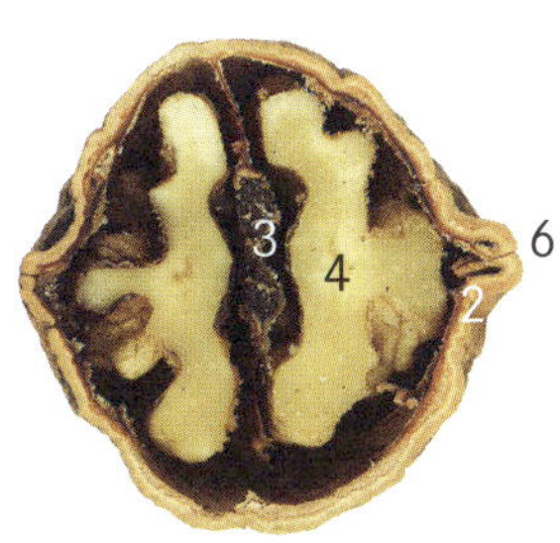

tensiv duftenden, gerbstoffhaltigen und stark färbenden Hülle. Schwarz ist der Same der Schwarznuss wegen des oxidierten Juglons; putzt man frische Nüsse nach Entfernen der Hülle, bleiben sie hellbeige wie die Schnittfläche oder Schaleninnenseite.

Bei anderen Früchten lösen sich die Kerne sehr einfach, und manchmal fallen die Samen schon am Baum aus den Hüllen. Bei einigen Sorten der Echten Walnuss ist das etwa der Fall oder bei manchen Arten der Gattung *Carya*. Die sehr dicke Außenhülle mancher Hickorys wie zum Beispiel *Carya ovata* oder *Carya laciniosa* wird als Fallschutz interpretiert; obwohl sie sich später sehr gut vom Kern löst, bleibt sie oft auch noch am Boden an den Samen haften. Die harte Schale vieler dickschaliger Vertreter der Gattung *Juglans* weist sogenannte Lakunen auf. Das sind in sich geschlossene Hohlräume, die wohl einerseits eine Schutzfunktion haben, andererseits auch die Gesamtdichte der Nüsse vermindern und dafür sorgen, dass die Diasporen vieler Arten schwimmen können. So sind zum Beispiel die auf den Karibischen Inseln heimischen Jamaica-Walnüsse schon in Florida oder sogar an der Küste Großbritanniens gefunden worden. Ob die Nüsse noch fruchtbar waren, ist zwar nicht belegt; es ist aber zu vermuten, dass die Verbreitung der Art über den Wasserweg funktioniert. In einem eigenen Test sind fertile, einige Tage im Raumklima getrocknete Nüsse verschiedenster *Juglans*- und *Carya*-Arten im Wasser obenauf geschwommen. Die ölhaltigen Schalen könnten für die nötige Imprägnierung im längeren Wasser-Aufenthalt sorgen. Bei den Hickorys bilden nur wenige Arten Lakunen, etwa *C. palmeri* aus Mexiko und *C. poilanei* aus Ostasien.

Die Braktealfrucht

Die Samen der Walnussgewächse werden wie gesagt von einer Hülle und einer meist holzig harten Nuss umgeben, die den verletzlichen, nahrhaften Kern schützt. Während die Hülle bei vielen Arten bei Reife fleischig und grün ausgebildet ist, trocknet sie bei anderen Arten ein und wirkt pergamentartig. Sie löst sich bei einigen Arten bei Reife von der Nuss, während sie bei anderen fest mit dieser verwachsen bleibt. Die Hülle wird aus Brakteen (Tragblättern) und den Brakteola (Hochblättern) gebildet.

Bei fast allen Walnussarten ist die Schale der Nuss in zwei Teilen ausgebildet, die mit einer mehr oder weniger sichtbaren Naht verbunden sind, der sogenannten Dorsalnaht. Je nach Art steht diese Naht auf, ist als Kerbe auf der Nuss erkennbar oder verschwindet unauffällig in der Oberflächentextur. Hier öffnet sich die Nuss, wenn der Keimling sprießt.

Selten bilden sich Nüsse auch aus drei oder mehr Teilschalen. Diese Spezialformen werden von Botanikern trikarpellat bzw. tetrakarpellat genannt; sie entwickeln sich, wenn die Nuss aus einem drei- oder mehrteiligen Griffel wächst. Wenn mehrere Griffel verwachsen, können auch zwei- oder mehrteilig verwachsene Nüsse entstehen, die dann oft eine einseitige Form entwickeln.

Die kleinfrüchtigen Arten weisen geflügelte, faserige Fruchthüllen auf. Gerne werden die Früchte der Walnuss als Nuss- oder Steinfrucht beschrieben, was aber aus botanischer Sicht nicht ganz stimmig ist.

Nüsse im botanischen Sinn (zum Beispiel Haselnuss oder Eichel) weisen normalerweise keine durch Hochblätter gebildete Hülle auf, wie das bei allen Juglandaceen üblich ist. Sieht man diese Hüllen aber ähnlich wie den ungeschlossenen Kelch einer Haselnuss, trifft diese botanische Definition wieder zu.

Bei Steinfrüchten (beispielsweise Pfirsich, Kirsche, Mandel) teilt sich die Fruchthülle* selbst (die bei den Walnussgewächsen ausschließlich durch die verholzte Schale gebildet wird) in drei Teile, von denen lediglich die innerste verholzt. Horst Schaarschmidt, ein deutscher Diplombiologe, der sich intensiv mit der Walnuss und ihrer Familie auseinandergesetzt hat, schlägt deshalb den Begriff »Braktealfrucht« als deutschen Namen der Walnussfrucht vor. Obgleich im botanischen Sinne korrekt, hat sich dieser Begriff in der Umgangssprache nicht gegen geläufigere Bezeichnungen durchsetzen können.

Im Verlauf der Zeit haben sich die Begrifflichkeiten zum Beschreiben der Juglandaceen-Früchte verändert, und so findet sich auch in den Werken aus unterschiedlicher Zeit eine große Diversität teilweise überholter Fachbegriffe.

Das Bestimmen anhand der Früchte

Die Früchte und Nüsse von Walnussgewächsen gelten im Allgemeinen als wichtigste Hinweise für die Bestimmung der Gehölze. Die Bestimmung benötigt aber eine gute Übersicht über die angepflanzten Arten und Hybriden; oftmals werden Walnussgewächse als ihre nächsten in Bestimmungsführern vorkommenden Verwandten identifiziert, da das Wissen um die effektive Zahl kultivierter Arten nicht verbreitet und generell unterschätzt wird.

Trikarpellate Nüsse von der Echten Walnuss (*Juglans regia*) und der Arizona-Schwarznuss (*J. major*), jeweils im Vergleich zu einer normalen Form. Daneben der Querschnitt der zwei- und dreiteiligen Hybridnuss *Juglans* x *sinensis*.

Nüsse aus zwei oder drei verwachsenen Griffeln bilden eine einseitige Form aus, hier bei der Butternuss (*Juglans cinerea*).

Die Bestimmung gestaltet sich oft nicht ganz einfach, da die Nüsse innerhalb einer Art von Baum zu Baum eine gewisse Variabilität in Form und Größe haben können. Mitunter können in schlechten, das heißt klimatisch ungünstigen, übermäßig trockenen oder nassen Jahren viele missgebildete oder zwergige Früchte entstehen. Die Abschätzung, welche Variabilität innerhalb einer Art vorkommen kann und welche Merkmale zwingend für eine Art sind, ist also maßgeblich für die Bestimmung. Gerade in Gruppen mit großer Variabilität in der Form der Nüsse, etwa den Asiatischen Butternüssen, sind die Übergänge zwischen den beschriebenen Arten oftmals fließend und nur schwer an eindeutigen Kriterien festzumachen. Daher ist es unumgänglich, auch andere vegetative Merkmale zu berücksichtigen und im Zweifelsfall die Herkunft des Gehölzes nachzuvollziehen. Stammen die Samen kultivierter Pflanzen nicht direkt aus Wildvorkommen aus dem Ursprungsgebiet der Pflanze, ist die Wahrscheinlichkeit der Hybridisierung nicht klein. Abbildungen aller Nüsse der kultivierten Arten finden sich in den Artenporträts ab Seite 134.

Ein Merkmal, das die Unterscheidung der verschiedenen Sektionen ermöglicht, ist die Anzahl Fruchtkammern pro Nuss. Während die Sektion *Juglans* (*J. regia, J. sigillata*) so wie alle nordamerikanischen Schwarznüsse (Sektion

Querschnitt:
Schwarznuss *Juglans nigra* (oben). In Abhängigkeit von der Schnitthöhe werden die vier Kammern (entsprechend den vier Kernteilen) der Nuss sichtbar.

Butternuss, *J. cinerea* (unten).
Die Nuss ist durchgehend zweikammerig.

Hinds-Walnuss
(*Juglans hindsii*).

Paradox-Hybridnuss
(*Juglans* x 'Paradox').

Echte Walnuss
(*Juglans regia*).

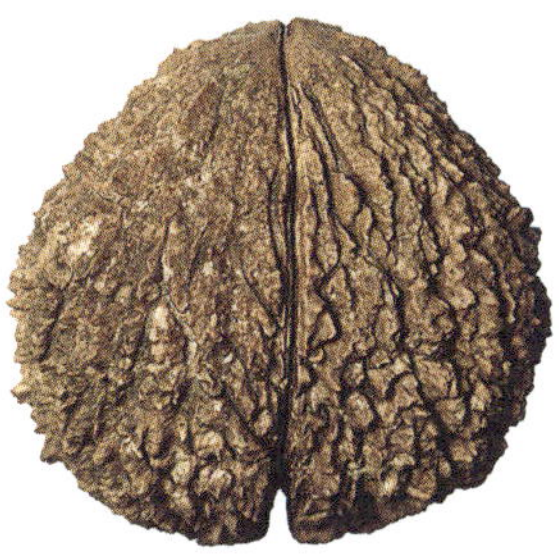

Schwarznuss
(*Juglans nigra*).

Hybridnuss
(*Juglans* x *intermedia*).

Echte Walnuss
(*Juglans regia*).

Mandschurische Walnuss
(*Juglans mandshurica*).

China-Hybridnuss
(*Juglans* x *sinensis*).

Echte Walnuss
(*Juglans regia*).

Abbildungen verkleinert: *Juglans*-Hybrid-Nüsse: rechts und links die Ausgangsarten, in der Mitte die aus der Kreuzung entstandenen Hybrid-Formen. Schemata zu den bekannten Hybriden finden sich in den Gattungsbeschreibungen.

Rhysocaryon) vierteilige Kerne bildet, sind jene der Amerikanischen und Asiatischen Butternüsse (*Cardiocaryon* und *Trachycaryon*) zweiteilig. An der Basis ist die Nuss in mehrere Teilkammern aufgezweigt, die durch feine Schnitte durch die Nuss in verschiedenen Höhen visualisiert werden können. Beim Schnitt durch die Mitte der Nuss (siehe Artenporträts) zeigen fast alle Walnussarten nur zwei dieser Kammern. Bei den Hickorys (*Carya*) bilden fast alle Arten zum Ende hin vierteilige Nüsse. Bei einigen tropischen Arten gar achtteilige.

Hybridisierung

Durch die Kreuzung zweier Arten entsteht eine neue Pflanze, die im Erscheinungsbild meist intermediär zwischen den Elternarten liegt und im Fall der Walnüsse oft selbst fruchtbare Samen produziert. Die Walnussgewächse (und insbesondere die Gattung *Juglans*) sind innerhalb ihrer Gattung sehr hybridisierungsfreudig, aus Samen von Bäumen in gemischten Beständen sprießen oft Hybridpflanzen. Die große Fruchtbarkeit der entstandenen Hybridpflanzen mit gemischtem Erbgut ist im Pflanzenreich relativ ungewöhnlich und erschwert die Bestimmung oft immens.

Bei hybriden Walnüssen (Gattung *Juglans*) ist nicht nur die Rückkreuzung mit den Elternarten, sondern auch das Einmischen anderer Arten der Gattung nachgewiesen. Das Erscheinungsbild der Hybriden der zweiten Generation ist enorm variabel, und die entstandenen Pflanzen können nur noch sehr schwer anhand optischer Merkmale bestimmt werden. Hybriden stammen entweder von zwei Nussarten mit überschneidendem Verbreitungsgebiet oder sind in menschlicher Obhut entstanden – manche dieser Kreuzungen gezielt aus wirtschaftlichen Überlegungen, manchmal aber auch durch Zufall in Baumschulen mit mehreren Arten. Auch hat die züchterische Auslese dazu geführt, dass Kulturformen der häufig kultivierten Walnuss und Pekannuss heute wesentlich größere Früchte bilden als die noch gelegentlich anzutreffenden Wildformen.

Wie in den meisten Pflanzenfamilien sind Kreuzungen von Arten nur innerhalb der Gattungen möglich, obschon ältere russische Quellen solche Hybriden mehrfach bestätigten. Dabei wird es sich jedoch um Fehlinterpretationen gehandelt haben. Die Gattungen der Hickorys und der Flügelnüsse bilden zwar in unseren Parks weniger häufig spontane Kreuzungen, es sind aber auch in diesen Gattungen Hybriden bekannt und einige davon als Zier- oder Obstgehölze verbreitet.

Juglans x *bixbyi*
(*J. cinerea* x *J. ailantifolia*)

Juglans x *quadrangulata*
(*J. regia* x *J. cinerea*)

Juglans x 'Paradox'
(*J. regia* x *J. hindsii*)

Einige Hybride Walnüsse, die in den folgenden Porträts nicht ausreichend beschrieben werden können, werden hier kurz vorgestellt.

Juglans x *bixbyi* Rehd. wurde von Botaniker Alfred Rehder am Arnold Arboretum anhand einiger Nüsse und Blattbelege erstbeschrieben, die er 1918 von dem späteren Präsidenten der Northern Nut Growers Association, Willard G. Bixby aus Indiana, geschickt bekam. Eine dieser Nüsse liegt heute in den Fruchtsammlungen des Harvard Herbariums (siehe Bild). Während in Nusszüchter-Kreisen heute die Kreuzung aus der Butternuss mit der Japanischen Herznuss (Buart-Nuss) als *Juglans* x *bixbyi* bezeichnet wird, hatte Rehder mit diesem Taxon ursprünglich die Kreuzung der Butternuss mit der Nominatform der Japansichen Walnuss Beschrieben. Die Buart-Nuss nennt er in der gleichen Edition des *Journal of the Arnold Arboretum Juglans* x *bixbyi* var. *lancastriensis,* nach Nüssen, die ihm aus Lancaster zugesandt wurden.

Juglans x *quadrangulata* (Carrière) Rehd., ist eine relativ selten gepflanzte Hybride zwischen der nordamerikanischen Butternuss (*J. cinerea*) und der Echten

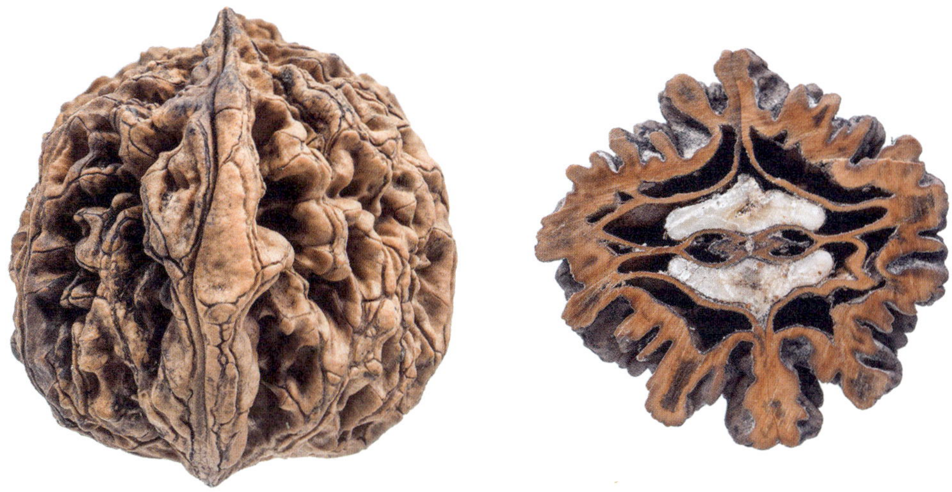

Juglans x *sinensis*, eine der größten Walnüsse. *J. regia* (verm. «Pferdenuss») x *mandshurica* oder andere asiatische Butternuss.

Walnuss (*J. regia*). Sie kommt zwar sporadisch in europäischen Parkanlagen bei Pflanzung beider Arten im Unterwuchs und in Hecken rund um die Mutterbäume vor, ausgewachsene Bäume scheinen aber vergleichsweise rar; nur wenige Gehölze dieses Taxons werden in Parkanlagen kultiviert. Vielleicht kommt die Hybride aber häufiger vor und bleibt unerkannt.

Juglans x 'Paradox' bezeichnet Hybriden zwischen der Hinds-Walnuss und der Echten Walnuss. Die Form wurde vom amerikanischen Pflanzenzüchter Luther Burbank in Kalifornien gezüchtet und beschrieben. Burbank hatte sie in seiner Erstbeschreibung nicht als wissenschaftliches Taxon, sondern als gärtnersiche Sorte veröffentlicht, weshalb der Name, obschon oft als Taxon verwendet, von Wissenschaftlern zuweilen abgelehnt wird. Obschon morphologisch klar ist, dass Burbanks Züchtung als Elternart auf der Hinds-Walnuss und der Echten Walnuss basiert, war ursprünglich von einer Hybride mit der Kalifornischen Walnuss der Rede, weil die Hinds-Walnuss damals noch nicht als eigene Art beschrieben war. Die 'Parardox'-Walnuss findet als Unterlage für Walnussveredelungen besonders in Kalifornien Einsatz, gilt als relativ salzbeständig und tendiert zu großem Wuchs mit guten Nutzholzeigenschaften.

Ein Porträt von *Juglans* x *sinensis* befindet sich auf Seite 174. Von dieser Hybride wurden mir einige Nüsse eines Baumes aus der Nähe von Berlin zugesandt, die in ihrer Größe die bisherigen Nussfunde aus der Walnussfamilie übersteigt. Mit über 60 Millimeter Durchmesser und bis über 60 Gramm Trockengewicht erweitern sie das Spektrum der Variabilität dieser Hybridform erheblich, kommen aber aufgrund ihrer kleinen Kerne nicht als Kulturvarietät für die kommerzielle Nusszucht in Frage.

Weitere Merkmale der Walnuss-Gehölze

Eher unauffällig sind die Blüten der Walnussgewächse. Obwohl einhäusig (monozöisch), sind die Blüten wie für viele Windblütler typisch in männliche Blütenkätzchen und weibliche Fruchtstände unterteilt. Je nach Art und Sorte werden die männlichen oder weiblichen Blüten zuerst reif. Ab und an blühen beide gleichzeitig.

Die männlichen Kätzchen sind dabei bei den meisten Arten ähnlich gestaltet: Viele Einzelblüten verbinden sich zu einem langen, meist hängenden Blütenstand. Die Kätzchen sind bei den Hickorys meist in verwachsenen Gruppen zu dreien angeordnet und wachsen bei vielen Walnussgewächsen hängend an

Männliche und weibliche Blüten der Echten Walnuss.

Erfrorene weibliche Blüte und Triebspitzen der Echten Walnuss nach Spätfrost.

Zweite Blüte der Echten Walnuss im Juli an einer Chinesischen Sorte, England.

einjährigen Trieben. Die Ausnahme bildet die Zapfennuss mit meist aufrecht stehenden Blütenkätzchen; hier sind zudem weibliche und männliche Blüten zu einem Blütenstand kombiniert, oft ist sogar der obere Teil des weiblichen Blütenstands, der spätere »Zapfen«, zur Blütezeit männlich. Nach dem Verblühen der männlichen Kätzchen fällt dieser ab. Diese Art weist als einzige bei uns kultivierte Art Blütenstände auf, in denen männliche und weibliche Blüten vereint sind. Sehr selten findet man bei den anderen Arten Blütenstände mit kombiniert männlichen und weiblichen Eigenschaften, abgebildet bei der Großfrüchtigen Flügelnuss (siehe Seite 196). Die hellroten weiblichen Blüten sind im Gegensatz zu den dunkelroten Teil eines männlichen Blütenstands.

Die weiblichen Einzelblüten sind zwar bei den verschiedenen Arten sehr ähnlich gestaltet, jedoch bei einigen Arten fast einzeln an den Astenden zu finden, während sie bei anderen Gattungen, etwa den Flügel- oder Zapfennüssen, an einem sehr dichten, vielblütigen Blütenstand aus den Blattachsen ragen. Bei den Walnüssen sind die weiblichen Blüten – und damit später die Früchte – arttypisch zu nur ein bis vier (*J. regia*) oder bis zu über zwanzig (*J. ailantifolia*) in einer hängenden, unverzweigten Ähre angeordnet. Die Blüten erscheinen bei den meisten Arten etwa zur Zeit der Blattbildung im April oder Anfang Mai. Wesentlich später blüht die Zapfennuss, nämlich Ende Mai oder im Juni. Bei vielen Arten gibt es eine Vormännlichkeit: Die männlichen Blüten öffnen sich zeitlich wesentlich früher als die weiblichen Blüten, was als Mittel zur Einschränkung der Selbstbefruchtung gedeutet wird.

Walnüsse gehören in Mitteleuropa zu den Gehölzen mit dem spätesten Blattaustrieb. Eine frühe Blüte hat für Gehölze den Vorteil, dass sich die Pollen mit dem Wind noch verbreiten können, bevor dichtes Blattwerk diesen Vorgang behindert. Die Blüten der Nussbäume sind jedoch auch sehr frostempfindlich, was in Jahren mit Spätfrost besonders bei Kulturen der Echten Walnuss zu einem Gesamtausfall der Nussbildung und damit der Ernte führen kann.

Männlicher (links) und weiblicher Blütenstand der Kaukasischen Flügelnuss (verkleinerter Herbarbeleg).

Männliche Blüten der Schwarznuss (*Juglans nigra*).

Männliche und weibliche Blütenstände der Großfrüchtigen Flügelnuss (*Pterocarya macroptera*).

Blütenstand der Zapfennuss (*Platycarya strobilacea*).

Weibliche Blüten der Schwarznuss (*Juglans nigra*).

Weiblicher Blütenstand der Chinesischen Butternuss (*Juglans cathayensis*).

Weiblicher Blütenstand der Buart-Nuss (*Juglans x bixbyi*).

Weibliche Blüten nordamerikanischer Hickory-Arten.

Texas Hickory (*Carya texana*).

Muskatnuss-Hickory (*Carya myristiciformis*).

Schuppenrinden-Hickory (*Carya ovata*).

Spottnuss-Hickory (*Carya tomentosa*).

Bitternuss-Hickory (*Carya cordiformis*).

Königsnuss-Hickory (*Carya laciniosa*).

Männliche Blütenkätzchen nordamerikanischer Hickory-Arten; immer im Bündel zu drei.

Texas Hickory (*Carya texana*).

Muskatnuss-Hickory (*Carya myristiciformis*).

Schuppenrinden-Hickory (*Carya ovata*).

Spottnuss-Hickory (*Carya tomentosa*).

Bitternuss-Hickory (*Carya cordiformis*).

Königsnuss-Hickory (*Carya laciniosa*).

Ein Blick in Wald und Forst

Einblicke in die Lebensbedingungen von Walnussgewächsen außerhalb der Parkkulturen Europas und Nordamerikas geben Beobachtungen in den Wäldern Neuenglands sowie Pflanzungen von autochthonen Wildformen der Echten Walnuss im Himalaja.

Wälder Nordamerikas

Während die Echte Walnuss die einzige in Europa verbreitete Walnussart ist, sind im temperierten Nordamerika etwa 18 Arten von Walnussgewächsen verbreitet. Sie gehören den Gattungen der Walnüsse und der Hickorys an. Fast alle Arten werden derzeit auch in Europa kultiviert. Insbesondere die Hickorys wachsen dabei in den Wäldern der östlichen USA oft in gemischten Beständen im Überschneidungsgebiet mehrerer *Carya*-Arten. Die Laubwälder werden von Grauhörnchen (*Sciurus carolinensis*) und Streifenhörnchen (*Tamias striatus*) sowie einigen Mausarten bewohnt, die bei der Verbreitung eine Rolle spielen könnten. Die Kerne der Hickorys werden aber bestimmt auch durch die Amerikanerkrähe sowie den Raben (*Corvus corax*) verbreitet. Europäische Parkpflanzen bieten dabei nur einen kleinen Einblick in die natürliche Vielfalt und Variabilität der Arten und lassen offen, unter welchen Bedingungen die Bäume in ihren natürlichen Habitaten wachsen.

Mit Ausnahme der Pekannuss (*C. illinoinensis*) sind aber die Parkpflanzen kaum von Zucht und Auslese der Menschen beeinflusst. Es werden fast immer Wildformen gepflanzt, Kultivare sind außerhalb gezielter Anbauversuche zur Nussgewinnung selten.

Insbesondere die Ferkelnuss *Carya glabra* stellt sich dabei als äußerst variable Art dar, die in ihrer Nussgröße und Form genauso wie in der Anzahl Teilblätter, deren Behaarung oder der Rindentextur ein breites Spektrum abbildet, das in vielen botanischen Gärten nicht vollumfänglich abgebildet werden kann. Aufgrund dieser Unterschiede wurde *C. glabra* auch in diverse Unterarten und Arten aufgeteilt, die mit Ausnahme von der Roten Hickory *C. ovalis* (siehe Artenporträts) derzeit in der Literatur nicht mehr unterschieden werden. In den Herbarien der Harvard Universität sowie im Nachlass des Walnussforschers Wayne E. Manning zeigen auch diverse Nussbelege intermediären Charakter zwischen diesen zwei Arten, was entweder ein Intergradie-

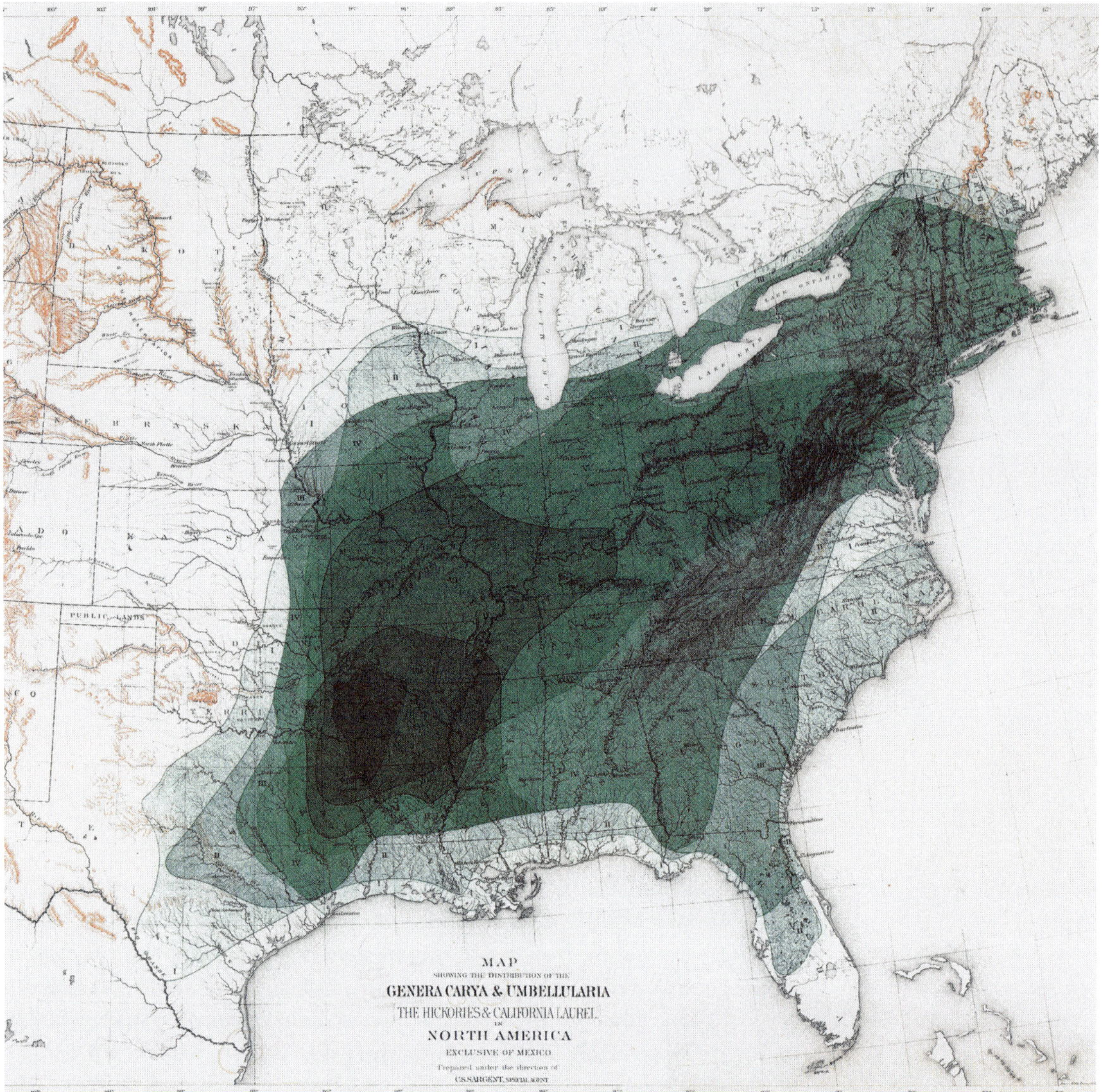

Überlagerung der natürlichen Hickory-Verbreitungsgebiete in Nordamerika nach Charles Sprague Sargent, 1884, Forest Trees of North America.

ren oder eine unklare Artabgrenzung bestärkt. Generell überschneiden sich die Verbreitungsgebiete stark. Fast alle Walnussarten Nordamerikas wachsen (im östlichen wie im westlichen Verbreitungsgebiet) auf relativ sauren Böden mit einem PH-Wert von typischerweise unter 6, da die Böden auf silikatischem Urgestein fußen. In alpennahen Bereichen Europas herrschen meistens PH-Werte über 7 vor, weshalb viele Standorte in Parkanlagen nicht die optimalen Wuchsbedingenen für diese Arten bieten. Die leicht bodensauren Regionen und Standorte Europas sind für viele Hickorys besser geeignet.

Während die Hickorys mehrheitlich natürliche Waldhabitate besiedeln, die entweder sehr trocken (*C. pallida*) oder nass (*C. aquatica*) sind, hat insbesondere die Schwarznuss (*J. nigra*) eine starke Tendenz, als Kulturfolger aufzutreten. Sie nimmt damit eine ähnliche Stellung ein wie die Echte Walnuss in Europa. Sie wächst in jungen, aufwachsenden Forsten und auf ehemaligen Brachflächen. Dort bildet sie die erste Waldstufe während der Sukzession in Siedlungsnähe, sowohl innerhalb des natürlichen Verbreitungsgebiets als auch außerhalb, in der Nähe von Pflanzungen.

Carya glabra im natürlichen Laubwald-Habitat in Neuengland, MA.

Schwarznuss (*Juglans nigra*) in der Nähe von Lewisburg, PA.

Carya glabra, Neuengland, MA.

Carya ovalis, Neuengland, MA.

Carya glabra, Neuengland, MA.

Blick in den Himalaja

Die Vielfalt der Echten Walnuss (*J. regia*) zeigt sich bei Walnüssen mit wenig Einfluss durch Kultur und Züchtung. Die ETH Zürich hat 1984 einen Versuchsforst mit autochthonen Walnüssen aus dem Himalaja angelegt, um deren Eignung für forstliche Zwecke zu erforschen. Die Walnüsse aus Pakistan und Nordindien stammen aus natürlichen Bergwäldern, die kaum durch Züchtung und Auslese beeinflusst sind. Diese Wildformen haben in den letzten Jahrzehnten eine wesentlich bessere Eignung zur Produktion von Holz gezeigt als die für ihre Nüsse kultivierten Bäume. Sowohl der jährliche Zuwachs als auch das Ausbilden eines hohen, astarmen Stammes sind Qualitätsmerkmale in der Holzwirtschaft. Die Nüsse werden deshalb jährlich eingesammelt und bilden heute die Basis forstlicher Walnussplantagen.

Die Walnüsse aus dem Zentrum des Verbreitungsgebiets von *Juglans regia* unterscheiden sich aber auch durch eine oft höhere Anzahl Teilblätter sowie stark bis zum Kern verholzte Nussschalen von den Kulturformen Europas. Auch die für alle dickschaligen Arten der Gattung *Juglans* typischen Hohlräume in der Schale (Lakunen) treten bei diesen Wildformen auf, während sie bei den europäischen und chinesischen Kultivaren fehlen. Das Knacken der Nüsse ist ähnlich schwer wie jenes der Schwarz- oder Butternüsse Nordamerikas, weshalb sie in ihrer Heimat am Himalaja vornehmlich für die Ölproduktion genutzt werden. Der Vergleich dieser morphologischen Merkmale mit Herbarbelegen der Kulturformen der Echten Walnuss aus China in den Harvard-Herbarien lässt weitere Rückschlüsse zu: Hier finden wir wieder vornehmlich fünf-teilblättrige Varietäten mit einer dünnen Schale, ähnlich der europäischen Kultivare. Auch in China wurde die Verbreitung der Walnuss stark durch den Menschen gefördert. Neuere Pollenanalysen und kulturhistorische Fundstätten lassen vermuten, dass die Walnuss in Pakistan und im Hindukusch historisch weiter verbreitet war und durch Dürreperioden in feuchtere Bergregionen zurückgedrängt wurde. Die Seidenstraße war für die Verbreitung in den Fernen Osten von großer Bedeutung.

Unbeantwortet bleibt, ob die dickschaligen autochthonen Himalaja-Walnüsse eine ursprünglichere Form unserer europäischen und der chinesischen Kulturbestände darstellt. Oder ob die Auslese, die zu unseren dünnschaligen Kultivaren geführt hat, bereits auf dünnschaligeren Ursprungsformen begonnen hat; immerhin werden für die Echte Walnuss stark zersplitterte Verbreitungsgebiete während der Eiszeiten Vermutet. Schon die Nüsse aus Pompeji, die vor 2000 Jahren im Römischen Reich angebaut wurden, haben eine wesentlich dünnere Schale. Bestimmt jedoch erweitert der Blick auf diese Arten das Verständnis für die Vielfalt innerhalb der Art *Juglans regia*, die einst aus vielen Arten zusammengesetzt wurde. Erst in neuerer Zeit wurden *J. regia* wieder als eine einzige Art beschrieben, deren Vielfalt in der Gestalt besonders durch die menschliche Auslese gefördert wurde.

Die Walnüsse aus dem westlichen Himalaja unterscheiden sich deutlich von der zweiten breit anerkannten Walnussart aus der Sektion *Juglans*, *J. sigillata*, die aus dem östlichen Himalaja stammt und ebenfalls bis nach China kultiviert wird.

Franquette – Französische Handelssorte zum Vergleich.

Die Blätter weisen oft neun Teilblätter auf.

Der lange, astlose Stamm ist forstlich interessant.

Naturverjüngung im Walnussbestand.

Herkunft: Dachigam, Kashmir, Indien.

Herkunft: Lolab-Tal, Kashmir, Indien.

Herkunft: Kirgistan.

Landschaft und Landschaftsarchitektur

Während die Echte Walnuss im europäischen Landschaftsbild prägend ist, sind viele der anderen Walnussgewächse nur als Spezialitäten in Parkanlagen gepflanzt.

In der bäuerlich geprägten Landschaft Mitteleuropas wird die Walnuss einerseits in Nusshainen zur Gewinnung von Nüssen angepflanzt, sie ist andererseits aber auch verbreitet als Solitär neben Bauernhöfen, bei Hütten oder auch frei auf Feldern und Weiden zu finden. Die kugelig runde Krone macht den Baum zu einem charakteristischen Merkmal der wärmebegünstigten Gebiete Mitteleuropas. Obschon die Walnussbäume und ihre Kultur im letzten Jahrhundert stark im Rückgang begriffen sind und viele Bäume den sich ausbreitenden Siedlungsgebieten weichen mussten, ist die Walnuss noch immer eines der prägendsten Gehölze. Neben Linden, Obstbäumen und Eichen sind Walnussbäume die wichtigsten Solitärbäume der kollinen und montanen Lage.

Walnussgewächse werden des Weiteren genutzt als:

- Park- und Straßenbäume: Wenige Arten, insbesondere die Echte Walnuss (*Juglans regia*), die Kaukasus-Flügelnuss (*Pterocarya fraxinifolia*) und die Schwarznuss (*J. nigra*), sind relativ häufig als Parkbäume zu sehen. Einige Hickorys wie die Bitternuss-Hickory (*Carya cordiformis*) oder die Schindelborken-Hickory (*C. ovata*) sind in Parkanlagen und selten als Straßenbäume zu finden.
- Forstgehölze: Neben der am häufigsten kultivierten Walnuss findet man in Wäldern seltener Schwarznüsse, Schwarznusshybriden und Butternüsse (*J. cinerea*). Besonders im Osten Europas werden auch Hickoryarten forstlich genutzt, unter ihnen ist *C. ovata* am verbreitetsten.
- Bestände in Baumsammlungen: In botanischen Gärten, Arboreten und spezialisierten Baumsammlungen finden sich alle anderen Arten der Familie. Solche Sammlungen sind etwa der Kannenfeldpark und die St.-Margarethenanlage in Basel, der Botanische Garten in Genf, die Hohenheimer Gärten bei Stuttgart, die Botanischen Gärten in Bonn oder der Forstbotanische Garten Tharandt bei Dresden. In Belgien ist der Botanische Garten Meise oder das Arboretum Wespelaar von Bedeutung. In Großbritannien mit seiner langen Gartenkultur und dem winterwarmen Klima werden noch einige weitere, seltene Arten kultiviert. Wichtige Anlagen sind das National Arboretum Westonbirt, der Botanische Garten Kew oder die Baumsammlung Upton World, die sich auf die Gattungen *Juglans* und *Pterocarya* spezialisiert hat.

Oben: Schwarznuss (*Juglans nigra*) im Belvoir-Park in Zürich.
Unten: Kaukasische Flügelnuss (*Pterocarya fraxinifolia*) in den Hohenheimer Gärten in Stuttgart.

Bitternuss *(Carya cordiformis)*.

Echte Walnuss *(Juglans regia)*.

Ferkelnuss *(Carya glabra)*.

Pekannuss *(Carya illinoinensis)*, Herbstfärbung.

Zierform: Blatt der Chinesischen Flügelnuss (*Pterocarya stenoptera*), Sorte 'Fernleaf'.

Das heißt: Verbreitet, aber im Vergleich zu anderen Gehölzen doch selten werden Walnussgewächse in Städten auf Plätzen oder als Straßenbäume gepflanzt, auch weil viele der Bäume reichlich Nüsse produzieren, die auf Fußwegen oder Straßen störend wirken könnten. Einige Arten reagieren zudem empfindlich auf Druckbelastung im Wurzelbereich. Während in der Jugendphase bei den meisten Walnussgewächsen dicke Pfahlwurzeln wachsen, bilden ältere Gehölze ein starkes oberflächliches Sekundärwurzelsystem aus.

Viele Arten der Gattungen *Juglans* und *Pterocarya* sind im natürlichen Lebensraum in der Nähe von Gewässern zu finden. An lufttrockenen, versiegelten Plätzen in unseren Städten gedeihen diese Arten deshalb weniger gut. Bei den Hickorys ist die Standortbandbreite größer. Hier reicht das natürliche Habitat von Gewässerrändern bis zu mageren Trockenstandorten, was bei vielen Arten auch die Pflanzung in trockenwarmen Stadtsituationen ermöglicht. Nur in Extremsituationen werden aufgrund von Trockenheit optisch Schäden sichtbar. Dann werfen die Bäume die Früchte schon früh im unreifen Zustand ab, und die Blätter verdorren.

Als exotische Raritäten in Baumsammlungen sind Walnussgewächse als Solitäre und in kleinen Gehölzgruppen beliebt. Allein stehend bilden die Arten dann auch ihren typischen Habitus aus. Walnüsse tendieren zu einer rundlichen, im Alter breitovalen, weit ausladenden Krone, während Hickorys oft einen sehr hohen, schmalen Habitus entwickeln. Flügelnüsse wachsen meist mehrstämmig und können (besonders bei *P. fraxinifolia*) beachtliche Bestände aus Wurzelsprossen bilden. Diese Wuchsfreudigkeit kann aber in kleineren Anlagen, bei Bauwerken und unter Belägen mitunter lästig werden.

Geeignet sind die Nussbäume aber nicht nur für Baumsammlungen und Arboreten, sondern durchaus auch als gutwüchsige Ziergehölze in privaten Gartenanlagen. Verschiedene Hickoryarten sind zudem ihrer gelben Herbstfärbung wegen als Schmuckgehölze beliebt. Insbesondere die häufiger gepflanzten Arten Bitternuss (*Carya cordiformis*) und Schuppenrinden-Hickory (*C. ovata*) sind für ihren intensiv gelben Herbstschmuck bekannt. Auch die Walnüsse bilden eine meist gelbe Herbstfärbung aus, diese ist aber selten so intensiv wie bei den Hickorys. Die großen Fiederblätter einiger Arten, besonders die der Japanischen und Mandschurischen Walnuss, sind ebenso eine besondere optische Bereicherung. Schon als Jungbäume bilden diese Arten eine kugelig runde Krone mit bis zu einem Meter langen Blättern aus.

Zerschlitztblättrige Echte Walnuss
(*Juglans regia* 'Dissecta'), im Botanischen Garten Meise.

Hängeform, Echte Walnuss
(*Juglans regia* 'Pendula'), im Botanischen Garten Meise.

Rotblättrige Walnuss
(*Juglans regia* 'Purpurea').

Zerschlitztblättrige Schwarznuss
(*Juglans nigra* 'Dissecta').

Wildbienenweibchen aus der Familie der Megachilidae sammelt Pollen an Schwarznuss-Kätzchen (*Juglans nigra*).

Für Gartenbesitzer und Parkbesucher sind auch die vielfältigen Nüsse interessant, ihrer eigenartigen und schönen Form wegen, aber auch durch ihren Nährwert und die große, vielen Menschen unbekannte Vielfalt verschiedener Nussgeschmacksrichtungen. Fast alle Nüsse der Familie sind essbar, mit Ausnahme der sehr kleinfrüchtigen Arten sowie der Bitternuss- und Wasserhickory mit hohem Bitterstoffanteil.

Die bei uns oft sehr kleinwüchsigen monotypischen *Platycarya* und *Cyclocarya* sind botanische Raritäten, die botanischen Gärten und spezialisierten Sammlungen vorbehalten sind, während zum Beispiel viele Walnusshybriden wegen ihrer schweren Bestimmbarkeit selten in den Artenlisten botanischer Gärten auftauchen. Diese Gehölze werden selten gepflanzt und sind, wo sie als Zufallskeimlinge vorkommen, oft unter dem Namen einer ihrer Ursprungsarten gelistet. Durch ihren besonderen Habitus und ihre Beblätterung fallen einige gezüchtete Zierformen auf. Besonders bekannt sind schlitzblättrige Formen bei der Echten Walnuss, der Schwarznuss sowie der Chinesischen Flügelnuss. Zerschlitztblättrige Formen der Chinesischen Flügelnuss werden »Fernleaf« genannt. Zudem ist von der Walnuss eine Hängeform ('Pendula') sowie eine einblättrige Form ('Monophylla') ausgelesen worden. Von der Walnuss und der Schwarznuss gibt es zudem auch rotlaubige Formen.

Ökologie und Biozönosen

Als Reliktbaumarten haben die Walnussgewächse eine besondere Bedeutung, weil sie gewissermaßen ein Fenster in die Vegetation des Tertiärs erlebbar machen und eine einzigartige Form des Rückblicks auf vergangene Zeiten ermöglichen. In dieser Hinsicht sind viele der oft nur in kleinen Gebieten beheimateten Arten besonders schützenswert. Gerne definiert man den Wert bestimmter Arten auch über ihre Verbindung und Verknüpfungen im Ökosystem, der Biozönosen. Diese Abhängigkeiten und Synergien unter den Arten bedeuten eine besondere Form der ökologischen Bereicherung. So bieten Walnussbäume unterschiedlichen Tierarten und Pilzen Nahrung. Viele von diesen werden allerdings in den Monokulturen als Schädlinge angesehen, zumal die Abhängigkeit von den Walnusspflanzen auch ein Schaden für die Fruchtkultur bedeuten kann.

Oben: Ferkelnuss-Hickory (*C. glabra*) aus einer Parkanlage mit Ameisenstaat der Gattung *Temnothorax*.
Rechts: Walnuss (*Juglans regia*), Pekannuss (*Carya illinoinensis*) und Schuppenrinden-Hickory (*C. ovata*) mit den Fraßspuren von Nagern.

Neben den walnussverbreitenden Nagern wie Hörnchen, Siebenschläfer, Mäusen und anderen, sind hier als Erstes insbesondere die schon erwähnten Rabenvögel für die Verbreitung und den Fraß von Nüssen von Bedeutung. Manche Wissenschaftler, so auch der Paläobotaniker Steve R. Manchester, der sich intensiv mit der Entstehung der Juglandaceae beschäftigt hat, sieht in der Entwicklung der Gattung *Carya* gar eine Koevolution mit der ebenfalls im Paläogen Nordamerikas erstmals auftretenden Baumhörnchen. Wenig verwunderlich ist darum, dass in Parkanlagen mit entsprechendem Nager- und Rabenvögel-Bestand vielfach nur die bitteren und weniger bekömmlichen Bitternüsse (*C. cordiformis*) oder die Wasser-Hickory-Nüsse (*C. aquatica*) liegen bleiben.

Auf den Blättern der Walnussgewächse leben viele Arten von Insekten, ihre Diversität ist besonders bei den nordamerikanischen Arten bekannt. Die Raupen der mehrheitlich auf Hickory spezialisierten Nachtfalterart *Citheronia regalis* zählt zu den auffälligsten weltweit. Die Larven werden in den USA »Hickory horned Devil« genannt, sie gehören zu den größten und auffälligsten Insektenlarven Nordamerikas. Der »Regal Moth«, wie der große Nachtfalter auch genannt wird, der aus den verpuppten Raupen schlüpft, zählt mit seinen 15 Zentimetern Spannweite zu den größten Nachtfaltern der gemäßigten Breiten. Ebenso können die Raupen von *Actias luna*, der »Luna Moth«, mit bis 17 Zentimetern Flügelspannweite an den Blättern der Hickorys und Walnüsse gefunden werden. Andere auf Walnüssen lebende Nachtfalter sind etwa *Amorpha juglandis* in Nordamerika oder *Euproctis chrysorrhoea* in Europa. Die Raupen der beiden Nachtfalter Blausieb und Weidenbohrer leben in Europa manchmal auch im Holz der Echten Walnuss, sie bevorzugen jedoch andere Wirtspflanzen. In den Nüssen vieler Hickory-Arten Nordamerikas entwickelt sich die Larve des Käfers »Hickory Weevil«, von der auch verwandte spezialisierte Arten in Eicheln und Haselnüssen in Europa leben.

Sand-Hickory *C. pallida* – Nuss mit Loch der Larve des »Hickory-Weevil« *Curculio caryae*, einer Rüssler-Käferart aus dem natürlichen Verbreitungsgebiet der Hickorys, USA.

Es ist kaum verwunderlich, dass diese und auch andere Insektenarten, wie Gallwespen, Walnussbaum-Fliegen und spezialisierte Blattläuse, auf den kultivierten Arten im Erwerbsobstbau zu Schädlingen geworden sind. Obschon Walnussbäume bekannt sind für ihre Robustheit, sind es gerade die in natürlichen Populationen unbedeutenden Insektenarten, die in Monokulturen und verschleppt auf neuen Arten der Familie größere Schäden verursachen können.

Die hohlen, von Nagern oder durch die Witterung geöffneten Nüsse von *Carya* und *Juglans*-Arten werden gerne von Ameisen der Gattung *Temnothorax* und *Tapinoma* bewohnt. Besonders in Amerika sind einige spezialisierte Ameisenarten verbreitet, aber auch in mitteleuropäischen Parks sieht man gelegentlich Ameisen aus *Juglans*- oder Hickorynüssen schlüpfen. Bei diesen sehr kleinen Arten lebt der ganze Staat innerhalb einer Nussschale – in einer Eichel oder Hickorynuss. Voraussetzung für die Besiedlung ist, dass die Nuss durch Nager oder die Witterung ein Einschlupfloch hat. Auch verschiedene Bienenarten nutzen die Pollen aus den Kätzchen der Walnussgewächse als Nahrung für ihre Larven, obwohl sie selbst an den nektarlosen Blüten keine Nahrung finden.

Walnusssammlung in den Botanischen Gärten Bonn.

Hickory-Bestand im Arboretum Wespelaar, Belgien.

Hickory-Sammlung im Arnold Arboretum, Boston (USA), mit über 200 Bäumen.

Walnuss- und Flügelnuss-Sammlung in Upton World, England.

Gattungs- und Artenporträts

Gattungsübersicht

Das folgende Kapitel stellt die im gemäßigten Klima kultivierten Walnussgewächse in einzelnen Porträts vor. Neben den verschiedenen Arten werden auch die bekannten Hybriden zwischen den Arten vorgestellt. Die Porträts sind mit Fotografien von Individuen in europäischen Parkanlagen bebildert und geben so einen Eindruck von diesen Familien. Da die Beschriftung der Gehölze in Parkanlagen, botanischen Gärten und entsprechenden Informationssystemen manchmal nicht durch die Ursprungsliteratur erhärtet wurde oder manche Exemplare aus dem Saatgut hybriden Ursprungs stammen, sind diese oft falsch bestimmt. Einige Arten wie *Juglans californica* werden sogar bloß in der Literatur erwähnt – im Feld hat sich keines der besuchten Individuen in Mitteleuropa als Vertreter dieser Art herausgestellt.

Da die Kalifornische Walnuss in einigen Parkanlagen Europas außerhalb des deutschsprachigen Raums kultiviert wird, wird sie ebenso in den Artenporträts aufgeführt.

Gattungsporträts zu den kultivierten Arten

Die Porträts sind in folgende drei Gruppen eingeteilt:
- Walnüsse, *Juglans*: 13 Arten, 7 Hybriden
- Flügelnüsse und Ringflügelnuss, *Pterocarya:* 5 Arten, 1 Hybride *und Cyclocarya:* 1 Art
- Hickorys und Zapfennuss, *Carya:* 12 Arten und einige Hybriden: 1 Art

Die Beschreibungen in den Artenporträts sind an die entsprechenden Nachschlagewerke angelehnt, für chinesische Arten etwa der *Flora of China* oder bei nordamerikanischen Arten der *Flora of North America.* Beigezogen wurde auch andere Literatur, etwa das neu erschienene Werk *Wingnuts – Pterocarya* der Universität Fribourg oder Horst Schaarschmidts *Die Walnussgewächse.* Die Angaben sind mit eigenen Beobachtungen und Merkmalen aus anderer Literatur ergänzt.

Die Bestimmung ist oft anspruchsvoll, und in manchen Fällen kann die Art nicht ganz eindeutig bestimmt werden, zum Beispiel in der *Carya glabra*-Gruppe oder bei vielen Hybriden der Gattung *Juglans.*

Teil der für das Buchprojekt angelegten Nusssammlung.

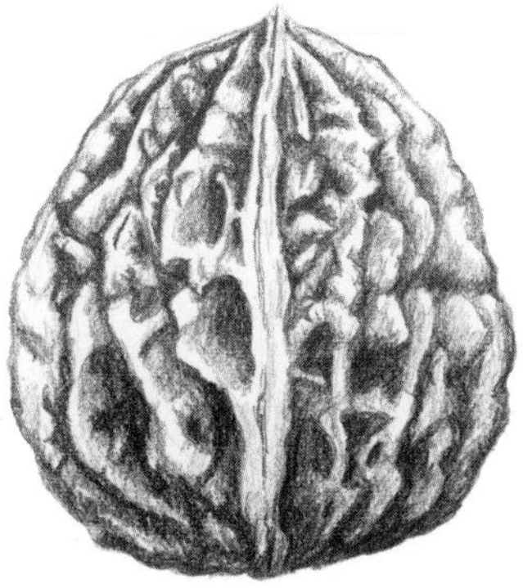

Die Daten für die differenzierten Verbreitungskarten stammen aus den neuesten Publikationen zum Thema oder den Floren-Werken der Ursprungsregionen der Arten.

Illustrationen von einer Form der Chinesischen Butternuss (*J. cathayensis*).

Bilder

Die Fotografien des Habitus, der Rinde und der Blätter der Gehölze stammen mit wenigen in den Bildlegenden erwähnten Ausnahmen aus Parkanlagen Europas. Für eine möglichst vollständige und verständliche Abbildung der Arten wurde, wo möglich, auf eine umfassende Darstellung der Art mit Bildern aus dem ganzen Jahresverlauf gesetzt.

Abbildungen der Nüsse und Früchte in Originalgröße

Die abgebildeten Nüsse entstammen einer umfangreichen Sammlung der Früchte von Walnussgewächsen, die mehrheitlich unter europäischen Parkbäumen gesammelt wurden. In Ausnahmen sind auch Nüsse aus dem Handel oder von botanischen Institutionen zugesendet worden. Die Darstellungsform erlaubt es, gefundene Nüsse direkt über die gedruckten Fotografien zu legen und einen Eindruck von der Größe zu erhalten.

Blätter

Die Blätter auf der rechten Seite der Artenporträts sind abfotografierte getrocknete und gepresste Herbarbelege aus den Parkanlagen Europas. Jeweils ein Blatt soll im verkleinerten Maßstab die gesamte Form zeigen und eines, angeschnitten und in Originalgröße dargestellt, die Größenverhältnisse illustrieren und mit Blattmaterial vor Ort eine Bestimmung erleichtern.

Illustrationen

Die in den Gattungsbeschreibungen verwendeten Bleistiftzeichnungen der Nüsse wurden für das Buch angefertigt und sind auf die effektive Größe skaliert. Sie wurden, wo nicht anders erwähnt, anhand vorliegender Exemplare der Nüsse gezeichnet.

Tropische Arten und Gattungen

Da die Gattungen der Walnüsse (*Juglans*) und Hickorys (*Carya*) sowohl im gemäßigten Klima als auch in (sub-)tropischen Habitaten verbreitet sind, werden die tropischen bzw. in unserem Klima nicht kultivierbaren Arten auch separat noch einmal im Kapitel über die tropischen Gattungen (siehe Seite 234) aufgeführt, das sich besonders um die tropischen Gehölze aus der Unterfamilie der *Engelhardioideae* dreht. Bei einigen Arten ist dabei nicht vollständig geklärt, ob sie in unserem Klima gedeihen könnten, da es bisher keine bekannten Anpflanzversuche gibt. Für mittelamerikanische Walnussarten sind im Ursprungsgebiet winterliche Minimaltemperaturen im einstellig positiven Bereich gemessen worden, was eine Auspflanzung im Freien in Mitteleuropa vermutlich nicht zulässt.

Teil des für das Projekt angelegten Blattherbariums.

Walnüsse

Juglans L.

Insgesamt zählt man heute meist 21 rezente (gegenwärtige) Arten zur Gattung *Juglans*, den Walnüssen. Damit ist sie die größte Gattung innerhalb der Familie und jene mit der weitesten natürlichen Verbreitung (Nord- und Mittel- bis Südamerika, Asien bis Osteuropa). Zwölf dieser Arten sowie mindestens sieben Hybriden werden in Europa im Freiland kultiviert. Durch die Anpflanzung sind heute viele Arten, aber insbesondere die Echte Walnuss weltweit verbreitet (Europa, Asien, Nord- und Südamerika, Südafrika, Australien und Neuseeland), während mancherorts die natürlichen Bestände durch Übernutzung und Zerstörung der Habitate gefährdet sind.

Typisch für die Gattung der Walnüsse sind die relativ großen Nüsse, die von einer bei den meisten Arten mit der Schale verwachsenen, grünen, fleischigen Hülle umgeben sind. Diese spaltet sich nicht wie bei der Gattung *Carya* in vier Teile auf, sondern löst sich erst beim Zerfall von der Nussschale.

Eine Ausnahme stellt dabei die Echte Walnuss *Juglans regia* dar, deren Nüsse sich bei vielen Sorten schon am Baum aus der Fruchthülle lösen.

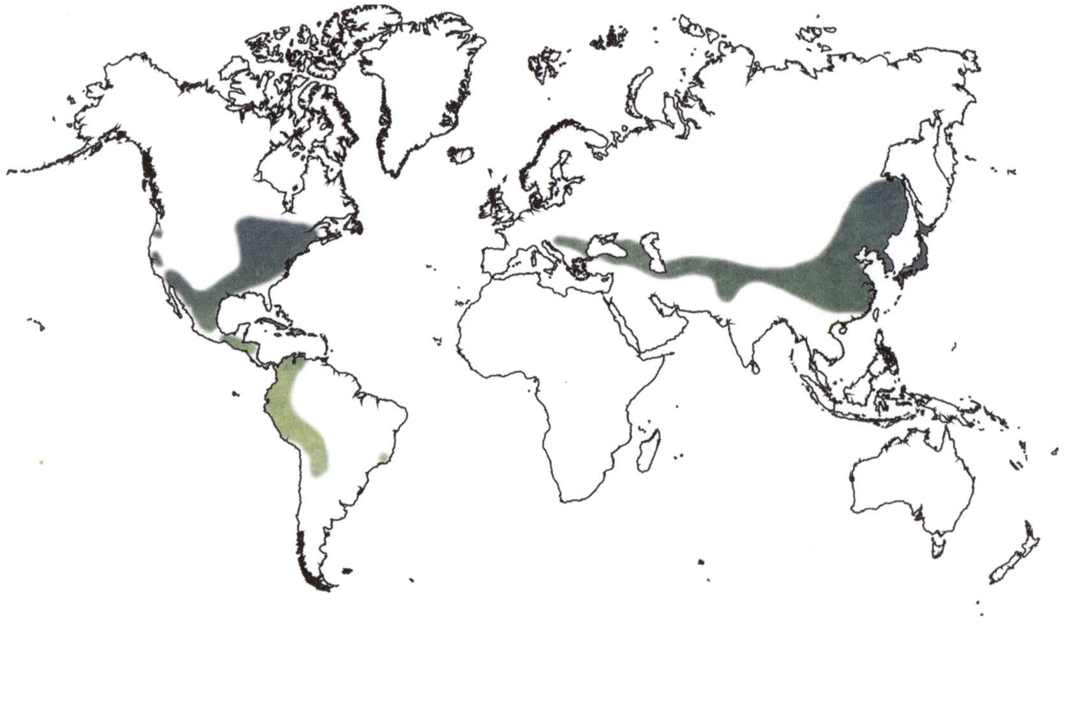

Heutiges Verbreitungsgebiet der Gattung *Juglans* mit den vorgestellten Arten (nach Kozlowski et al. 2018).

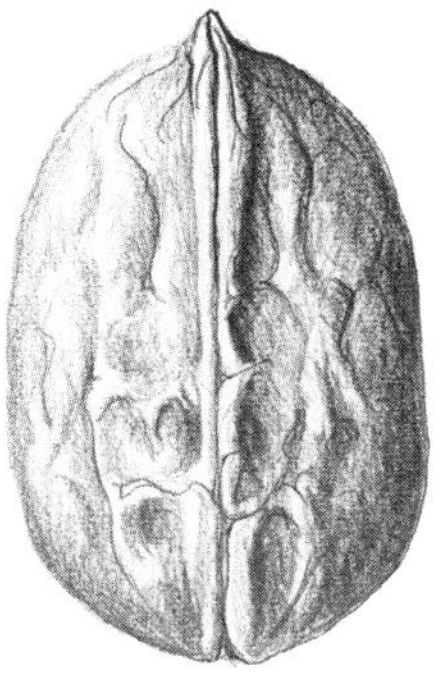

Echte Walnuss
(*Juglans regia*).

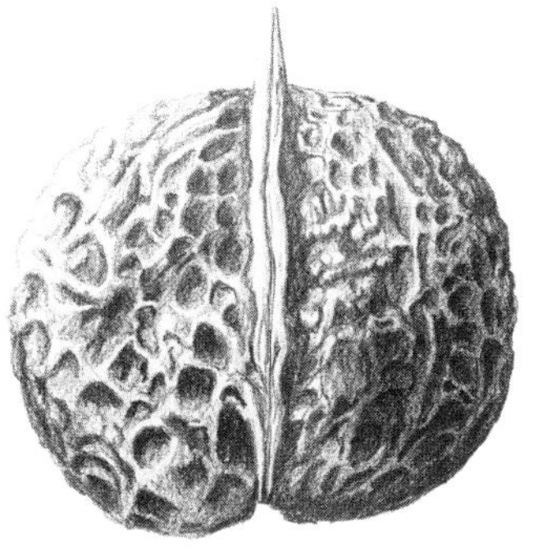

Yangbi-Walnuss
(*Juglans sigillata*).

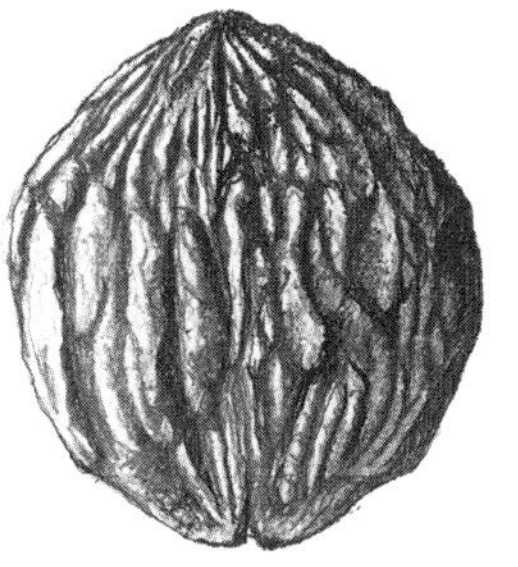

Schwarznuss
(*Juglans nigra*).

Felsennuss
(*Juglans microcarpa*).

Arizona-Schwarznuss
(*Juglans major*).

Südliche Walnuss
(*Juglans australis*).

Hinds-Walnuss
(*Juglans hindsii*).

Kalifornische Walnuss
(*Juglans californica*).

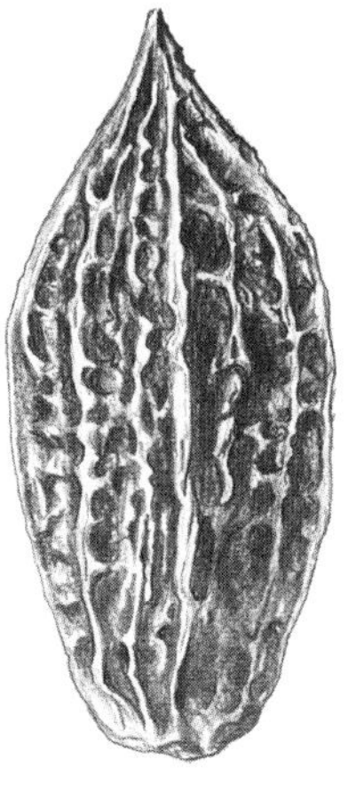

Butternuss
(*Juglans cinerea*).

Illustrationen von Nüssen der Gattung *Juglans* (Originalgröße).

Der Kern in den meist dicken, verholzten Nussschalen ist bei einigen Arten zweiteilig aufgebaut (zum Beispiel bei den Butternüssen), bei anderen durch stärker ausgebildete Septen (Querwände) vierteilig (bei den Schwarznüssen und Walnüssen).

Die Gattung *Juglans* ist wirtschaftlich aufgrund der vergleichsweise großen Früchte und langen Kultur sowie der ebenfalls guten Nutzholzeigenschaften die wichtigste Gattung der Nüsse in Europa.

Im Gegensatz zu den ebenfalls großfrüchtigen Hickory-Nüssen weisen die Arten der Gattung *Juglans* ein gekammertes Mark in jungen Trieben auf.

Ihr Habitus ist meist in Einzelstellung breit-oval, während die Mehrzahl der Hickorys schmal-aufrechte Kronen bildet.

Die Gattung *Juglans* wird in vier Sektionen gegliedert, die auf geografischen und abstammungsgeschichtlichen Gemeinsamkeiten der Arten aufgebaut sind. Viele der sektionstypischen Merkmale lassen sich schon optisch anhand der Blätter und Nüsse erkennen. Die Sektionen wurden aber auch molekulargenetisch untersucht und bestätigt. Alle Arten haben einen Chromosomensatz von 2n=32.

In Kultur sowie aus sich überschneidenden Verbreitungsgebieten sind Hybriden verschiedener Arten bekannt, die aus denselben oder unterschiedlichen Sektionen stammen können. Diese Gehölze bilden dann eine üblicherweise intermediäre Gestalt aus und gleichen in bestimmten Merkmalen jeweils einer ihrer Elternarten.

Die Hybriden sind oft einer Elternart besonders ähnlich und daher schwer zu bestimmen und werden oft als eine ihrer Ausgangsarten angeboten oder beschriftet. Auch ist die Rückkreuzung der Hybriden mit ihren Elternarten und anderen Arten der Gattung häufig möglich.

Die folgende Aufstellung der Arten der Gattung *Juglans* entspricht einer Zusammenstellung verschiedener aktueller Quellen. Wie erwähnt wird die Systematik nach wie vor von verschiedenen Autoren in einigen Details unterschiedlich eingeteilt. Deshalb gibt es abhängig vom Autor und Artkonzept unterschiedliche Artzahlen. Streitfälle sind meistens polymorphe, komplexe Artgruppen, in denen die Abtrennung der Formen nicht immer klar möglich ist (so etwa bei den asiatischen Butternüssen oder zum Teil den mittelamerikanischen Schwarznüssen).

Arten mit fett geschriebenen Namen werden kultiviert und im kommenden Kapitel detailliert vorgestellt. Den subtropischen Arten widmet sich das Kapitel »Tropische Arten und subtropische Walnüsse«.

Walnüsse: Sektion Juglans/*Dioscaryon* (Osteuropa bis Ostasien, 1 bis 2 Arten)

Juglans regia L., **Echte Walnuss** (Kleinasien-Südosteuropa, heute weltweit kultiviert)

Juglans sigillata Dode, **Yangbi-Walnuss** (China, Indien; teilweise als Synonym/Unterart von *J. regia* gewertet)

Mandschurische Walnuss
(*Juglans mandshurica*).

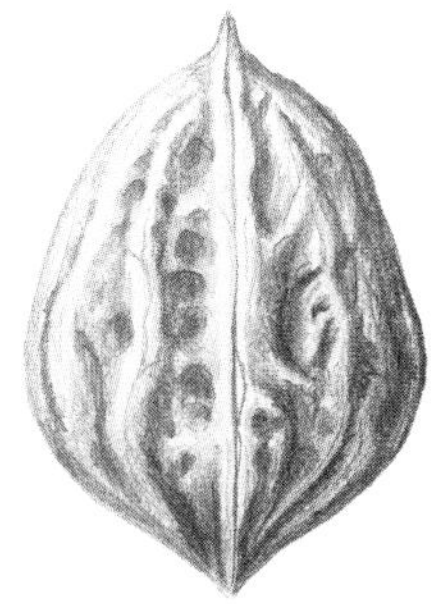

Chinesische Butternuss
(*Juglans cathayensis*).

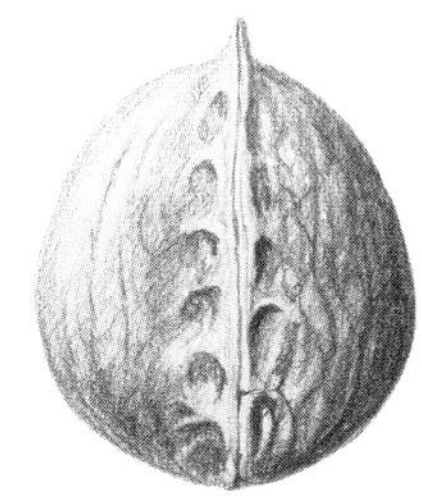

Japanische Walnuss
(*Juglans ailantifolia*).

Herznuss
(*Juglans ailantifolia v. cordiformis*).

Chinesische Sammler-Walnuss
(*Juglans hopeiensis*).

Buart-Walnuss
(*Juglans* x *bixbyi*).

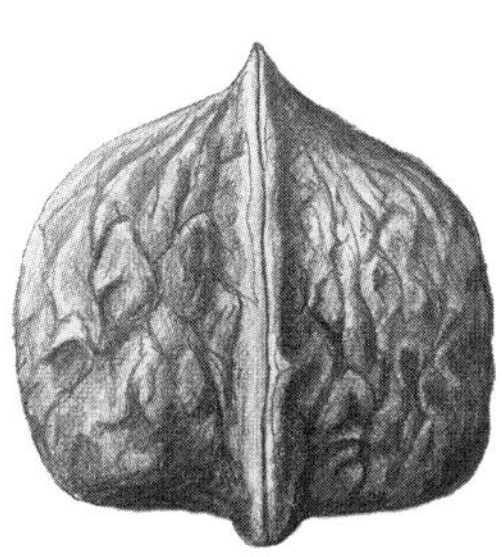

Hybridnuss
(*Juglans* x *intermedia*).

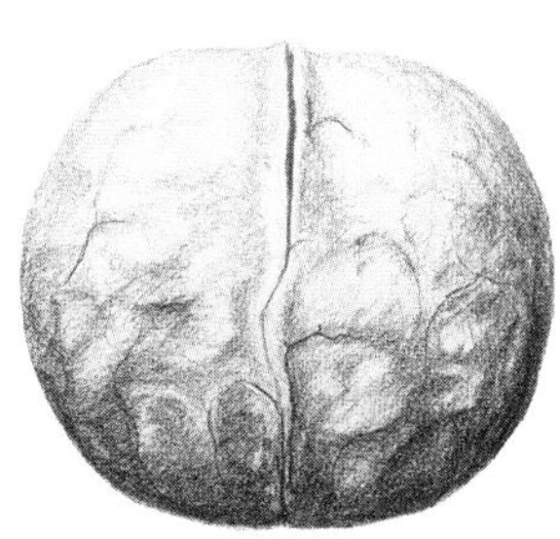

Paradox-Hybridnuss
(*Juglans* x 'Paradox').

China-Hybridnuss
(*Juglans* x *sinensis*).

Illustrationen von Nüssen der Gattung *Juglans* (Originalgröße).

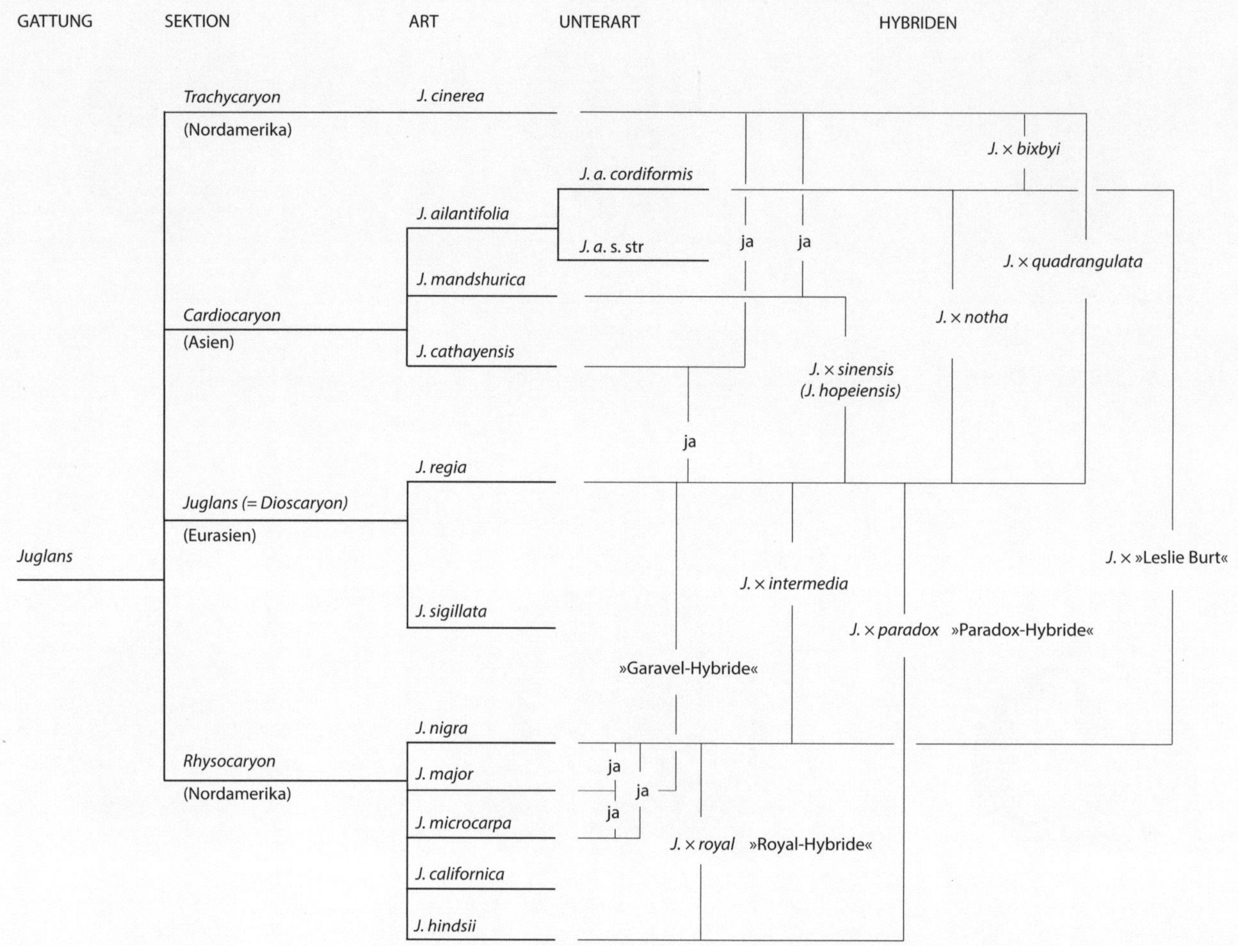

Schwarznüsse: Sektion *Rhysocaryon* (Nord-, Mittel-, Südamerika, 16 Arten)

Juglans australis Griseb., **Südliche Schwarznuss** (Argentinien, Bolivien)
Juglans boliviana (C. DC.) Dode (Bolivien)
Juglans californica S. Watson, **Kalifornische Walnuss** (USA: Kalifornien)
Juglans hindsii Jepson ex R. E. Sm., **Hinds-Walnuss, Claro-Walnuss** (Oregon, Kalifornien)
Juglans hirsuta W. E. Manning (Mexiko: Nuevo Leon)
Juglans jamaicensis C. DC. (Kuba, Hispaniola, Puerto Rico, 2 Unterarten)
Juglans major (Torr.) A. Heller, **Arizona-Schwarznuss** (Süden der USA, Mexiko)
Juglans microcarpa Berland., **Felsennuss** (Süden der USA, Norden Mexikos)
Juglans mollis Engelm. (Mexiko)
Juglans neotropica Diels (Kolumbien, Venezuela, Peru, Ecuador)
Juglans nigra L., **Schwarznuss** (Osten der USA)
Juglans olanchana Standl. und L. O. Williams (Mittel- bis Südamerika)

Die verschiedenen Arten und Hybriden innerhalb der im moderaten Klima kultivierten Gattung *Juglans*. Einige Hybriden haben keinen wissenschaftlichen Namen und sind daher mit »ja« (kreuzbar) bezeichnet.

Juglans pyriformis Liebm. (Mexiko; endemisch)
Juglans soratensis W. E. Manning (Bolivien)
Juglans steyermarkii W. E. Manning (Guatemala)
Juglans venezuelensis W. E. Manning (Venezuela)

Asiatische Butternüsse: Sektion *Cardiocaryon* (Asien, 1 bis 5 Arten)

Juglans ailantifolia Carrière, **Japanische Walnuss** (Japan, China) mit
Juglans ailantifolia var. ***cordiformis*** (Makino) Rehder, **Herznuss** (Hokkaido)
Juglans cathayensis Dode, **Chinesische Butternuss** (Chinesische Provinz Shandong und Taiwan; oft als südliche Varietät von *J. mandshurica* beschrieben)
Juglans mandshurica Maxim., **Mandschurische Walnuss** (Mandschurei bis Südsibirien)
Juglans hopeiensis Hu, Wen-Wan-Nuss (vermutlich Hybride zwischen *J. regia* und *J. mandshurica*)

Amerikanische Butternuss: Sektion *Trachycaryon* (Nordamerika, 1 Art)

Juglans cinerea L., **Butternuss** (Osten der USA, Südkanada)

Bekannte Hybriden

J. x ***bixbyi*** Rehd., – *J. ailantifolia cordiformis* x *J. cinerea*, **Buart-Nuss**
J. x ***intermedia*** Carr., – *J. nigra* x *J. regia*, **Hybridnuss**
J. x *notha* Rehd., – *J. ailantifolia* x *J. regia*
J. x *quadrangulata* (Carr.) Rehd. – *J. cinerea* x *J. regia* (regional in den USA verwildert)
J. x ***sinensis*** (DC.) Rehd., – *J. mandshurica* x *J. regia* (vgl. *J. hopeiensis*), **China-Hybridnuss**
J. x 'Paradox' Burbank – *J. hindsii* x *J. regia* (auch *J.* x *paradoxa* genannt) Paradox-Walnuss
J. x 'Royal' Burbank, – *J. hindsii* x *J. nigra* (auch *J.* x *royalis* genannt), **Royal-Walnuss**
J. nigra x ***J. ailantifolia***
J. nigra x *J. microcarpa*
J. cinerea x ***J. mandshurica***, **Butternuss-Hybride**
J. nigra x ***J. major***, **Schwarznuss-Hybride**

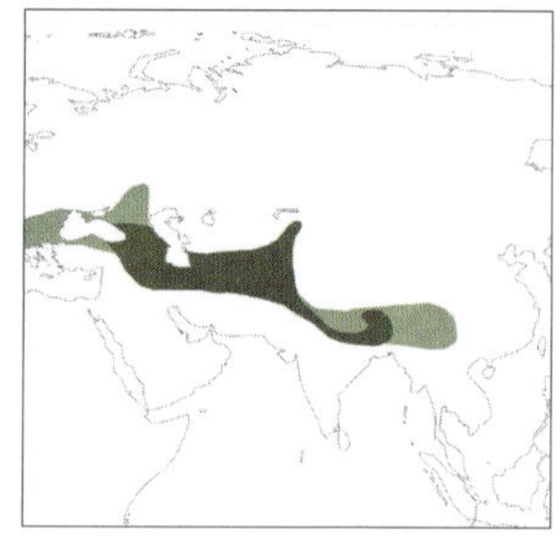

Echte Walnuss

Juglans regia **L.**

Sektion *Juglans/Dioscaryon*
Syn.: *J. duclouxiana* Dode, *J. fallax* Dode, *J. orientis* Dode
D: Persische Walnuss, Englische Walnuss, Baumnuss
E: Common walnut, Persian walnut, English walnut
F: Noyer commun, Noyer royal

Verbreitung

Osteuropa bis China. Ursprünglich wohl nur von Persien/dem Kaukasus bis in die Bergwälder des Himalaja. Genaues Verbreitungsgebiet umstritten.

Wuchs

15 bis 25 m hoher Baum mit rundlicher Krone und grauer, in der Jugend fast silberner Rinde.

Blätter

Bis 40 cm lang, mit 5 bis 7 (bis 11) kaum gesägten, ovalen Teilblättern und vergrößertem Endblatt. Ganzrandig sind sonst nur *J. regia*-Hybriden und die Schwesterart *J. sigillata*. In der Jugend sind die Blätter von *J. regia* unregelmäßig gezähnt.

Früchte

Zu zwei bis vier an den Triebspitzen, bei wenigen Sorten bis zwanzig. Fruchthülle zuerst behaart, bei Reife oft nur noch wenige Haare. Nicht klebrig, hell gepunktet, oft aufspringend und sich von der Nuss lösend. Nuss sehr variabel in Form und Größe (circa 1 bis 6 cm Durchmesser), hellbeige, mit feinen Vertiefungen und klarer, hervorstehender Dorsalnaht. Kern nahrhaft, oft bitter- und gerbstoffreich, mit hirnähnlicher Form, vierteilig, nach Reife in Hohlraum liegend. Innenwände (Septen) brüchig/pergamentartig, Kulturformen ohne Hohlräume (Lakunen) in der Schale. Wildformen aus dem zentralen Verbreitungsgebiet können Hohlräume aufweisen.

Angepflanzt

Häufig und verbreitet. In Parks und Kulturen, Gärten, in Waldschlägen und an Waldrändern.

Walnussfrüchte im Juni.

Rindentextur.

Habitus.

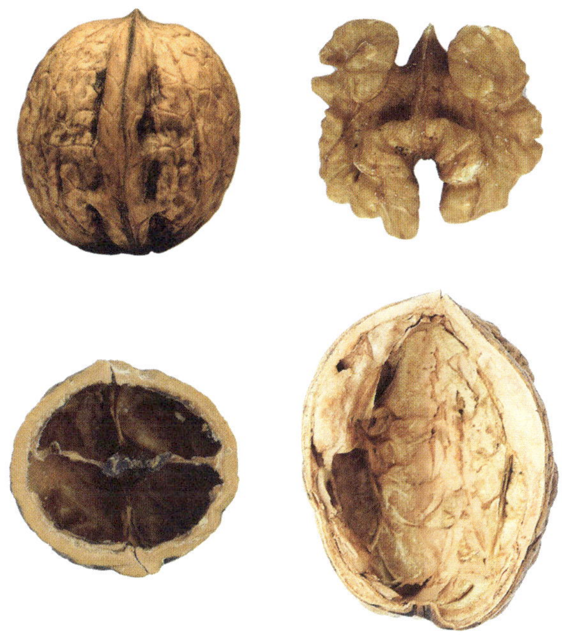

Nuss, Kern, Querschnitt, Schalenhälfte verschiedener Sorten (Originalgröße).

Knospe vor dem Austrieb.

Früchte Anfang Mai.

Yangbi-Walnuss

***Juglans sigillata* Dode.**

Sektion *Juglans/Dioscaryon*
E: Yangbi walnut, Iron walnut
F: Noyer Yangbi
Chin.: pao he tao

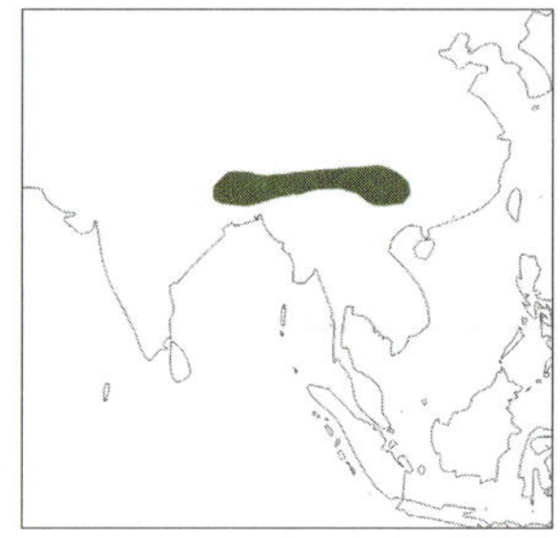

Verbreitung
Berg- und Hangwälder in Nordindien (Nagaland), östlich bis Gizhou in China. Als Kultur besonders in Yunnan/ Yangbi. Genaues Verbreitungsgebiet unbekannt.

Wuchs
15 bis 25 m hoher Baum mit rundlicher Krone und grauer Rinde, sehr ähnlich der Echten Walnuss.

Blätter
Bis 50 cm lang, mit typischerweise 9 bis 11 ganzrandigen, ei-lanzettlichen, in eine verlängerte Spitze ausgezogenen Teilblättern. Endteilblatt variabel, vergrößert bis fehlend.

Früchte
Zu wenigen, ähnlich der Echten Walnuss, aber mit dickeren, sehr harten Nussschalen (»Iron Walnut«). Diese mit charakteristischen, rundlichen Vertiefungen, manchmal mit Lakunen in der Nusschale. Die Dorsalnaht ist auffällig stark von der Nuss abgesetzt.

Angepflanzt
Äußerst seltenes Gehölz in Europa. Nur wenige Standorte in Baumsammlungen (beispielsweise Upton World, Kew Gardens, Hillier Gardens, England).

Anmerkung
Der Artstatus der Yangbi-Walnuss ist umstritten, sie zählt nach einigen Quellen als Unterart oder Varietät der vielgestaltigen Echten Walnuss, ist jedoch die eigenständigste Form im *Juglans-regia*-Komplex. Sie hat im deutschen Sprachraum noch keinen Namen. Yangbi-Walnuss leitet sich vom englischen Kulturnamen »Yangbi Walnut« ab. Als »Sichuan Walnut« werden in China auch Hybriden mit der Echten Walnuss kultiviert.

Blattwerk mit schmaleren Blättern als *J. regia.*

Habitus in der Sammlung Upton World, England.

Knospe.

Rindentextur.

Nüsse verschiedener Bäume, Querschnitt und Kern (Originalgröße).

Weiß beschuppte und behaarte Frucht im Juni.

Schwarznuss

Juglans nigra L.

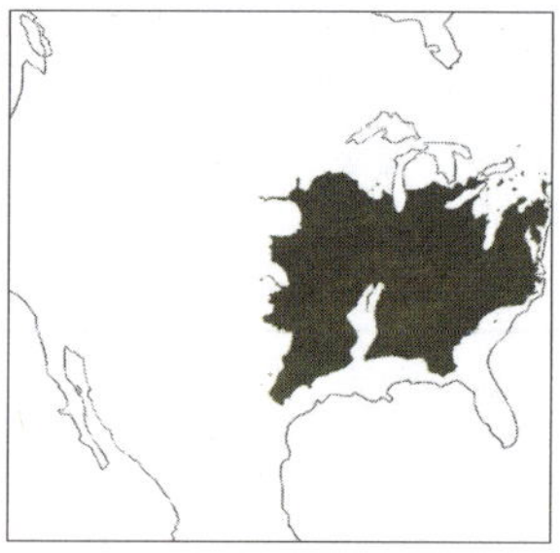

Sektion *Rhysocaryon*
D: Östliche Schwarznuss
E: Black walnut, Eastern black walnut
F: Noyer d'Amérique, Noyer noir

Verbreitung

Nordostamerika, weit verbreitet, von den Großen Seen bis in die Südstaaten der USA.

Wuchs

Bis 30 m hoher Baum, mit hoher, rundlicher Krone. Die Rinde ist dunkel und tief zerfurcht, der Baum meist mit einem Hauptstamm und sich erst hoch verzweigend. Beliebter Forstbaum.

Blätter

Bis 60 cm lang, mit 10 bis 20 lanzettlich bis ovalen, gesägten Teilblättern. Schattenblätter sind oft viel breiter als Sonnenblätter. Das Endteilblatt fehlt meistens.

Früchte

Fruchthülle frisch grün, kugelig, kaum behaart, warzig, zitronenartig riechend. Nuss 3,5 bis 4 cm, meist dunkelbraun, rundlich und längs mit parallelen Graten. Kern wohlschmeckend, bitterstoffarm, aber vergleichsweise klein, Schale sehr dick und schwer zu knacken. Nüsse formenreich und variabel in Umrissform und Stärke der Zergratung.

Angepflanzt

Relativ häufig, vermutlich zweithäufigste Art in Europa (zum Beispiel Zürich: Arboretum, Beckenhof, Belvoirpark; Basel: Kannenfeldpark, Meriangärten, Margarethenpark; Genf: Arboretum des Botanischen Gartens; alter Baum (1823) in den Hohenheimer Gärten, Stuttgart). Selten verwildert oder als Forstbaum angebaut. (Siehe auch Hybridnuss *J.* x *intermedia*).

Früchte.

Detail der männlichen Blüte.

Schwarznussbaum im Belvoirpark, Zürich.

Rindentextur.

Nuss, Kern, Querschnitt und Schalenhälfte (Originalgröße).

Schwarznüsse im Juli, Botanischer Garten Zagreb.

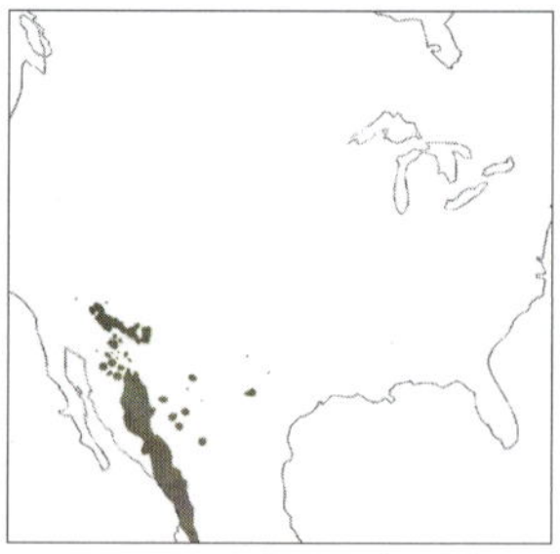

Arizona-Schwarznuss

Juglans major (Torr.) A. Heller

Sektion *Rhysocaryon*
Syn.: *Juglans elaepyren*, Dode, *J. rupestris* var. *major*, Torr.
E: Arizona Black Walnut
F: Noyer noir d'Arizona

Verbreitung
Südwesten Nordamerikas, in Mexiko und den Südstaaten der USA. In Flusstälern.

Wuchs
Bis 10 (bis 18) m hoher Baum.

Blätter
Bis 38 cm mit 9 bis 21 gesägten, schmal-lanzettlichen (1,5 bis 3 cm breiten), lang zugespitzten Teilblättern, das Endteilblatt fehlt oft, Rinde dunkel, wenig tief zerfurcht.

Früchte
Fruchthülle frisch grün-gelb, kugelig, meist behaart. Die Nuss ist kugelig, ähnlich der Schwarznuss, aber kleiner, im Durchschnitt 2 bis 3,5 cm, dickschalig, mit Lakunen. Oberfläche stumpf parallel gefurcht, Kern vierteilig, nahrhaft, aber sehr klein.

Angepflanzt
Relativ häufig beschriftet, aber selten die reine Art gepflanzt. Zum Beispiel in: Botanischer Garten Genf, Kannenfeldpark Basel, Forstbotanischer Garten Tharandt bei Dresden. Mehrere Bäume im Arboretum Wespelaar, Belgien. Hybriden mit *J. nigra* und *J. microcarpa* machen die Bestimmung schwierig.

Anmerkung
Früher wurde die nah verwandte *J. microcarpa* von einigen Autoren zur selben Art gezählt. Es werden je nach Autor verschiedene Varietäten unterschieden. Sie unterscheiden sich in der Ausbildung und Behaarung der Blätter sowie der Nussgröße.

Habitus im Arboretum Wespelaar, Belgien.

... und im Botanischen Garten Genf.

Blatt.

Rindentextur.

Frucht mit Hülle, Nuss, Schalenhälfte und Querschnitt (Originalgröße).

Früchte im Hochsommer.

Felsennuss

Juglans microcarpa Berlandier

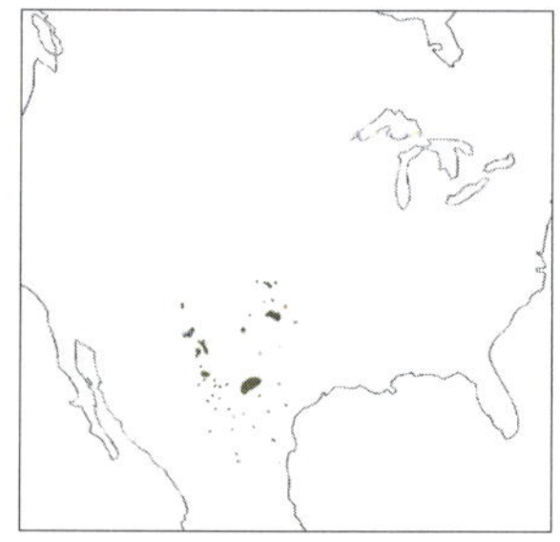

Sektion *Rhysocaryon*
Syn.: *J. rupestris*, Engelm. ex Torr.
D: Kleinfrüchtige Walnuss
E: Texas Black Walnut, River Walnut
F: Noyer du Texas

Verbreitung

Süden Nordamerikas, USA: Texas, New Mexiko, Oklahoma und Kansas. Mexiko, trockene, steinige Habitate in Flussauen. Sehr zersplittertes, kleines Verbreitungsgebiet.

Wuchs

Kleiner Baum von 10 bis maximal 15 m, am Naturstandort oft strauchig und bis zum Grund beastet.

Blätter

Bis 30 cm mit 13 bis 23 fein gesägten, sehr schmalen (1,5 bis 1,7 cm) Teilblättern. Das Endteilblatt ist oft vorhanden (bei *J. nigra* und *J. major* meist fehlend). Rhachis und Blattadern oft dicht beige behaart.

Früchte

Fruchthülle frisch grün/gelblich, kugelig, oft behaart. Die Nuss ist nie größer als 2 cm im Durchmesser, das heißt etwa haselnussgroß, und fein parallel gerillt bis fast glatt. Kern vierteilig.

Angepflanzt

In vielen botanischen Gärten stehen Hybriden, selten die reine Art. Hybriden mit *J. nigra* und *J. major* machen die Bestimmung schwierig. Reinartige Bäume zum Beispiel in Belgien: Arboretum Wespelaar, Botanischer Garten Meise, oder in England: Upton World.

Es werden an verschiedenen Naturstandorten zwei Varietäten unterschieden:
J. microcarpa var. *microcarpa*
J. microcarpa var. *stewartii*

Habitus im Arboretum Wespelaar, Belgien.

Rindentextur.

Nüsse unterschiedlicher Bäume, Schalenhälfte und Querschnitt (Originalgröße).

Blattwerk.

Früchte im Hochsommer.

Früchte und Blattwerk.

Hinds-Walnuss

***Juglans hindsii* (Jepson) R. E. Smith**

Sektion *Rhysocaryon*
Syn.: *Juglans californica* var. *hindsii*, Jeps.
D: Claro-Walnuss
E: Hinds Black Walnut, Northern Californian Walnut, Claro Walnut
F: Noyer de Hinds, Noyer de Californie

Verbreitung

Endemit in Oregon und Nordkalifornien, entlang von Flüssen, heute sehr selten. Außerhalb des ursprünglichen Verbreitungsgebietes aber zum Teil verwildert.

Wuchs

Bis 23 m hoher Baum.

Blätter

Bis 35 cm mit 15 bis 19 gesägten, bis 3 cm breiten Teilblättern. Diese im Gegensatz zu *J. californica* lang zugespitzt.

Früchte

Fruchthülle gelblich-oliv, leicht birnförmig. Nüsse rundlich, zwischen 3,5 bis 5 cm im Durchmesser, meist oben und unten leicht abgeflacht. Schale vergleichsweise dünn, fast glatt mit wenigen Längsrillen, nicht gekerbt, sonst ähnlich der kleinerfrüchtigen Kalifornischen Walnuss. Großkernig, essbar.

Angepflanzt

Sehr selten. In Arboreten, in den Botanischen Gärten Bonn, andere Standorte in Frankreich, England und den Niederlanden in der Literatur.

Anmerkung

Wird als Unterlage einiger amerikanischer *Juglans-regia*-Züchtungen verwendet, hybridisiert auch mit dieser Art. Diese wüchsige, wegen ihres Holzes kultivierte Hybride *J.* x 'Paradox' ist ebenfalls als Unterlage für Plantagenbäume beliebt. *J. hindsii* war lange als nördliche Unterart der nah verwandten *J. californica* beschrieben. Der Name ehrt den Entdecker der Art, den Botaniker Richard Brinsley Hinds (1812 bis 1847).

Habitus im Botanischen Kew Gardens, England.

Blätter und Frucht.

Austrieb im April.

Rindentextur.

Nuss unterschiedlicher Bäume und Querschnitt (Originalgröße).

Blattwerk.

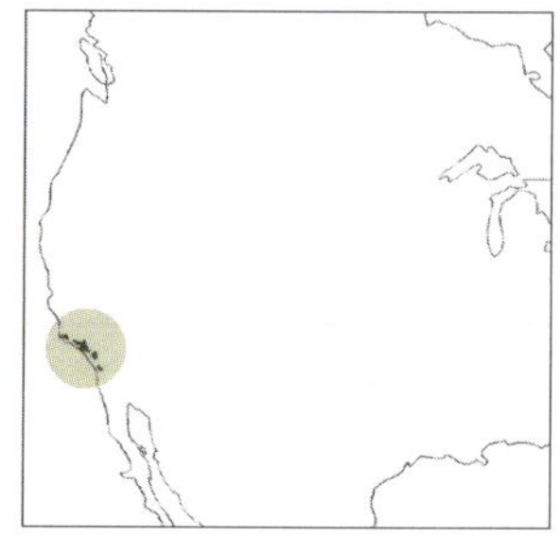

Kalifornische Walnuss

Juglans californica S. Watson

Sektion *Rhysocaryon*
E: Southern Californian Walnut
F: Noyer de Californie

Verbreitung
Endemit im Süden Kaliforniens. Auf küstennahe Hangwälder und Flusstäler zwischen Santa Barbara und San Diego beschränkt.

Wuchs
Bis etwa 9 m hoher Baum, häufiger niedrigbleibender Strauch mit mehreren Stämmen. Rinde grau bis silbern, unregelmäßig plattig aufbrechend.

Blätter
Bis 24 cm mit 11 bis 17 gesägten Teilblättern. Blätter glänzend, kurz und stumpf zugespitzt, erinnern an die Eberesche.

Früchte
Zu wenigen, meist 1 bis 3, Fruchthülle gelblich, kugelig bis leicht birnförmig. Nüsse kugelig, zwischen 1,8 bis 2,5 cm Durchmesser. Schale fast glatt mit wenigen Längsrillen. Ähnlich *Juglans hindsii*, aber wesentlich kleiner, und weniger zerfucht als *J. major*.

Angepflanzt
Selten. Häufiger beschriftet als tatsächlich gepflanzt. Wärmebedürftige Art, die im mediterranen Klima besonders gut gedeiht, zum Beispiel im Neuen Botanischen Garten Barcelona, Spanien. Gemäß Literatur im Westonbirt Arboretum und weitere in England sowie in den Niederlanden.

Anmerkung
Wird auch gelegentlich in kalifornischen Anbaugebieten als Unterlage der Echten Walnuss verwendet. Die Nüsse der Art sind klein und nicht von kommerziellem Wert. Die Art hat eine gewisse Bedeutung im naturnahen Gartenbau in Kalifornien.

Strauchiger Habitus im Botanischen Garten Barcelona.

Rindentextur.

Blatt.

Nuss, Schalenhälfte und Querschnitt (Originalgröße).

Weibliche Blüten.

Männliche Blüten.

Südliche Schwarznuss

Juglans australis Gris.

Sektion *Rhysocaryon*
E: Southern Walnut
Span.: Nogal criollo

Verbreitung
Südamerika: Bolivien, Brasilien, Argentinien, Hochlagen der Anden; Nebelwälder.

Wuchs
Bis etwa 20 m hoher, meist einstämmiger Baum. Rinde längsrissig, für eine Schwarznuss hell, in der Jugend etwas silbrig.

Blätter
Bis über 60 cm lang, 10 bis 20 Teilblätter, unpaarig gefiedert mit meist kleinem Endblatt, Rhachis behaart, Blätter sehr lang für eine Schwarznuss.

Früchte
Im Fruchtstand bis drei olivgrüne, runde bis etwas birnenförmige, meist weiß gepunktete Früchte, die stark aromatisch riechen. Nuss mit etwa 3 bis 4 cm Durchmesser, schwarznussartig, nur schwach gekerbt, nicht zergratet, etwas herzförmig zugespitzt, dunkelbraun. Kern relativ groß mit intensiv säuerlich-butterigem Aroma.

Angepflanzt
Sehr selten. Zum Beispiel in den Botanischen Gärten Bonn.

Anmerkung
Die einzige Art aus der Familie aus der südlichen Hemisphäre, die in Europa im Freiland kultiviert wird.

Habitus im Botanischen Garten Bonn.

Rindentextur.

Nuss und Querschnitt (Originalgröße).

Früchte.

Sommerknospe.

Blattwerk.

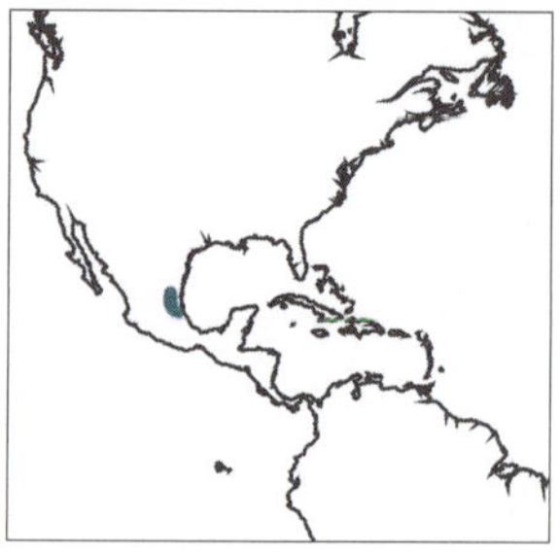

Nuevo-Leon-Walnuss

Juglans mollis **Engelm.**

Sektion *Rhysocaryon*
Syn: *Juglans mexicana*
E: Nuevo-Léon Walnut, Mexican Walnut
F: Noyer de Nuevo-Léon

Verbreitung

Mexiko: Nuevo León, Tamaulipas, San Luis Potosí, Guanajuato, Hidalgo, Puebla, in Hangwäldern von 800 bis 2500 Meter Höhe.

Wuchs

Bis 15 oder 20 m hoher, meist einstämmiger Baum mit heller, plattiger Rinde.

Blätter

Blätter bis 50 cm, meist glänzend. Rhachis oft behaart, mit je nach Quelle von 10 bis über 20 Teilblättern, Endteilblatt meistens vorhanden, seltener fehlend. Teilblätter meist etwas hängend, bei Jungbäumen auffällig stark gezähnt. Winter und Endknospen stark behaart.

Früchte

Zu wenigen, Fruchthülle gelb-grün, warzig kugelig bis wenig birnförmig. Nuss ähnlich der Schwarznuss, aber weniger scharf gerippt. Sehr dickschalig, essbar.

Angepflanzt

Selten gepflanzt, da nur bedingt frosthart. Zum Beispiel in Upton World und Arboretum Westonbirt in England, in einer Privatsammlung in Frankreich sowie in einigen weiteren Sammlungen in der Literatur.

Sommerknospe in Blattachse.

Juglans mollis in der Privatsammlung Upton World in England.

Plattige Rindentextur.

Blattrhachis gelblich behaart.

Nuss und Querschnitt (Originalgröße).

Blatt.

Blattwerk.

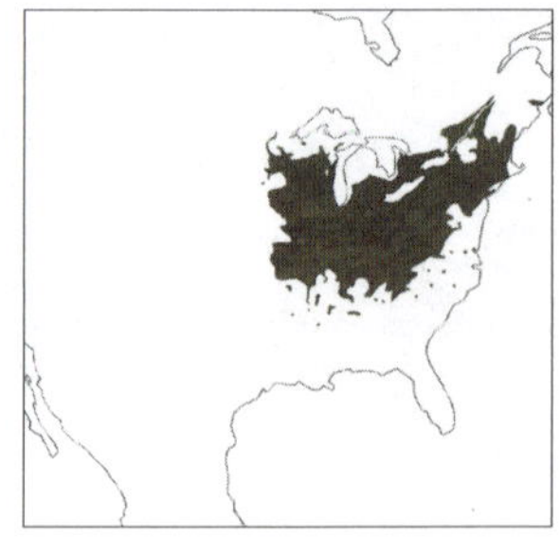

Butternuss

Juglans cinerea L.

Sektion *Trachycaryon* (bei einigen Autoren *Cardiocaryon*)
Syn.: *Juglans cathartica* Michx., *J. oblonga* Mill., *Wallia cinerea* Alef.
D: Weiße Walnuss, Graunuss
E: White walnut, Butternut
F: Noyer cendré

Verbreitung

Nordosten der USA und Südkanada. Mischwälder, auf frischen, gut durchfeuchteten Böden.

Wuchs

Bis 25 m hoher, in der Jugend sparrig verzweigter, schnellwüchsiger Baum mit grauer, gefurchter Rinde und hellem Holz.

Blätter

Bis 60 cm mit 11 bis 17 schwach gesägten Teilblättern, diese bis 12 cm lang und 6 cm breit, behaart und mindestens im Frühjahr klebrig, die Blättchen vergleichsweise lang zugespitzt. Blätter kleiner und feingliedriger als asiatische Arten, oft mit leicht rötlicher Blattspindel (Rhachis), bei gesunden Bäumen dunkelgrün glänzend.

Früchte

Früchte meist zu zwei bis fünf. Frucht mit weißlichen, stark klebrigen Haaren besetzt, bei Reife eher wulstig im Gegensatz zu den prall ovalen Früchten der asiatischen Butternüsse, sich nicht von der Nuss lösend. Nussschale bis etwa 6 cm lang, stark stachelspitzig zergratet, Kanten annähernd parallel, Nuss im Querschnitt rund, dunkelbraun, sehr dickschalig und mit vier kleinen bis fehlenden Hohlräumen (Lakunen) in der Außenwand. Weibliche Blüten grün.

Angepflanzt

Große Exemplare, zum Beispiel im Park der Berufswahlschule (1890) Winterthur; bei der Schule für Gestaltung Basel, im Botanischen Garten Meise, Belgien, in dem Hohenheimer Gärten, Stuttgart, im Botanischen Garten Frankfurt, im Arnold Arboretum, USA, in Upton World, England.

Anmerkung

Die Art ist häufig mit der Japanischen Walnuss hybridisiert. Für die typischen Kreuzungen siehe Buart-Nuss und Butternuss-Hybriden.

Habitus im Park der Berufswahlschule Winterthur.

Rindentextur.

Männliche Blüten.

Nuss, Schalenhälfte, Kern und Querschnitt (Originalgröße).

Weibliche Blüten.

Herbstfarbe, Forstbotanischer Garten Tharandt.

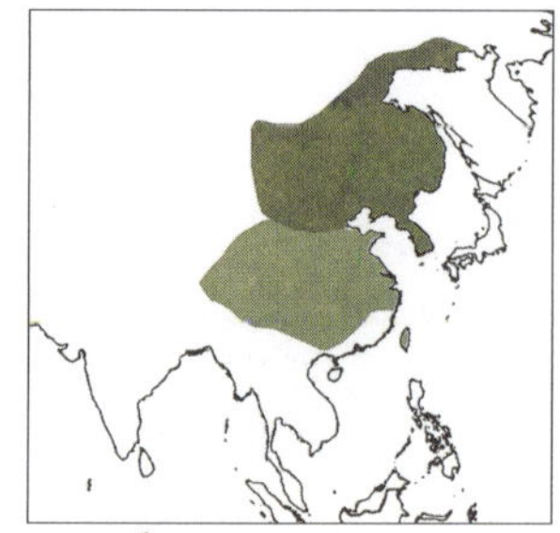

Mandschurische Walnuss, Chinesische Butternuss

Juglans mandshurica Maxim. inkl. *J. cathayensis* Dode

Sektion *Cardiocaryon*
E: Mandchurian Walnut, Chinese Walnut
F: Noyer du Mandchurie

Verbreitung

Nordosten von China, Südsibirien, Korea. Mischwälder in Gewässernähe, südliche Formen südlich des Gelben Flusses in Sichuan und Hunan werden oft *J. cathayensis* genannt (auf der Karte hellgrün).

Wuchs

Bis 25 m hoher Baum mit rundlicher Krone und tiefem Astansatz im Freistand.

Blätter

Bis 100 cm lang und mit großen, bis zu 20 Fiederblättern, dicht behaart, mit fast parallelen Seiten und kurzer Zuspitzung, südliche Form mit länger zugespitzten Blättern, siehe verkleinertes Blatt.

Früchte

In behaarter, wenig klebriger Fruchthülle, bis 10 Früchte an einer Ähre. Nuss dickschalig, rundlich bis länglich, stumpf bis kantig und scharf zergratet. Typischerweise etwa 3 bis 5 cm, selten bis 7,5 cm lang. Nusskern zweiteilig, vergleichsweise klein und große Hohlräume (Lakunen) in der dicken Schale (im Gegensatz zur Butternuss *J. cinerea*). Weibliche Blüten oft rötlich.

Angepflanzt

Regelmäßig als *J. mandshurica* oder *J. cathayensis* beschriftet. Europäische Parkpflanzen haben häufiger stumpf zergratete Nüsse, scharf zergratete Formen sind selten gepflanzt. Botanischer Garten Genf, Arboretum Aubonne, Botanischer Garten Meise, Arboretum Wespelaar (Belgien). Arnold Arboretum (USA) und viele mehr.

Anmerkung

Das Taxon *J. mandshurica* wird auf der folgenden Seite geografisch und taxonomisch eingeordnet, da bisherige Beschreibungen in Europa nicht die morphologischen Eigenheiten von Nüssen der Ursprungsregion treffen.

Habitus im Arboretum Meise, Belgien.

Vielfruchtiger Fruchtstand, rundfrüchtige Form.

Jungbaum von Taiwan, entspricht *J. cathayensis* var. *formosana*.

Rindentextur.

Zwei charakteristische Nusstypen (Originalgröße).

Blattaustrieb.

Formenreichtum der Asiatischen Butternüsse

Die Mandschurische Walnuss (*J. mandshurica*) zeichnet sich in Parkbeständen durch einen sehr großen Formenreichtum aus. Weil die bisherige Beschreibung der Abgrenzung zur Chinesischen Butternuss (*J. cathayensis*) über die Nussmorphologie und die Blattform sowie einige andere Details nicht mit den Herbarbelegen und Nussfrüchten aus den Ursprungsgebieten übereinstimmt, geben hier die Nüsse aus der Fruchtsammlung des Harvard-Herbariums Aufschluss über die Unterschiede zwischen den Formen.

In genetischen Studien wurde die Abgrenzung zwischen den zwei Taxa teilweise anerkannt, in anderen verworfen. In einem sehr heterogenen oder teilweise intergradierenden Gesamtbestand kann dies auf die Auswahl der untersuchten Individuen zurückzuführen sein.

Nach der ursprünglichen Beschreibung ist *J. cathayensis* die südliche Form, die im zentralen China (Sichuan und Hubei sowie Hunan) verbreitet ist und südlich bis nach Taiwan vorstößt (dort ursprünglich *J. formosana* genannt), während *J. mandshurica* die nördlichen Bestände in Sibirien, Nordkorea und im nordöstlichen China bildet. Als unscharfe Arealgrenze wird dabei der Gelbe Fluss (siehe Karte) genannt. Die Chinesische Butternuss *J. cathayensis* wird in der Flora von China wie auch in anderen Quellen derzeit nicht anerkannt. Trotzdem findet man in Parks und Arboreten regelmäßig gepflanzte Individuen unter diesem Namen.

Die abgebildeten Nüsse wurden zwischen 1908 und 1923 von den Botanikern und Pflanzenjägern Ernest Wilson und Joseph Hers im Rahmen botanischer Exkursionen gesammelt. Sie können aufgrund der vermerkten Fundorte den Verbreitungsgebieten der zwei Arten zugeordnet werden, was bei Parkpflanzen nicht immer möglich ist. Der verwendete Artname entspricht der im Originalbeleg vermerkten Erstbestimmung.

Ersichtlich wird dabei, dass die südlichen Formen aus Sichuan und Hunan jene scharf zergrateten Nüsse bilden, die in der deutschsprachigen Literatur oft der nördlichen Form *J. mandshurica* angerechnet werden. Die Nüsse aus den Beständen auf Taiwan weisen wie die nördlichen Varietäten aus Korea und Nordostchina keine spitz zergrateten Nussschalen auf. Dieser Verlauf von morphologischen Merkmalen von West nach Ost findet seine Fortsetzung in der Japanischen Walnuss mit ihrer glatten Schale, deren Morphologie innerartlich wesentlich homogener ist. An der Chinesischen Ostküste wachsen Bestände, deren Früchte *J. ailantifolia* sehr ähnlich sind. Weil Japan und die koreanische Halbinsel wie auch Taiwan im Süden während den Eiszeiten vollständig mit dem Festland verbunden waren, könnten bis vor etwa 10 000 Jahren die östlichen Bestände über diese Landbrücke verbunden gewesen oder aus den gleichen Relikten hervorgegangen sein.

Ob die genannten Unterschiede eine Grenze zwischen den Arten rechtfertigen, müsste aber mit größer angelegten Studien untersucht werden. Neben der morphologischen wären genetische Analysen wichtig, die mit Sicherheit Bäume aus den abgebildeten Regionen beproben und die verschiedenen morphologischen Gruppen abbilden.

1.

J. mandshurica, Region Peking.

1.

J. mandshurica, Region Peking.

2.

J. mandshurica, Shanxi, Große Mauer.

3.

J. mandshurica, Kogen, Korea.

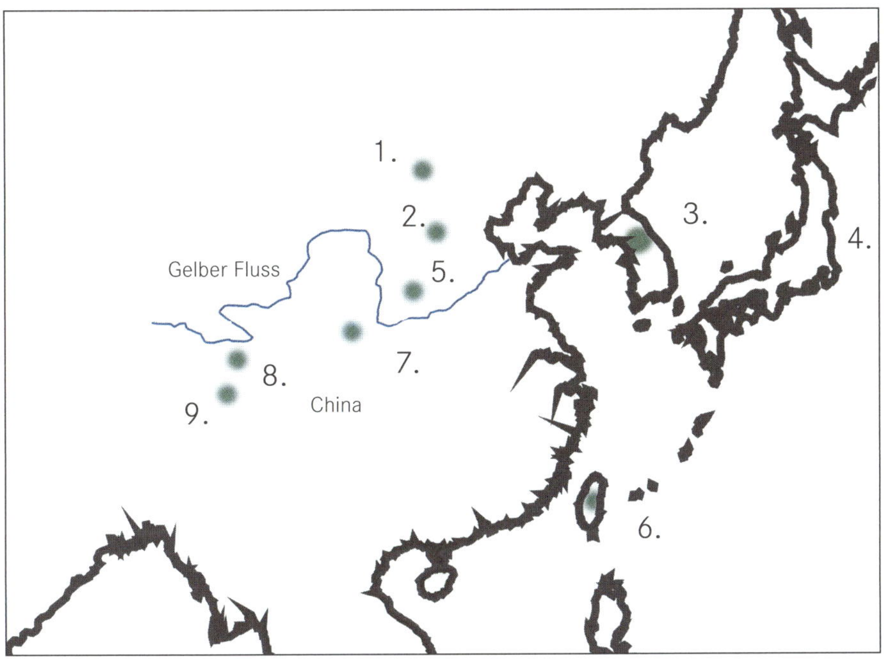

4.

J. ailantifolia, Japan (optisch distinkt, Parkpflanze).

5.

J. mandshurica, West-Shanxi.

9.

J. cathayensis, West-Sichuan.

8.

J. cathayensis, West-Sichuan.

7.

J. cathayensis, Hunan.

6.

J. formosana, Taiwan.

Geografische Übersicht über Nuss-Morphologie der Asiatischen Butternussarten.
Fotografiert in den Herbarien der Harvard Universität.

Japanische Walnuss

***Juglans ailantifolia* Carr.**

Sektion *Cardiocaryon*
Syn.: *J. sieboldiana* Maxim., *Juglans sachalinensis* Komatsu
D: Ailanthusblättrige Walnuss, Siebolds Walnuss
E: Japanese Walnut
F: Noyer du Japon
Jap.: oni-gurumi

Verbreitung

Japan, vor allem Südinseln. Nach einigen Quellen auch an einigen Stellen im östlichen China.

Wuchs

Bis 25 m hoher Baum.

Blätter

Bis 100 cm lang und mit bis zu 17 Fiederblättern, dicht behaart.

Früchte

Nüsse in behaarten Fruchthüllen zu bis 20 Stück pro Traube, diese eiförmig, etwas zugespitzt. Nüsse bis maximal 5 cm lang, kugelig bis oval, nur schwache Dellen, ungeöffnet der Echten Walnuss ähnlich. In manchen Varietäten auch zugespitzt, manchmal herzförmig. Nähte wenig hervortretend und seitlich leicht eingedrückt. Lassen sich nur schwer öffnen. Kern wohlschmeckend butterig, zweiteilig. Die Schale der Japanischen Walnuss weist Lakunen (abgeschlossene Lufträume) auf. Die Narben der weiblichen Blüten sind zum Blütezeitpunkt meistens rot.

Angepflanzt

Verbreitet. Im Kannenfeldpark Basel, Evolution Square Roche Rotkreuz, Botanischen Garten Zagreb, in den Hohenheimer Gärten, Stuttgart, in Dresden bei der Universität und viele weitere.

Anmerkung

Nach einigen Studien wird die Japanische Walnuss zum Formenkomplex der Mandschurischen Walnuss gerechnet. In manchen Formen sieht die variantenreiche *J. cathayensis* dieser Art sehr ähnlich. Die Art ist nach dem Götterbaum *Ailanthus* benannt.

Habitus in den Hohenheimer Gärten, Stuttgart.

Habitus im Kannenfeldpark Basel.

Männliche Blütenkätzchen.

Rindentextur.

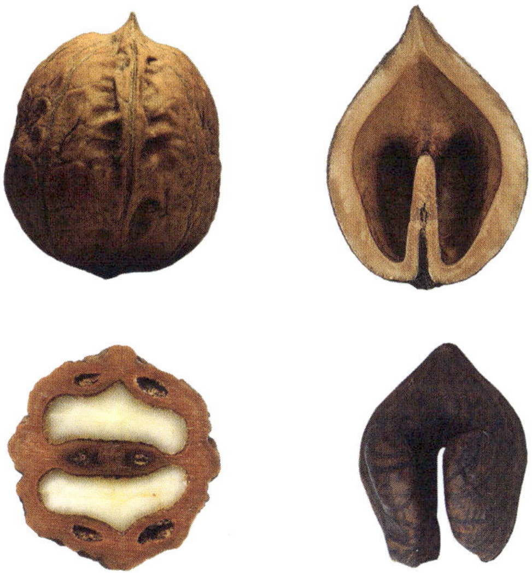

Nuss, Schalenhälfte, Querschnitt und Kern (Originalgröße).

Blätter und Früchte im Juni.

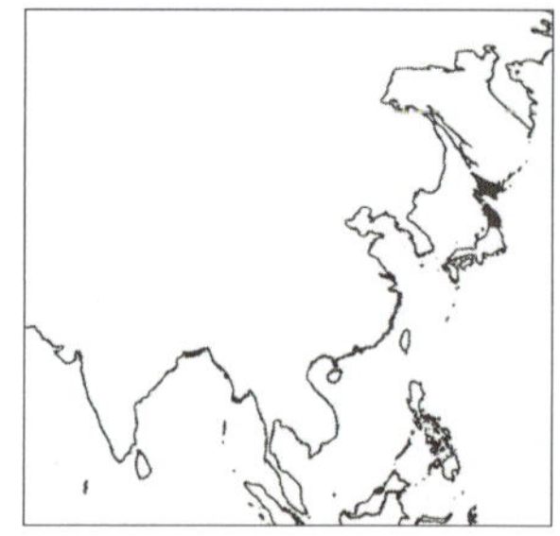

Herznuss

Juglans ailantifolia var. *cordiformis* (Makino) Rehder

Sektion *Cardiocaryon*
Syn.: *Juglans coarctata* Dode, *Juglans cordiformis* Maxim., *Juglans sieboldiana* var. *cordiformis* Makino
E: Heartnut
F: Noyer du Japon

Verbreitung

Japan, vor allem Hokkaido, vielerorts als Nussbaum in Kultur.

Wuchs

Bis 25 m hoher Baum mit breiter, weit ausladender Krone. Häufig tief verzweigt oder mehrstämmig, sehr ähnlich wie die Art *J. ailantifolia*.

Blätter

Bis 90 cm lang und mit bis zu 17 Fiederblättern, dicht behaart. Die Endknospen der Zweige größer als bei *J. ailantifolia;* bis 1,7 cm.

Früchte

Früchte mit behaarter, leicht klebriger Fruchthülle, bis zu 20 Stück pro Ähre. Früchte eiförmig, wie die Nuss seitlich abgeflacht. Nüsse herzförmig mit glatter, dünner Schale und kaum hervortretender Naht. Schale im Querschnitt mit großen Lakunen. Narben der weiblichen Blüten oft rot.

Angepflanzt

Relativ selten, in botanischen Gärten. In der Schweiz: Gartenbauschule Oeschberg; in Deutschland: Hohenheimer Gärten, Botanischer Garten Frankfurt am Main; in Frankreich: Botanischer Garten Bordeaux.

Anmerkung

In amerikanischen Quellen meist als Kulturform beschrieben. In der deutschsprachigen Literatur als natürliche Varietät mit Verbreitung auf der Insel Hokkaido erwähnt. Oft auch unter dem Namen *J. cordiformis* als eigene Art beschrieben. Dieser Name wurde von Friedrich Adam Julius von Wangenheim auch für die Bitternuss *Carya cordiformis* verwendet.

Habitus in der Gartenbauschule Oeschberg.

Habitus in den Hohenheimer Gärten, Stuttgart.

Frucht.

Rindentextur.

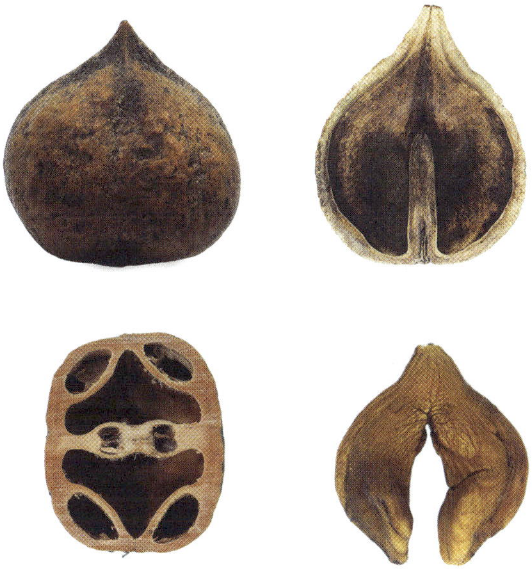

Nuss, Schalenhälfte, Querschnitt und Kern (Originalgröße).

Männliche Blütenkätzchen.

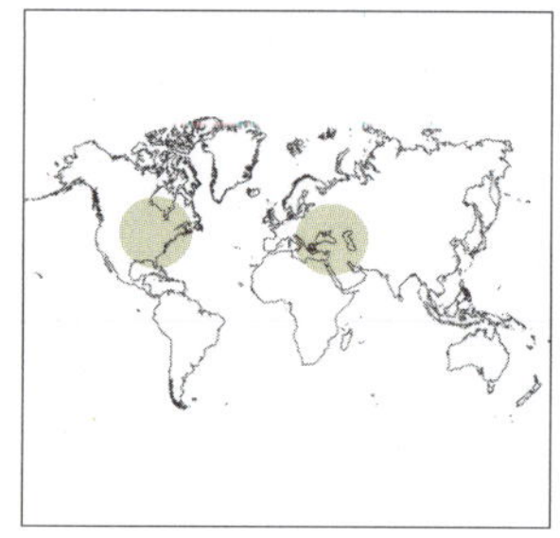

Hybridnuss

***Juglans* x *intermedia* Carr.**

D: Hybrid-Walnuss
Kultivar: Echte Walnuss und Schwarznuss *J. regia* x *J. nigra*

Verbreitung
Keine natürliche Verbreitung. Park- und Forstgehölz, in Europa häufigst gepflanzte Hybridform.

Wuchs
Bis 35 m hoher Baum mit ausladender, rundlicher Krone, größer und raschwüchsiger als die Elternarten.

Blätter
Bis 60 cm, 9 bis 11 Teilblätter. Mit Merkmalen beider Elternarten, meist mit Endblättchen, Blättchen lanzettlich, glänzend und wenig gesägt bis ganzrandig. Seltener sehr ähnlich wie *J. regia* mit vergrößertem Endteilblatt.

Früchte
Zu wenigen, intermediär zwischen Elternarten, vielgestaltig. Fruchthülle meist rau, warzig. Nüsse rinnig, oft hellbraun, mit leicht hervortretender Dorsalnaht, meist mit Unregelmäßigkeiten in der Geometrie. Lakunen unterschiedlich ausgeprägt.

Angepflanzt
In Waldpflanzungen zur Nutzholzproduktion. Solitär: Meinier (Genf), Arboretum in Aubonne (Schweiz), St. Margerethenpark (Basel), Botanischer Garten Meise (Belgien), Jardin Public Bordeaux, Hohenheimer Gärten, Stuttgart.

Anmerkung
Unter diesem Namen werden in der Praxis oft auch Kreuzungen von *J. regia* mit *J. major* (Garavel-Hybride) bezeichnet. Da die Hybriden manchmal mit den Elternarten rückkreuzen (bei uns besonders mit *J. regia*), finden sich auch Bäume mit wenigen äußerlichen Merkmalen von *J. nigra*. Oft haben die Früchte aber noch warzige, schwarznussähnliche Fruchthüllen und Lakunen in den Nussschalen.

Hybridnuss im Botanischen Garten Meise, Belgien.

Noyer de Meinier, der größte Nussbaum der Schweiz.

Blattwerk.

Rindentextur.

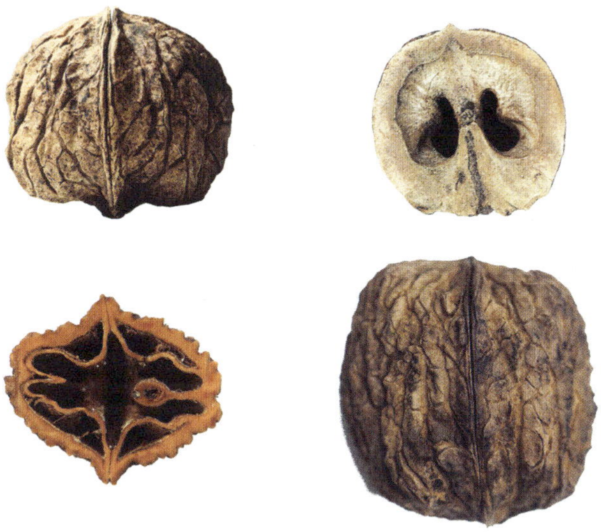

Nüsse, Schalenhälfte und Querschnitt (Originalgröße). Einige Hybriden haben kaum Lakunen. Variabel in Nussgröße und Form.

Hybridnuss in der St. Margarethen-Anlage, Basel.

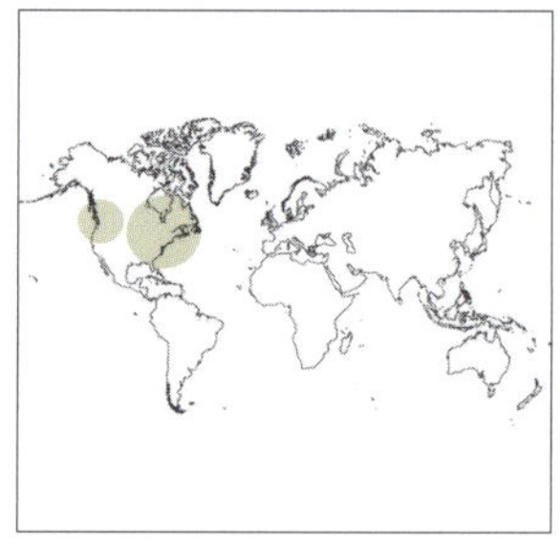

'Royal'-Hybride

***Juglans hindsii* x *Juglans nigra* (= *Juglans* x 'Royal' Burb.)**

E: Oregon Walnut, Royal Walnut
Kultivar: Hinds-Walnuss und Schwarznuss *J. hindsii* x *J. nigra*

Verbreitung

Keine natürliche Verbreitung. Park- und Forstgehölz in Oregon und Kalifornien; Hybride zwischen der Schwarznuss und der Hinds-Walnuss.

Wuchs

Bis 40 m hoher Baum mit ausladender, rundlicher Krone, vermutlich größte Walnussform weltweit.

Blätter

Bis 100 cm, 9 bis 22 Teilblätter. Merkmale beider Elternarten, meist mit Endblättchen, Blättchen lanzettlich glänzend und unregelmäßig gesägt.

Früchte

Oft nicht sehr reich fruchtend. Früchte intermediär zwischen Elternarten, grün-gelb, zitronenartig riechend. Rundlich-eiförmig. Fruchthülle meist rau, warzig. Nüsse bis 5 cm, schwach rinnig, ohne hervortretende Dorsalnaht, großkernig, Lakunen wie bei der Hinds-Walnuss groß.

Angepflanzt

Alle Bilder zeigen den »Sauvie Island Tree« bei Portland, USA. Er ist wohl mit über 44 m Kronendurchmesser und einem Stammumfang auf Brusthöhe von über 8 Metern der größte Walnussbaum der Welt. Wegen starkem Befall der Thousand Canker Disease wird dieser Baum nicht mehr lange leben. Selten werden in Mitteleuropa forstliche Anbauversuche mit der Royal-Walnuss gemacht. Zudem werden beide Elternarten in Parkanlagen gezogen.

Anmerkung

Der Name *J.* x 'Royal' oder *J.* x *royalis* stammt vom Pflanzenzüchter Luther Burbank, wurde aber nie als botanisches Taxon veröffentlicht.

Habitus.

Rindentextur.

Der Baum in Winter.

Nuss, Schalenhälfte und Querschnitt (Originalgröße).

Blattwerk.

Herbstfärbung.

Buart-Nuss

***Juglans* x *bixbyi* Rehd. & J. x *bixbyi* var. *lancastriensis*, Rehd.**

Kultivar: Herznuss und Butternuss *J. ailantifolia* var. *cordiformis* x *J. cinerea*
E: Buart-Nut, Butterjap

Verbreitung
Kulturgehölz im Erwerbsanbau und in Parkanlagen. Hybride aus der Japanischen Walnuss oder Herznuss und der nordamerikanischen Butternuss.

Wuchs
Bis 20 m hoher Baum

Blätter
9 bis 17, bis 80 cm lange unregelmäßig gesägte Teilblätter. Merkmale beider Elternarten.

Früchte
Intermediär zwischen Elternarten; Früchte oft klebrig, zu wenigen. Nüsse bis etwa 5 cm, herzförmig und mit rauer, wenig tief zergrateter Oberfläche, verholzte Schale dunkler als bei *J. ailantifolia*, Lakunen meist klein. Verhältnismäßig großer, wohlschmeckender Nusskern.

Angepflanzt
Insbesondere als Kulturpflanze in den USA, in Europa selten gepflanzt. Upton World, England, Baumschulen, Haus zur Platane, Winterthur.

Anmerkung
Der Botaniker Alfred Rehder hat mit *Juglans* x *bixbyi* eine Hybride der Nominatform der Japanischen Walnuss mit der Butternuss bezeichnet. Heute wird in der Nusszucht das Taxon für die Butter-Herznuss-Hybride verwendet, die Rehder *J.* x *bixbyi* var. *lancastriensis* nannte. Manche dieser Hybriden sehen der Butternuss sehr ähnlich (siehe auch Butternuss-Hybride).

Habitus beim Haus zur Platane, Winterthur.

Rindentextur.

Blattwerk.

Juglans x *bixbyi* (links oben) und var. *lancastriensis,* Nüsse, Schalenhälfte und Querschnitt.

Weibliche Blüten.

Blatt im Frühling, weiblicher Blütenstand.

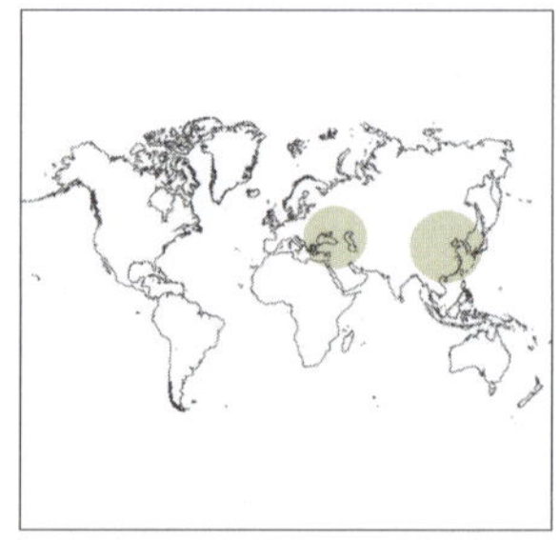

China-Hybridnuss

Juglans x sinensis (DC.) Dode

Kultivar: Echte Walnuss und Mandschurische Walnuss *J. regia* x *J. mandshurica*
Diese Hybride wird in einigen Formen *J. hopeiensis* genannt.

Verbreitung
Kulturhybride zwischen der Echten Walnuss und der Mandschurischen Walnuss. In China wird diese Form regional wild angetroffen.

Wuchs
Bis 20 m hoher Baum mit hoher, breit ausladender Krone und schnellem Wachstum.

Blätter
Bis 80 cm mit meistens 7 bis 11 Teilblättern, diese ledrig, relativ starr und dick, ungesägt. Mit vergrößertem Endblatt, Knospen hellgrau, behaart.

Früchte
In Gruppen zu wenigen, meist 2 bis 4, Hülle eiförmig, leicht behaart und kaum klebrig, etwas zugespitzt, weiß gepunktet. Nüsse ähnlich der Echten Walnuss, aber dick- und hartschalig, gehirnartig zerfurcht, jedoch nicht stachelspitzig, hellbraun. Mit vielen unregelmäßigen Lakunen. Oft mit etwas unregelmäßiger Geometrie.

Angepflanzt
Selten gepflanzt. In Basel neben der Tituskirche, in Dresden auf dem Universitätsareal, in Belgien steht ein großes Exemplar im Botanischen Garten Meise, weitere Standorte in der Literatur.

Anmerkung
Wie erwähnt, stammen die *J. hopeiensis* genannten Wen-Wan-Nüsse aus China vermutlich aus dieser Kreuzung. Diese Nüsse sind vermutlich Auslesen, sie sind größer und dickschaliger. Sehr ähnlich ist die *Juglans* x *notha* genannte Hybride zwischen der Japanischen (*J. ailantifolia*) und der Echten Walnuss. Bei verschiedenen Exemplaren der beiden Hybridformen konnten nur marginale morphologische Unterschiede festgestellt werden.
In China wild gefundene Nüsse, die aus *J. cathayensis* und *J. regia* hervorgegangen sind, sehen ebenfalls optisch fast gleich aus.

China-Hybridnuss im Botanischen Garten Meise, Belgien.

Rindentextur.

Habitus.

Nüsse, Schalenhälfte und Querschnitt (Originalgröße); auffällig sind die großen Lakunen.

Fruchtstand im Sommer.

Blätter mit Fruchtstand.

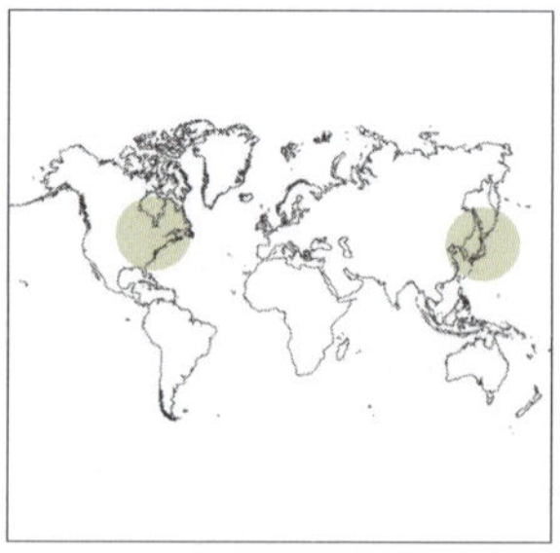

Kulturhybride

***Juglans nigra* L. x *J. ailantifolia* Carr.**

Kultivar: Schwarznuss x Japanische Walnuss
Eine Kreuzung dieser Form wird »Leslie Burt« genannt.

Verbreitung
Kulturhybride zwischen der Schwarznuss und der Japanischen Walnuss. In vielen Merkmalen intermediär zwischen den Arten.

Wuchs
Bis etwa 20 m hoher Baum mit hoher Krone und heller, längsrinniger Borke.

Blätter
Bis etwa 80 cm. 15 und mehr lanzettliche, gesägte und lang zugespitzte Teilblätter, breiter als bei der Schwarznuss, weniger wuchtig als *J. ailantifolia.* Mit Endteilblatt, Knospen hellbraun, behaart.

Früchte
In Gruppen zu wenigen, meist 2 bis 4, Hülle grün, leicht behaart, warzig, eiförmig, ähnlich der Schwarznuss. Frucht unregelmäßig gerippt, aber frisch heller, länglicher und mit teilweise hervorstehender Dorsalnaht. Längs der Dorsalnaht geöffnet eher der Japanischen Walnuss ähnlich. Kern 2- bis unklar 4-teilig. (Bei der Schwarznuss 4-teilig, Japanische Walnuss 2-teilig.)

Angepflanzt
Seltene Kulturhybride. Ein Exemplar in den Hohenheimer Gärten, Stuttgart.

Anmerkung
Ähnlich schmale, zugespitzte Nüsse hat die Schwarznuss-Sorte 'Emma K'.

Habitus in den Hohenheimer Gärten, Stuttgart.

Rindentextur.

Blatt mit Endteilblatt.

Nüsse, Schalenhälfte und Querschnitt (Originalgröße).

Knospen im Herbst.

Frucht.

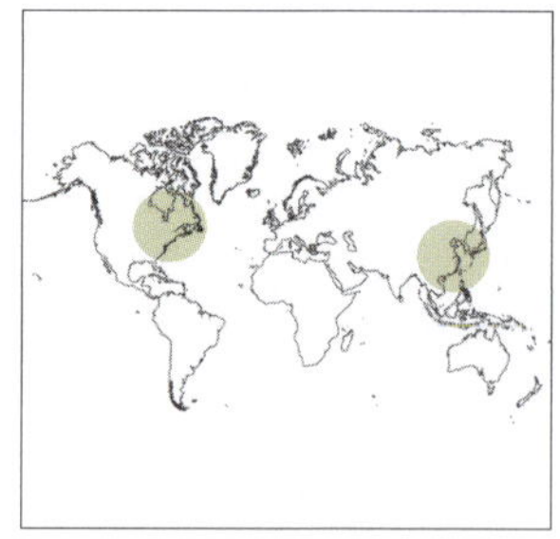

Butternuss-Hybride

***Juglans cinerea* x *J. mandshurica* Maxim.**

Kultivar: Butternuss x Mandschurische Walnuss
E: Butternut hybrid
F: Noyer hybride

Verbreitung

Durch Hybridisierung entstandene Form aus der nordamerikanischen Butternuss und den asiatischen Formen *J. mandshurica, J. cathayensis, oder J. ailantifolia*. Die zweite Ursprungsart ist oft schwer erurierbar. Keine natürliche Verbreitung, verwildert in den USA.

Wuchs

Bis etwa 25 m hoher, in der Jugend sparrig verzweigter Baum mit heller, gefurchter Rinde. (Meist heller als bei der Butternuss *J. cinerea.*)

Blätter

Sehr groß werdend, bis 100 cm mit 11 bis 17 schwach gesägten Teilblättern, diese oft weniger lang zugespitzt wie *J. cinerea*, behaart und mindestens im Frühjahr klebrig.

Früchte

Fruchthülle mit stark klebrigen, weißlichen Haaren besetzt. Nussschale unterschiedlich stark stachelspitzig zergratet, hell- bis mittelbraun, Schale dick, meistens bauchig gewölbt und weniger länglich als die Butternuss *J. cinerea*. Im Querschnitt selten ganz rund, auf der Oberfläche der Nuss ist die Dorsalnaht meistens hervortretend und deutlich erkennbar. Oft auch mit großen Lakunen.

Angepflanzt

Häufig als eine der Ursprungsarten beschriftet und selten erkannt. Anzutreffen zum Beispiel in Zürich am Friedhof Schwandenholz, im Botanischen Garten Bonn und weitere.

Anmerkung

Diese Hybriden ähneln der amerikanischen Butternuss (*J. cinerea*) stark. Welche Art der asiatischen Walnüsse bei den Hybriden dieser Gruppe genau die zweite Elternart ist, ist schwer zu eruieren. Das Wissen um die Abgrenzung zur Butternuss (*J. cinerea*) stammt aus Nordamerika, wo verschiedene dieser Hybriden wegen ihrer Resistenz gegen den Butternusskrebs verbreitet ausgepflanzt worden sind. In der deutschen Sprache hat diese Hybride noch keinen offiziellen Namen, Butternuss-Hybride leitet sich von Englischen Butternut hybrid ab.

Hybridnuss am Friedhof Schwandenholz, Zürich.

Blattwerk.

Junge Früchte im Mai.

Rindentextur.

Nüsse, Schalenhälfte und Querschnitt (Originalgröße).

Blütenknospen im Winter.

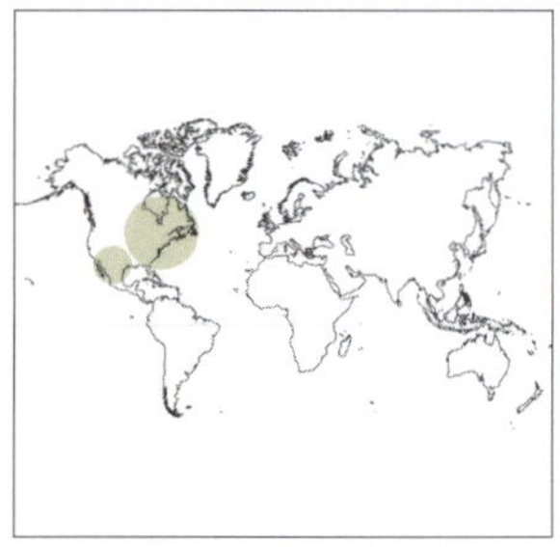

Schwarznuss-Hybride

Juglans nigra **L. x** ***J. major*** **(Torr.) A. Heller**

Kultivar: Schwarznuss x Arizona-Schwarznuss oder Felsennuss

Verbreitung
Durch Kreuzung/Hybridisierung entstandene, in Arboreten nicht selten gepflanzte Bäume ohne offiziellen Namen. Diese Form ist meistens eine Kulturform, im Süden der USA kommen vermutlich auch Wildbestände vor.

Wuchs
Meist relativ klein bleibende, selten über 15 m hohe Bäume. Im Wuchs, Erscheinungsbild und Rindentextur ähnlich *Juglans major,* jedoch oft mit zu großen, warzigen Früchten.

Blätter
Bis etwa 60 cm mit 11 bis 17 für eine Schwarznuss auffällig schmalen Teilblättern, manchmal mit Endblatt, häufiger ohne.

Früchte
Zu wenigen, meist etwas behaart aber nicht dicht flaumig, oft drüsig, warzig, zitronenartig riechend, variabel. Nüsse oft breiter als hoch, tiefer und unregelmäßiger gefurcht als *J. major,* typischerweise mehr als 3 cm im Durchmesser.

Angepflanzt
Verbreitet gepflanzt, meistens als *J. major* oder *J. nigra,* zum Beispiel im Arboretum Wespelaar, Belgien.

Anmerkung
Diese Hybriden sind meist durch Zufall entstanden und als ihre Elternarten beschriftet. Weil diese Schwarznüsse in Nuss- und Blattgröße variabel sind, ist die Bestimmung relativ schwer. Es ist nur selten klar eruierbar, ob neben der Schwarznuss die Arizona-Schwarznuss oder die Felsennuss beteiligt ist. Es gibt auch natürliche Hybriden zwischen *J. major* und *J. microcarpa.*

Typischer Habitus im Arboretum Wespelaar, Belgien.

Rindentextur.

Nuss und Schalenhälfte (Originalgröße).

Fruchtstand.

Knospe im Sommer.

Blätter und Nüsse verschiedener Bäume dieser Hybriden. Die Variabilität ist sehr groß.

Flügelnüsse

Pterocarya Kunth. - *Cyclocarya* Iljinsk

Dieses Kapitel stellt die zwei nah verwandten Gattungen der Flügelnüsse und der Ringflügelnüsse vor. Sie sind am nächsten mit der Gattung *Juglans*, den Walnüssen, verwandt. Das Verbreitungsgebiet dieser einst auf der ganzen nördlichen Hemisphäre verbreiteten Baumarten ist heute auf West- bis Ostasien beschränkt.

Die Flügelnüsse *Pterocarya* sind mit gesamt sechs Arten vom Kaukasus bis nach Ostasien verbreitet. Alle Arten der Gattung bilden große, mehrstämmige Bäume. Einige Formen haben unterirdische Ausläufer, deren aufschießende Sprossen ganze Wälder bilden können.

Die beiden Gattungen zeichnen sich durch lange, hängende, ährige Fruchtstände aus, an denen zweiflüglige Früchte sitzen. Mit den trockenen, pergamentartigen Flügeln sind die Früchte etwa 2 bis 3 Zentimeter groß, die hartschaligen Nüsschen innerhalb der Fruchtschalen weisen etwa 3 bis 5 Milli-

Heutiges Verbreitungsgebiet der Gattung *Pterocarya* und *Cyclocarya* (nach Kozlowski et al. 2018).

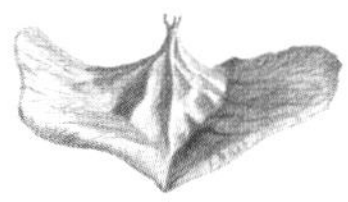

Kaukasische Flügelnuss
(*Pterocarya fraxinifolia*).

Chinesische Flügelnuss
(*Pterocarya stenoptera*).

Japanische Flügelnuss
(*Pterocarya rhoifolia*).

Hybrid-Flügelnuss
(*Pterocarya* x *rehderiana*).

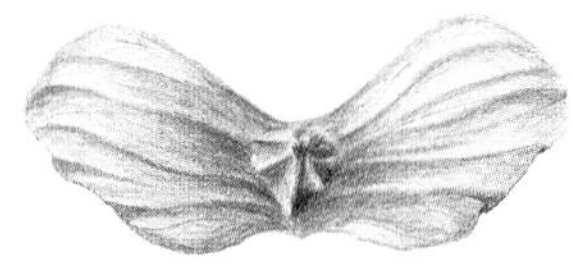

Großfrüchtige Flügelnuss
(*Pterocarya macroptera*).

Ringflügelnuss
(*Cyclocarya paliurus*).

Früchte der Gattung *Pterocarya, Cyclocarya* (Originalgröße).

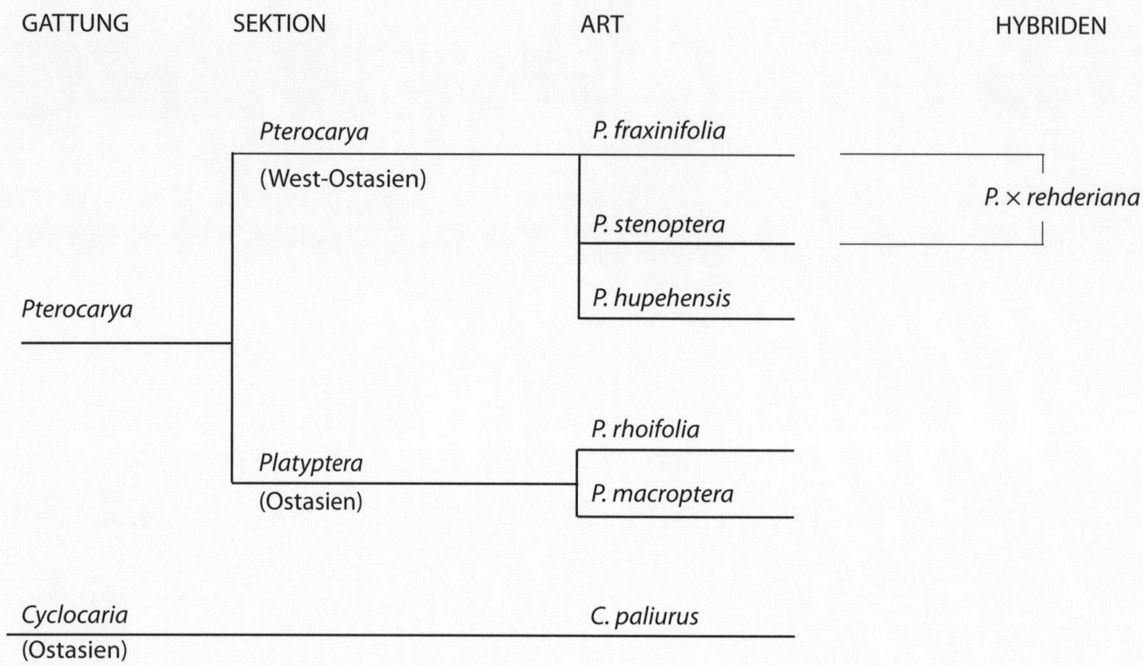

Die angepflanzten Arten der Flügelnüsse und Ringflügelnüsse.

meter Durchmesser auf und sind im Normalfall aus zwei Schalen zusammengesetzt. Von den zwei Arten *P. tonkinensis* und *P. hupehensis* sind keine Individuen in Mitteleuropa bekannt. Wenige unter dem Namen beschriftete Arten haben sich als Fehlbestimmung erwiesen. Die Arten wären wohl klimatisch für die Anpflanzung geeignet. Gepflanzt ist die Hubei-Flügelnuss jedoch im Arnold Arboretum der Harvard Universität in Boston sowie in der Privatsammlung Upton World in England.

Die Gattung der Ringflügelnuss *Cyclocarya* wurde früher zu *Pterocarya* gerechnet, wird aber heute als einartige (monotypische) Gattung angesehen. Die Nüsse dieser Art weisen eine ringartige Flügelform auf, welche die Nuss komplett umgeben. Die Gattung zählt zu den ältesten der Juglandaceae und hatte einst eine viel größere Diversität und Verbreitung. Der deutsche Name »Ringflügelnuss« wurde von Horst Schaarschmidt vorgeschlagen; einen offiziellen Namen gibt es für *Cyclocarya* auf Deutsch nicht.

Alle Arten haben ein gekammertes Mark in den jungen Zweigen, ähnlich den nah verwandten Walnüssen. Der Chromosomensatz dieser Gattung beträgt 2n=32.

Der Begriff »Flügelnuss« ist auch ein Sammelbegriff für die Früchte von Gehölzen, deren Samen geflügelt sind und durch den Wind vertragen werden. Neben der hier erwähnten Gattung werden dazu auch viele Gehölze aus anderen Familien wie die Ahorne, Eschen oder Ulmen gezählt.

Pterocarya – Flügelnüsse

(Fett geschriebe Arten werden kultiviert.)

Sektion *Pterocarya*

Pterocarya fraxinifolia (Lam. Spach), **Kaukasische Flügelnuss** (Kaukasus)
Pterocarya hupehensis Skan (China: Provinzen Hubei, Guizhou, Shaanxi und Sichuan)
Pterocarya stenoptera C. DC., **Chinesische Flügelnuss** (China, Korea und Taiwan)
Pterocarya tonkinensis (Franchet) Dode (=*P. stenoptera* var. *tonkinensis*).

Sektion *Platyptera*

Pterocarya macroptera Batalin, **Großfrüchtige Flügelnuss** (China: Provinzen Gansu, Shaanxi, Sichuan)
Pterocarya rhoifolia Siebold et Zucc., **Japanische Flügelnuss** (Japan, evtl. Shandong)

Hybriden

Pterocarya x ***rehderiana,*** *Pterocarya fraxinifolia* x *P. stenoptera*. – **Rehders-** oder **Hybrid-Flügelnuss**

Cyclocarya, Ringflügelnuss

Cyclocarya paliurus Iljinsk., **Ringflügelnuss**

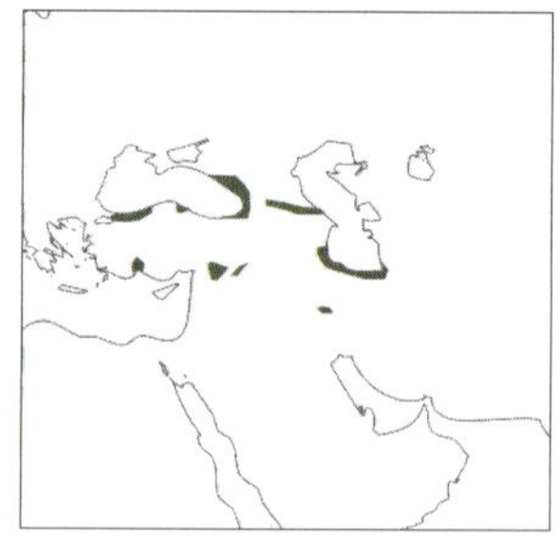

Kaukasus-Flügelnuss

***Pterocarya fraxinifolia* (Lam.) Spach**

Sektion *Pterocarya*
Syn.: *Pterocarya pterocarpa* Kunth ex I. Iljinsk., *Pterocarya caucasica* C. A. Mey.
D: Eschenblättrige Flügelnuss
E: Caucasian wingnut
F: Ptérocaryer du Caucase

Verbreitung

Mischwälder an feuchten Hängen und Ufern im Kaukasus; Iran, Türkei, Georgien, Aserbeidschan.

Wuchs

Bis 30 m hoher Baum, oft mehrstämmig, durch Ausläufer dichte Bestände bildend. Rinde mit hervorstehenden, netzartigen Leisten.

Blätter

Bis 60 cm, 11 bis 27 gesägte Teilblätter, Blattachse nicht geflügelt, Teilblätter überlagern diese oft. Meist mit Endteilblatt. Endknospen an Zweigen bis 4 cm lang und ohne Schuppen; es sind im Winter die Blattanlagen sichtbar.

Früchte

In langer, hängender Ähre. Zwei halbrunde, halbmondförmige Flügel, bis 2,5 cm lang. Nuss bis 8 mm im Durchmesser, rhombisch und stark gefurcht.

Angepflanzt

Weitaus häufigste Flügelnuss-Art. Zum Beispiel in: Botanischer Garten der Universität Zürich, Kannenfeldpark Basel, Hohenheimer Gärten Stuttgart, Botanischer Garten Meise, Belgien, Englischer Garten, München, und viele mehr. Beliebtes Parkgehölz, selten angepflanzt auch als Straßenbaum.

Anmerkung

Die seltener gepflanzte Varietät *P. fraxinifolia* var. *dumosa* wächst strauchförmig. Die am nächsten verwandte und sehr ähnliche Art *Pterocarya hupehensis* aus China wird extrem selten gepflanzt. Sie hat kleinere Blätter, deren Teilblätter an der Basis die Rhachis nicht überlappen.

Als Parkbaum an der Seepromenade in Genf.

Mehrstämmig in den Hohenheimer Gärten, Stuttgart.

Fruchtstände.

Rindentextur.

Frucht und Nuss (Originalgröße).

Knospe im Sommer.

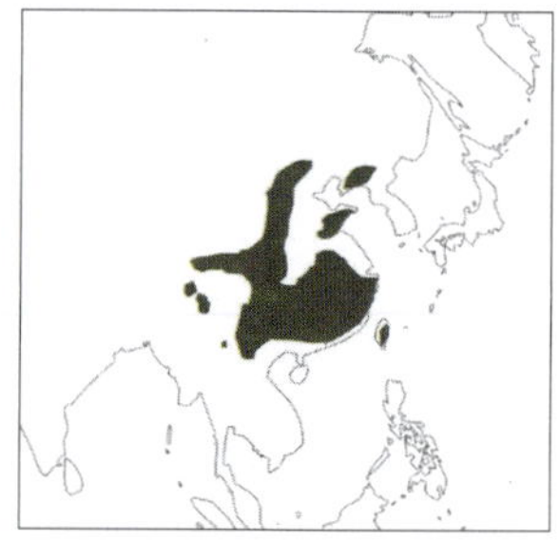

Chinesische Flügelnuss

***Pterocarya stenoptera* C. DC.**

Sektion *Pterocarya*
Syn.: *P. laevigata* Lavallée, *Pterocarya esquirollii* H. Lév.
E: Chinese wingnut
F: Ptérocaryer de Chine, Noyer de Chine
Chin.: feng yang

Verbreitung

Mischwälder an Hängen oder Flussufern; auf 0 bis 1500 m. Im östlichen China weit verbreitet, auch auf Taiwan.

Wuchs

Bis 25 m hoher Baum mit braungrauer, längs netzartig gerippter Rinde.

Blätter

Bis 25 cm, Rhachis (Blattachse) meistens geflügelt (nur bei dieser Art und ihren Hybriden, oft aber auch ungeflügelte Blätter an derselben Pflanze). 11 bis 21 gesägte, lanzettliche bis ovale Teilblätter, meist ohne Endblatt, seltener mit. Teilblätter meist stumpf, seltener wie bei den anderen Arten zugespitzt. Endknospen bis 4 cm lang, ohne Schuppen; es sind im Winter die Blattanlagen sichtbar.

Früchte

In hängendem, vielfrüchtigem Fruchtstand. Dieser meist wenig dicht. Mit lanzettlichen, bei Reife parallelen oder weit gespreizten Flügeln, bis 2,5 cm lang. Nuss bis 8 mm Durchmesser, rundlich, mit hervortretenden Leisten. Manchmal trikarpellat, dann größer.

Angepflanzt

Nicht häufig. Zum Beispiel zu finden in: Alter Botanischer Garten der Universität Zürich, beim Naturhistorischen Museum Winterthur, demHohenheimer Gärten in Stuttgart, im Botanischenr Garten Meise in Belgien, im Botanischen Garten Bordeaux, Frankreich.

Anmerkung

Sehr ähnlich, aber ohne geflügelte Blattachse ist die äußerst selten gepflanzte *Pterocarya tonkinensis,* die nach neueren Untersuchungen vielleicht zu *P. Stenoptera* gestellt werden sollte.

Blatt mit geflügelter Blattachse.

Habitus, Hohenheimer Gärten, Stuttgart.

Weibliche Blüten.

Rindentextur.

Früchte verschiedener Bäume, Nuss und Schalenhälfte (Originalgröße).

Fruchtstand.

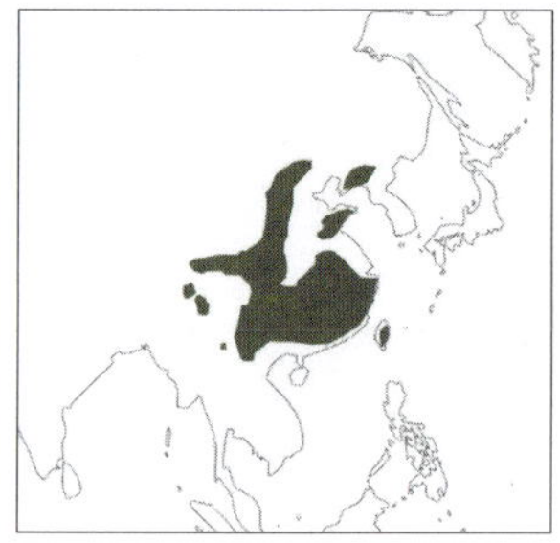

Hubei-Flügelnuss

Pterocarya hupehensis Skan.

Sektion *Pterocarya*
E: Hubei wingnut
F: Ptérocaryer du Hubei
Chin. hu bei feng yan

Verbreitung

Mischwälder an Flussufern und in bergigen Habitaten und Wäldern in China (Gansu, Guizhou, Henan, Hubei, Shaanxi, Sichuan). Trotz ihrer großen Verbreitung eine sehr seltene Art, da die Bestände oft aus wenigen Individuen bestehen.

Wuchs

Bis 20 m hoher, oft mehrstämmiger Baum, z. T. Ausläufer treibend, Rinde rotbraun, gefurcht, oft schindelig.

Blätter

Bis 30 cm, Rhachis ungeflügelt. Meist 5 bis 11 fein gesägte Teilblätter. Diese an der Basis nicht mit der Rhachis überschneidend. Weniger dicht geadert als die ähliche *P. macroptera*. Endknospen bis 4 cm lang ohne Schuppen.

Früchte

In hängender, oft lückiger Ähre. Mit zwei rundlichen, gegen die Nuss hin voneinander abgesetzten Flügeln, ähnelt *P. rhoifolia*. Nuss bis 8 mm Durchmesser, rundlich-rhombisch, längs gegratet.

Angepflanzt

Selten gepflanzt. Im Arnold Arboretum, Boston, USA, und Upton World, England.
In der Literatur auch: Stadsträdgården, Karlstad, Botanischer Garten Gothenburg, Schweden.

Blatt; Teilblätter überschneiden nicht mit Rhachis.

P. rhoifolia im Arnold Arboretum, Boston, USA.

Männliche Blütenkätzchen.

Plattige Rindentextur.

Frucht mit rundlichen Flügeln und Nuss (Originalgröße).

Habitus.

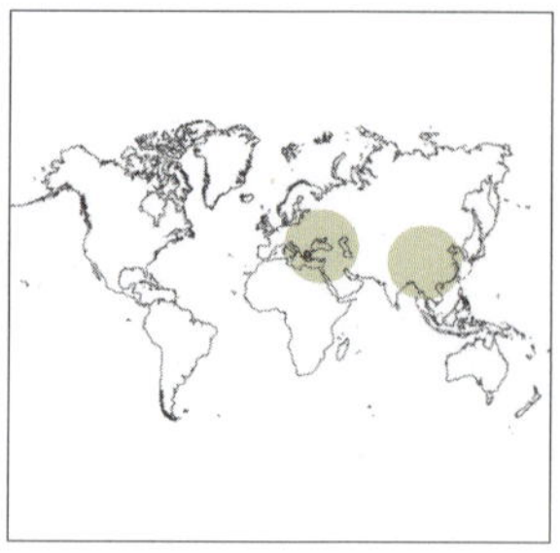

Hybrid-Flügelnuss

***Pterocarya* x *rehderiana* Schneid.**

Sektion *Pterocarya*
Kulturhybride: Kaukasische Flügelnuss und
Chinesische Flügelnuss *P. fraxinifolia* x *P. stenoptera*
D: Rehders Flügelnuss

Verbreitung
Kulturform, hat keine natürliche Verbreitung.

Wuchs
Bis etwa 30 m hoher Baum, Rinde mit breiten, netzartigen Leisten.

Blätter
Bis 35 cm, Rhachis nur schwach/teilweise geflügelt. 11 bis 21 Teilblätter. Optisch intermediär zwischen den Elternarten.

Früchte
In vielfruchtiger, hängender Ähre. Jede Frucht hat zwei ovale, zur Spitze der Nuss gerichtete Flügel. Nuss bis 9 mm Durchmesser, rhombisch bis rundlich, kantig und oft weniger einheitlich geformt als die der Elternarten, optisch in allen Merkmalen intermediär zwischen diesen. Manchmal schwer von *Pterocarya stenoptera* abgrenzbar.

Angepflanzt
Im Arnold Arboretum, USA, Upton World, England, Botanischer Garten Bordeaux, Frankreich, einige weitere in der Literatur.

Anmerkung
Diese Kreuzung wurde im Arnold Arboretum der Harvard Universität in Boston erstmals entdeckt. Bis heute ist diese erste Hybrid-Flügelnuss dort zu betrachten (siehe Bild). Die Samen einer Chinesischen Flügelnuss aus dem französischen Arboretum Segrez wurden in Harvard zum Keimen gebracht. Weil im französischen Arboretum auch die Kaukasische Flügelnuss wuchs, keimten aber hybride Pflanzen aus den Samen. Der Botaniker Alfred Rehder war 1918 bis 1940 Kurator dieser Baumsammlung und entdeckte ihre Biologie. Er wurde darum zum Namensgeber der Pflanze.

Habitus im Arnold Arboretum, Boston, USA.

Feine Flügel an der Rhachis; diese sind nicht immer vorhanden.

Früchte an den Ähren und Herbstfarbe der Blätter.

Rindentextur.

Frucht und Nuss (Originalgröße).

P. x *rehderiana* im Botanischen Garten der Universität Zürich.

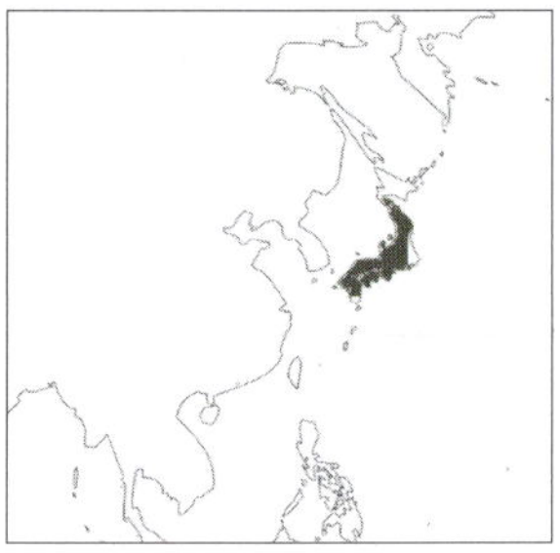

Japanische Flügelnuss

Pterocarya rhoifolia Siebold et Zucc.

Sektion *Platyptera*
E: Japanese wingnut
F: Ptérocaryer du Japon

Verbreitung
Mischwälder an Flussufern in Japan (Hokkaido, Honshu), eventuell auch in China (Lao Shan).

Wuchs
Bis 30 m hoher, oft mehrstämmiger Baum, keine Ausläufer treibend, Rinde rotbraun, längs gefurcht.

Blätter
Bis 35 cm, Rhachis ungeflügelt, oberseitig oft rotbraun. 11 bis 21 fein gesägte Teilblätter. Diese sehr dicht geadert (circa 20 Aderabzweigungen, etwa doppelt so viele wie *P. fraxinifolia*). Endknospen bis 4 cm lang und mit großen Schuppen besetzt, die im Winter abfallen (nur bei dieser Art und *P. macroptera*).

Früchte
In hängender, sehr dichter, um die eigene Achse gedrehter Ähre. Mit zwei rundlichen, gegen die Nuss hin voneinander abgesetzten Flügeln, ähnelt *P. macroptera*, aber etwas kleiner. Nuss bis 9 mm Durchmesser, rhombisch, mit mehreren Graten.

Angepflanzt
Zerstreut, fast nur in Baumsammlungen. In Zürich im Friedhof Nordheim und als Straßenbäume im Bleicherweg; im Botanischen Garten Meise, Arboretum Wespelaar in Belgien, in den Hohenheimer Gärten, Stuttgart.

Blatt.

P. rhoifolia im Arnold Arboretum, Boston, USA.

Knospen am Triebende mit Schuppe.

Plattige Rindentextur.

Frucht mit runden Flügeln und Nuss (Originalgröße).

Unreife Ähren mit Früchten.

Großfrüchtige Flügelnuss

Pterocarya macroptera **Batal.**

Sektion *Platyptera*
E: Large winged wingnut
Chin.: ga su feng yan

Verbreitung
China, mit relativ großem, aber zerstückeltem Verbreitungsgebiet. Besonders in den Provinzen Hubei, Sichuan, Yunnan, Zehjiang.

Wuchs
Bis 25 m hoher Baum, oft schon vom Stammfuß an verzweigt.

Blätter
Ähnlich der am nächsten verwandten Japanischen Flügelnuss, aber bis 45 cm lang, meist vergleichsweise weniger Teilblättern (5 bis 13), mit Endblatt und ohne geflügelte Rhachis, Blätter behaart. Die Endknospen sind wie bei *P. rhoifolia* mit Schuppen besetzt.

Früchte
In langer, hängender Ähre. Relativ große, rundflüglige Flügelnüsse, Flügel breiter als lang. Mit bis 9 mm großer Nuss. Diese im Querschnitt dreieckig und stark stachelspitzig zergratet.

Angepflanzt
Selten gepflanzt. Botanischer Garten Bordeaux, Frankreich. Upton World, England, Arnold Arboretum USA. Und einige weitere in der Literatur.

Anmerkung
Es werden drei verschiedene Varietäten unterschieden: var. *insignis*, var. *delavay* und var. *macroptera*, die sich im Verbreitungsgebiet und einigen biologischen Merkmalen unterscheiden. Es wird diskutiert, ob manche der Varietäten Artstatus erhalten sollten.

Habitus.

Weiblicher Blütenstand.

Blatt der Varietät »Insignis«.

Abfallende Knospenschuppen.

Rindentextur.

Frucht und Nuss (Originalgröße).

Fruchtstand.

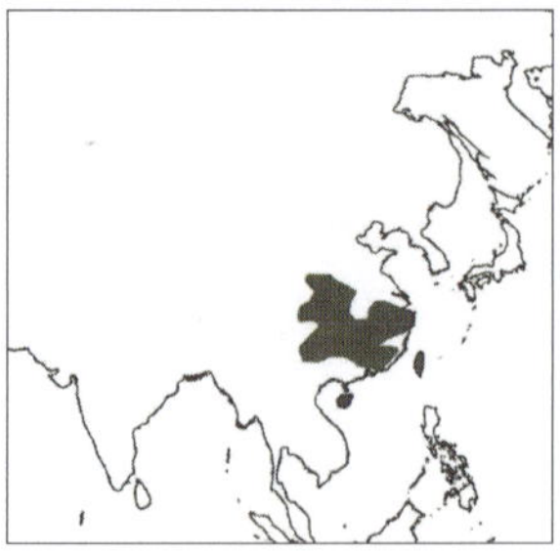

Ringflügelnuss

Cyclocarya paliurus (Batal.) Iljinsk

Syn.: *Pterocarya paliurus* Batalin, *P. micropaliurus* Tsoong.
E: Wheel wingnut
Chin.: qing qian liu

Verbreitung
Zentral- und Südchina, Provinzen Anhui, Fujian, Guangdong, Guangxi, Guizhou, Hainan, Hubei, Hunan, Jiangsu, Jiangxi, Sichuan, Taiwan, Yunnan, Zhejiang. Vornehmlich in feuchten Gebirgslagen zwischen 500 und 2500 m ü.M.

Wuchs
Bis 30 m hoher Baum, in Europa meist viel kleiner bleibend, manchmal strauchförmig wachsend.

Blätter
Bis 25 cm, 7 bis 11 meist schwach gesägte, ovale bis lanzettliche Teilblätter, diese oft leicht alternierend. Rhachis leicht behaart. Endteilblatt meist größtes Teilblatt. Knospen nackt. Blatt im Umriss meist breiter als lang.

Früchte
Zu mehreren an hängender Ähre. Nuss bis 7 mm, umgeben von einem ringförmigen Flügel mit bis 60 mm Durchmesser.

Angepflanzt
Fast ausschließlich in botanischen Gärten, dort aber verbreitet. Zum Beispiel: Neuer Botanischer Garten Zürich, Botanischer Garten Genf, Botanischer Garten Berlin-Dahlem (Literatur), Botanischer Garten Bonn, Botanischer Garten Dresden, Botanischer Garten Meise, Belgien, Upton World, England, Arnold Arboretum, USA.

Anmerkung
Die einzige Art der Familie mit einem Chromosomensatz von 2n=56. *Paliurus* ist der Gattungsname des auch bei uns gelegentlich angepflanzten Christusdorns mit sehr ähnlichen Früchten.

Habitus baumförmig.

Weiblicher Blütenstand und Samenstand bei Reife.

Blattwerk.

Rindentextur.

Frucht und Nuss, Nussquerschnitt (Originalgröße).

Strauchförmige *C. paliurus* in Meise, Belgien.

Hickorys und Zapfennuss

Carya Nutt.–_Platycarya_ Siebold et Zucc.

Die Bezeichnung *Carya* wurde vom englischen Botaniker und Pflanzensammler Thomas Nuttall eingeführt, als er den Namen 1818 in seinem Werk »The Genera of North American Plants« zur Bezeichnung der Gattung verwendete.

Schon zehn Jahre früher sind die Hickorys unter dem Namen *Hicoria* durch Constantine S. Rafinesque beschrieben worden, weshalb lange Zeit zur Umbenennung der Gattung plädiert wurde. Dies kann etwa den *Notes on the Geological History of the Walnuts and Hickorys* des Paläobotanikers E.W. Berry's von 1912 entnommen werden.

Trotzdem wird heute der jüngere Name offiziell verwendet. Zur Gattung werden 19 Arten gezählt, die Abgrenzung einiger Formen als eigene Art ist allerdings umstritten. Derzeit wird die Gattung in vier Sektionen unterteilt, deren zwei von den nordamerikanischen Arten gebildet werden und zwei alle asiatischen Arten enthalten.

Typisch für die Gattung sind der meist hohe, schmal aufrechte Wuchs größerer Bäume, die stets aus drei Kätzchen bestehenden männlichen Blüten

Heutiges Verbreitungsgebiet der Gattung *Carya* (nach Kozlowski et al. 2018).

Pekannuss
(*Carya illinoinensis*).

Wasser-Hickory
(*Carya aquatica*).

Bitternuss
(*Carya cordiformis*).

Muskat-Hickory
(*Carya myristiciformis*).

Königsnuss
(*Carya laciniosa*).

Schuppenrinden-Hickory
(*Carya ovata*).

Spottnuss-Hickory
(*Carya tomentosa*).

Ferkelnuss
(*Carya glabra*).

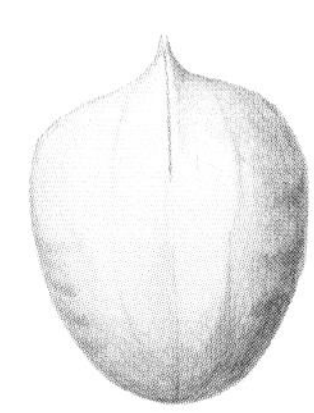

Rote Hickory
(*Carya ovalis*).

Illustrationen der Nüsse der Gattung *Carya* (Originalgröße).

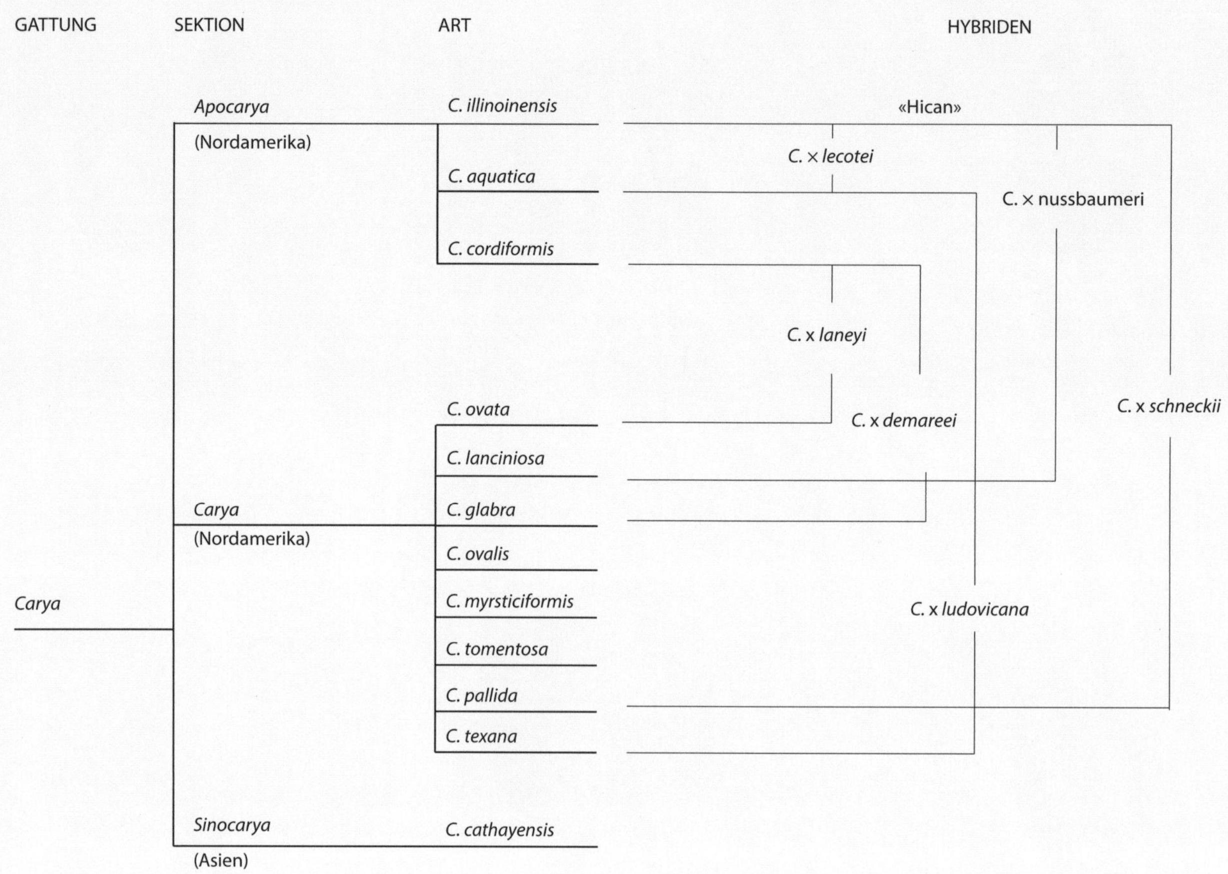

Darstellung der in Europa kultivierten Arten und bekannten Hybriden der Gattung *Carya*.

und die vierteilige Hülle um die hartschalige Nuss. Meistens sind die Blätter aus weniger als zehn Teilblättern zusammengesetzt. Zu allen Regeln gibt es Ausnahmen, was die strauchig wachsende Florida-Hickory oder die Pekan- und Wasser-Hickory mit bis zu 17 Teilblättern belegen. Die jungen Triebe besitzen im Gegensatz zu *Juglans* und *Pterocarya* ein festes, nicht gekammertes Mark.

13 Arten der Gattung stammen aus Nordamerika, und nur von zwei Arten ist derzeit eine Anpflanzung in Europa nicht bekannt: die Endemiten *Carya floridana* aus den Sandgebieten Floridas und die nah mit der Bitternuss verwandte *Carya palmeri,* die erst vor einigen Dutzend Jahren in Mexico vom Walnussforscher Wayne E. Manning entdeckt worden ist. Beide Arten sind sehr wärmebedürftig und könnten derzeit kaum im Freiland im gemäßigten Klima kultiviert werden. Von den sechs asiatischen Arten werden bisher zwei Arten – *C. cathayensis* und *C. hunanensis* – außerhalb Chinas gepflanzt. Obschon in der Liste unten aufgeführt, sind die wärmeliebenden Arten insbesondere im Kapitel über die tropischen und subtropischen Walnussgewächse genauer beschrieben.

Einige Arten und Hybriden werden im Erwerbsobstbau gezüchtet. In dieser Hinsicht ist besonders *Carya illinoinensis*, die Pekannuss, von Bedeutung. In China hat daneben auch die Art *Carya cathayensis* wirtschaftliche Bedeutung. Der Erwerbsanbau dieser Arten ist dabei eine relativ neue Entwicklung, die

Texas-Hickory
(*Carya texana*).

Sand-Hickory
(*Carya pallida*).

Florida-Hickory
(*Carya floridana*).

Lecontei Hican
(*Carya aquatica* x *illinoinensis*).

Chinesische Pekannuss
(*Carya cathayensis*).

Zapfennuss
(*Platycarya strobilacea*).

Illustrationen der Nüsse der Gattung *Carya, Platycarya* (Originalgröße).

Frucht der Zapfennuss, vergrößert.

sich erst in den letzten Jahrzehnten stark entwickelt hat. Viele andere Arten sind auch wegen ihres Holzes beliebt.

Der Verbreitungsschwerpunkt liegt heute in Nordamerika und Ostasien, vor den Eiszeiten war *Carya* im gesamten bis subtropisch/tropischen gemäßigten Klima nördlicher Breite heimisch, wie Fossilienfunde belegen.

Carya-Arten lassen sich kreuzen, was eine Vielzahl Hybriden hervorgebracht hat, von denen einige mit besonders großen und schmackhaften Kernen in Nordamerika zum Nussanbau gezüchtet wurden. Dazu zählen insbesondere Kreuzungen von verschiedenen Hickorys mit der Pekannuss, die »Hican« genannt werden. In der Gattung weisen fast alle Arten einen doppelten Chromosomensatz von 2n=32 auf und lassen sich deshalb kreuzen. In der Sektion *Carya* sind aber mit Ausnahme von *C. ovata* und *C. laciniosa* alle Arten tetraploid; der doppelte Chromosomensatz beträgt bei diesen Arten 64 anstelle von 32 Chromosomen (2n=64). Diese tetraploiden Arten sind aus ursprünglich diploiden Formen durch eine zufällige Verdoppelung des Chromosomensatzes hervorgegangen. Heute stellt die Tetraploidie innerhalb der Gattung eine genetische Grenze dar, die natürliche Hybridisierung beschränkt und so die sympatrische Artbildung (Artbildung durch Aufspaltung einer Population ohne geografische Isolation) befördert hat.

Obschon einige Kulturhybriden der Hickorys auch in Europa in einigen Parks angepflanzt sind, haben diese im Gegensatz zu Nordamerika keine Verbreitung gefunden.

Die Zapfennuss *Platycarya strobilacea* wurde oft als die am nächsten mit den Hickorys verwandte Gattung innerhalb der Walnussgewächse beschrieben. Obschon die Art heute meist in einen eigenen Tribus (*Platycaryea*) gestellt wird, bleiben die Diskussionen über die Einteilung in der Familie aktuell. Der einzigartige Habitus, die zapfenartigen, aus Vorblättern gebildeten Fruchtstände und die winzigen, geflügelten Nüsse machen die Bestimmung und das Erkennen der Art einfach. Sie hat einen für die ganze Familie der Walnussgewächse eigenartigen Chromosomensatz, der je nach Quelle von 2n=22 bis 2n=28 variiert. In China wird die Gattung *Platycarya* oft als mehrartig beschrieben, in der europäischen Literatur gilt sie als monotypisch, also einartig.

Sektion *Apocarya* (Nordamerika, 4 Arten)

Carya aquatica (F. Michx.) Nutt., **Wasser-Hickory**
Carya cordiformis (Wangenh.) K. Koch, **Bitternuss**
Carya illinoinensis (Wangenh.) K. Koch, **Pekannuss**
Carya palmeri W. E. Manning, Mexikanische Hickory

Sektion *Carya* (Nordamerika, 9 Arten)

Carya floridana Sarg., Strauch-Hickory
Carya glabra (Mill.) Sweet, **Ferkelnuss**
Carya laciniosa (Mill.) K. Koch, **Königsnuss**

Carya myristiciformis (F. Michx.) Nutt., **Muskat-Hickory**
Carya ovalis (Wangenh.) Sarg., **Rote Hickory** (= *C. glabra* var. *odorata*)
Carya ovata (Mill.) K. Koch, **Schuppenrinden-Hickory** inkl.
C. carolinae-septentrionalis
Carya pallida (Ashe) Engelm. et Graebn., **Sand Hickory**
Carya texana Buckley, **Texas-Hickory**
Carya tomentosa (Poir.) Nutt., **Spottnuss-Hickory** (syn. *C. alba*)

Sektion *Sinocarya* (Asien, 5 bis 6 Arten)

Carya cathayensis Sarg., **Chinesische Pekannuss**
Carya dabieshanensis M. C. Liu (evtl. Syn. *C. cathayensis*)
Carya hunanensis W. C. Cheng et R. H. Chang, Hunan-Hickory
Carya kweichowensis Kuang et A. M. Lu, Guizhou-Hickory
Carya poilanei (A. Cher.) Leroy, Poilane's-Hickory, Vietnam-Nuss
Carya tonkinensis Lecomte, Tonkin-Hickory

Sektion *Rhampocarya* – 1 Art

Carya sinensis (= *Annamocarya sinensis*) Dode

Bekannte Hybriden

C. x *brownii* (*C. cordiformis* x *C. illinoinensis*) Sarg.
C. x *collina* (*C. texana* x *C. tomentosa*) Laughlin
C. x *demareei* (*C. cordiformis* x *C. ovali*) Palmer
C. x *dunbarii* (*C. laciniosa* x *C. ovata*) Sarg.
C. x *laneyi* (*C. cordiformis* x *C. ovata*) Sarg.
C. x *lecontei* (*C. aquatica* x *C. illinoinensis*) Little
C. x *ludoviciana* (*C. aquatica* x *C. texana*) (*Ashe*) Little
C. x *nussbaumeri* (*C. illinoinensis* x *C. laciniosa*) Sarg.
C. x *schneckii* (*C. illinoinensis* x *C. tomentosa*) Sarg.
C. illinoinensis x *C. ovata*
C. cordiformis x *C. tomentosa*
C. illinoinensis x *C. myristiciformis*
C. cordiformis x *C. aquatica*
C. cathayensis x *C. illinoinensis*

Platycarya – 1 bis 3 Arten, 1 allgemein anerkannt

Platycarya strobilacea Sieb. Zucc., **Zapfennuss**

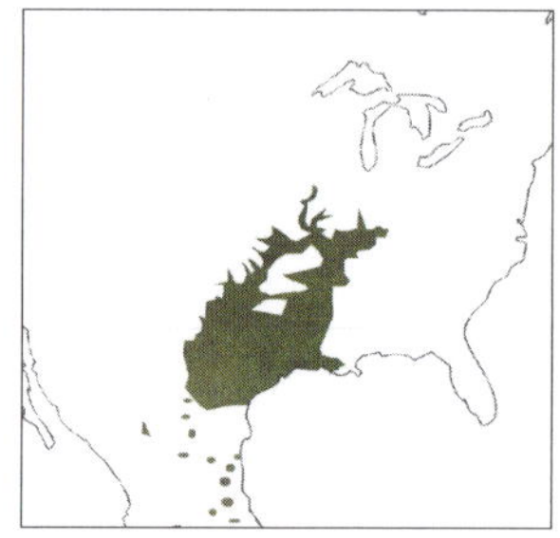

Pekannuss

Carya illinoinensis (Wangenh.) K. Koch

Sektion *Apocarya*
Syn.: *Carya oliviformis* (Michx.) Nutt.,
Carya pecan (Marshall) Nutt., *Carya angustifolia* Sweet
E: Pecan
F: Pacanier, Noyer de pécan

Verbreitung

Südliche USA und im Norden Mexikos in Flusstälern. Wird sehr oft angebaut, auch außerhalb des natürlichen Verbreitungsgebiets.

Wuchs

Bis 40 m hoher Baum, im Alter mit aufrecht ovaler Krone, Borke dann grau, schuppig und brüchig. Blattwerk aus der Distanz sehr fein, oft hängend und etwas silbrig, entfernt an Eukalyptus erinnernd.

Blätter

Bis 70 cm, 11 bis 17 schmal lanzettliche, unregelmäßig gesägte Teilblätter, besonders an Sonnenblättern sichelförmig gebogen. Dadurch der Wasser-Hickory ähnlich, die jedoch weniger und schmalere Blättchen aufweist.

Früchte

Glatte, länglich-eiförmige oder rundliche Nüsse mit dünner, viernähtiger Hülle. Vier Nähte leicht hervorgehoben. Nuss hellbraun, meist mit dunklen Flecken. Nüsse fallen oft schon am Baum aus der Hülle. Kultivierte Sorten mit viel größerer Frucht, Samen sehr aromatisch, mit dunkler Haut, mild, mit wenig ausgeprägten, zerbrechlichen Septen (Innenwänden) in der Schale.

Angepflanzt

Boston: Arnold Arboretum, London: Kew Gardens, Basel: Kannenfeldpark, Winterthur: Friedhof Rosenberg, Zürich: Enge, beim Arboretum, Florenz: Orto Botanico, Stuttgart: Hohenheimer Gärten, Meise: Botanischer Garten, Wespelaar: Arboretum, u. a. Sehr großer Baum im Jardin Public in Bordeaux.

Habitus im Orto Botanico Florenz.

Habitus im Kannenfeldpark, Basel.

Sommerknospe.

Rindentextur.

Nuss mit Hülle, geschält, Kern und Querschnitt (Originalgröße).

Blattwerk und männliche Blütenkätzchen im Mai.

Wasser-Hickory

Carya aquatica **(F. Michx.) Nutt.**

Sektion *Apocarya*
Syn.: *Hicorius aquatica* Britton
E: bitter pecan, water hickory

Verbreitung
Südosten der USA, kommt auf feuchten Böden in Auwäldern, Sümpfen und Flusstälern vor.

Wuchs
Bis 35 m hoher Baum.

Blätter
Bis 40 cm, 9 bis 13 schmal-lanzettliche, teilweise sichelförmige, unregelmäßig gesägte Teilblätter. Die Blättchen meist sichelförmig gebogen, Blättchenachse dadurch oft nicht in der Mitte. Blättchen weniger und schmaler als bei der ähnlichen *C. illinoinensis*.

Früchte
Zu mehreren, oft 5 bis 6 in lockerer Ähre (nur bei dieser Art). Schale der Nuss dunkel graubraun, unregelmäßig, rau (einzige Art) in dünner, viergeflügelter Hülle. Nuss oval bis trapezförmig, relativ stark abgeplattet, dünnschalig, innen Septen brüchig, mit bitterem, rothäutigem Kern.

Angepflanzt
Nur in wenigen Baumsammlungen. In Belgien: Botanischer Garten Meise, Arboretum Wespelaar; Deutschland: Forstbotanischer Garten Tharandt, Botanische Gärten Bonn; USA: Arnold Arboretum; England: Westonbirt Arboretum.

Habitus im Arboretum Wespelaar, Belgien.

Rindentextur.

Austrieb im Frühling.

Nuss, Kern und Querschnitt einer amerikanischen Varietät, kleine Nuss einer europäischen Parkpflanze (Originalgröße).

Sommerknospe.

Fruchtstand im Juli.

Blätter.

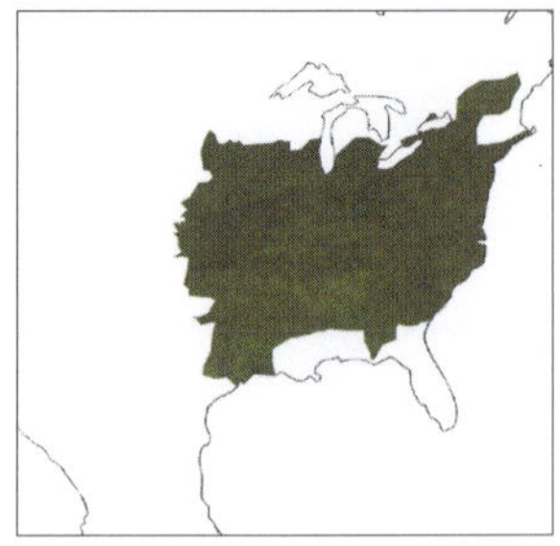

Bitternuss

Carya cordiformis (Wangenh.) K. Koch

Sektion *Apocarya*
Syn.: *Carya amara* (Michx.) Nutt. ex Elliott, *Carya sulcata* Nutt.
D: Herzförmige Hickory, Bitternuss-Hickory
E: Bitternut hicory, bitternut
F: Caryer cordiforme

Verbreitung
Weit verbreitet im Osten Nordamerikas von Quebec bis Florida.

Wuchs
Bis 25 m hoher, schmal aufrechter Baum, Borke im Alter netzartig zerfurcht.

Blätter
Besonders bei alten Bäumen auch größere Schattenblätter mit zugespitzt ovalen Teilblättern. Knospen gelblich bis orange (siehe auch *C. cathayensis*), Knospen ohne Schuppen.

Früchte
Mit dünner, vierteilig aufspringender Hülle und flügelig aufstehenden Suturen (Naht). Diese nicht über die Mitte der Frucht gehend. Nüsse dünnschalig, innen Schale bröckelig; im Umriss rundlich, glatt, hellbeige mit abgesetzter Spitze (*cordiformis* heißt »herzförmig«). Nüsse fallen oft schon am Baum aus der Hülle. Kern mit roter Haut. Sehr bitter, ungenießbar und astringierend. Etwas ähnlich der *C. ovalis*, diese hat aber grüne und im Winter braune Knospen.

Angepflanzt
Vergleichsweise häufig gepflanzte Art. In Zürich: Alter Botanischer Garten, Belvoirpark; Basel: Kannenfeldpark, Margarethenpark; Zagreb: Botanischer Garten; Deutschland: Hohenheimer Gärten, Stuttgart, Forstbotanischer Garten Tharandt; Belgien: Arboretum Wespelaar u. a.

Habitus im Belvoirpark, Zürich.

Herbstfärbung.

Knospe im Sommer.

Rindentextur.

Nuss mit Hülle, geschält, Querschnitt und Samen (Originalgröße).

Blätter und männliche Blütenkätzchen im April.

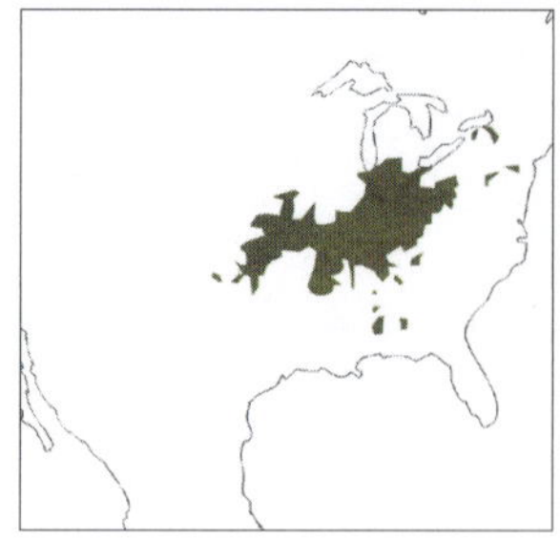

Königsnuss

Carya laciniosa (Michx.) Loud.

Sektion *Carya*
Syn.: *Hicoria laciniosa* (Michx.) Sarg.
E: Shellbark hickory, bigleaf shagbark hickory, kingnut
F: Noyer lacinié, Caryer lancinié

Verbreitung

Nordöstliche USA, Südkanada.

Wuchs

Bis 35 m hoher, breit aufrechter Baum. Die Borke löst sich meistens auffällig schindelig ab (ähnlich wie *C. ovata*).

Blätter

Bis 90 cm, 5 bis 9, meist 7 eiförmig zugespitzte, gesägte Teilblätter. Diese größer als bei der ähnlichen *C. ovata*. Knospen auffällig groß, im Winter braun. Im Winter bleibt die Rhachis (Blattachse) meist am Baum sitzen. Herbstfärbung gelb.

Früchte

Größte Hickorynüsse mit sehr dicker, aufgetriebener, in vier Teile zerfallender Hülle. Nuss eiförmig-rundlich, vier- oder achtkantig, beige, dickschalig und im Querschnitt fast rechteckig. Die Früchte sind größer und dickschaliger als die von *C. ovata*. Kern vierteilig, genießbar.

Angepflanzt

Zerstreut angepflanzt zum Beispiel in Basel: St. Margarethen-Anlage, Kannenfeldpark; Deutschland: Botanischer Garten Dresden, Hohenheimer Gärten, Stuttgart; auch viele Jungpflanzen in Parkanlagen. Alter Baumbestand im Arnold Arboretum, USA.

Anmerkung

Für alle Arten der Sektion *Carya* ist ein kielartiger Fortsatz am Schaft der Nuss typisch. Dieser fehlt in den anderen Sektionen.

Habitus im Arnold Arboretum, Boston, USA.

Rindentextur.

Siebenteilige Blätter.

Frucht mit Hülle, Nuss, Querschnitt und Kern (Originalgröße).

Austrieb, oft rötlich.

Knospe im Frühling; vorjährige Blattachsen sind noch an den Ästen.

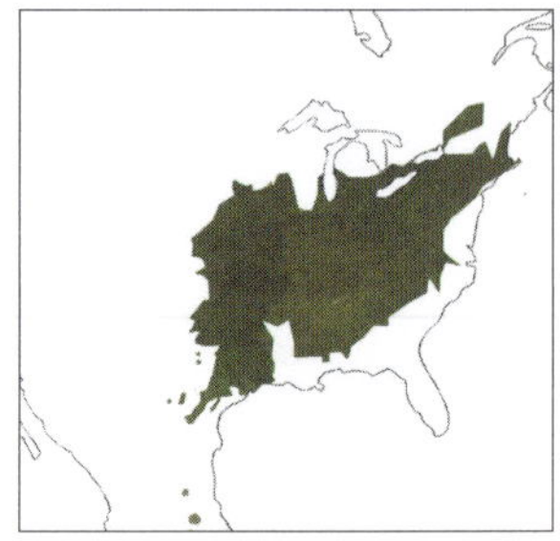

Schuppenrinden-Hickory

***Carya ovata* (Mill.) K. Koch**

Sektion *Carya*
D: Schindelborken-Hickory
E: Shagbark hickory, Carolina-hickory (südliche Form)
F: Caryer ovale, Noyer blanc

Verbreitung

Im Osten Nordamerikas, einige Standorte in Mexiko. Ist in Laubmischwäldern eine weit verbreitete Art.

Wuchs

Bis 30 m, am Naturstandort bis 45 m hoher Baum. Die Borke löst sich im Alter meistens schindelig ab, ähnlich wie *C. laciniosa*.

Blätter

30 bis 60 cm, meist 5 eiförmige, zugespitzte, gesägte Teilblätter. (*C. laciniosa* hat meistens 7.) Mit feinen weißen Haarbüscheln an den gesägten Blatträndern (nur diese Art).

Früchte

Zu 1 bis 3, mit glatter, sehr dicker, aufgetriebener, in vier Teile zerfallender Hülle. Nüsse frisch hellbeige, 4(8)-kantig, mit oft fast rechteckigem oder rhombischem Querschnitt. Nüsse vielgestaltig. *C. laciniosa* hat größere Früchte und die ähnliche *C. tomentosa* dünnere Fruchthüllen.

Angepflanzt

Sehr verbreitet gepflanzt. Zum Beispiel im Arboretum Zürich, Botanischer Garten Bern, Hohenheimer Gärten, Stuttgart, Forstbotanischer Garten, Tharandt, Arboretum Wespelaar, Belgien, Arnold Arboretum, USA.

Anmerkung

Es werden je nach Quelle zwei oder drei Varietäten unterschieden. *C. ovata* var. *ovata*, var. *australis*/*carolinea-septentrionalis* und var. *mexicana*. Die Varietäten wachsen der Reihe nach in jeweils südlicheren Breiten.

Habitus, im Arnold Arboretum, Boston, USA.

Rindentextur.

Früchte im Sommer.

Frucht mit Hülle, Nuss, Querschnitte (Originalgröße).

Typische Behaarung an den Blatträndern.

Fünfteilige Blätter.

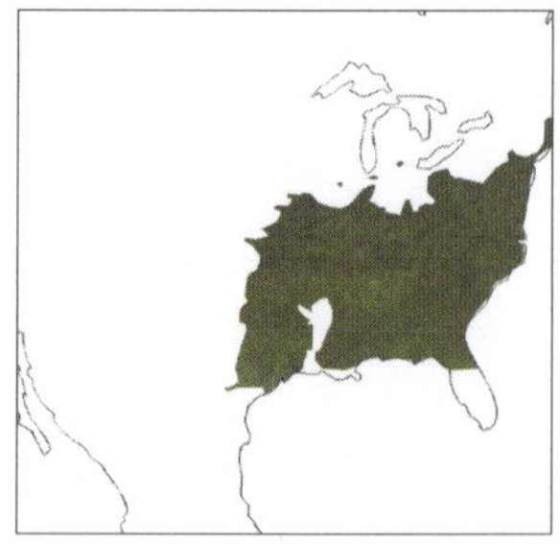

Spottnuss-Hickory

Carya tomentosa Nutt.

Sektion *Carya*
Syn.: *Carya alba* (L.) Nutt. ex Elliott, *Carya compressa* G. Don
E: Mockernut hickory
F: Carya tomenteux

Verbreitung
Osten von Nordamerika, Quebec bis ins östliche Texas.

Wuchs
Bis 35 m hoher Baum mit netzartig zerfurchter Rinde.

Blätter
Aus meistens 7 oval-lanzettlichen Teilblättern zusammengesetzt. Rhachis und die Blattunterseite sowie junge Triebe stark behaart. Die Knospen im Winter braun, sehr groß, mit auffälligen Schuppen.

Früchte
Mit beflaumter, relativ dicker, in vier Teile zerfallender Hülle, diese dünner als bei *C. ovata* und dicker als bei *C. glabra*. Nüsse relativ groß, mit vier unklaren Kanten, dunkelbeige. Nussschale sehr dick und Kern entsprechend klein.

Angepflanzt
Großer Baum in den Botanischen Gärten Bonn. Jungbäume auch in Wespelaar, Belgien. Häufiger beschriftet als gepflanzt.

Anmerkung
Tomentosa bedeutet »behaart« oder »beflaumt« und beschreibt ein wichtiges Bestimmungsmerkmal der Blätter. Das englische Mockernut oder das deutsche Spottnuss bezieht sich auf den kleinen Kern in den relativ großen, dickschaligen Nüssen.

Habitus im Arnold Arboretum, Boston, USA.

Knospe im Spätsommer.

Typische Behaarung der Blattunterseite.

Rindentextur von einem alten Baum.

Frucht, Nuss und Querschnitt (Originalgröße).

Siebenteilige Blätter.

Ferkelnuss

Carya glabra (Mill.) Sweet

Sektion *Carya*
Syn.: *C. porcina* Nutt., *C. leiodermis* Sag.
D: Glattblättrige Hickory, Ferkelnuss-Hickory
E: Pignut hickory, pignut, sweet pignut, smoothbark hickory

Verbreitung

Im Osten des gemäßigten Nordamerikas. Weit verbreitet, vornehmlich auf trockenen Böden.

Wuchs

Bis 30 m, hoher Baum mit rissiger, dunkelbrauner Rinde.

Blätter

30 bis 60 cm, meistens 5 lanzettliche, lang zugespitzte, gesägte Teilblätter. (*C. ovalis, C. texana und C. pallida* mit typischerweise 7 Teilblättern.) Rhachis grün, Blattoberseite dunkelgrün, auffällig glänzend, unbehaart bis wenig behaart. Knospen durch den Sommer grün, im Winter braun.

Früchte

Zu wenigen, meist 1 bis 3. Früchte bis 4,5 cm, ei- bis birnförmig. Im Umriss sehr variabel. Mit vier schwach aufstehenden Suturen und vergleichsweise dünner, glatter Hülle. Nüsse rundlich bis lang-eiförmig mit leicht abgesetzter Spitze, dickschalig.

Angepflanzt

Verbreitet, aber nicht häufig. In den Hohenheimer Gärten, Stuttgart, im Arboretum Wespelaar, im Botanischen Garten Dresden. Alter Baumbestand im Arnold Arboretum, USA,

Anmerkung

Die Küstenform var. *megacarpa* bildet größere Nüsse. Der botanische Artname *glabra* bezieht sich auf die unbehaarten, glänzenden Blätter. Ähnlich sind die folgend aufgeführten *C. ovalis, C. texana* und *C. pallida.*

Habitus im Arnold Arboretum, Boston, USA.

Rindentextur.

Knospe im Hochsommer.

Frucht und Nuss, (Originalgröße).

Frucht mit glatter Hülle im Sommer.

Herbstlaub.

Glänzende, kahle Blätter.

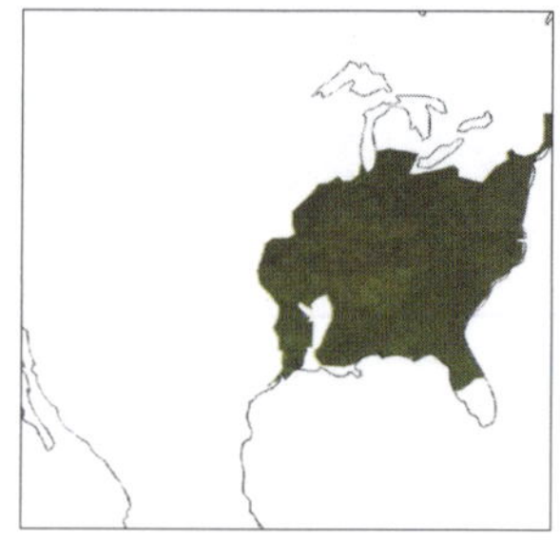

Rote Hickory

Carya ovalis (Wangenh.) Sarg.

Sektion *Carya*
Syn.: *C. glabra* var. *odorata*, *C. microcarpa* Nutt.
E: Red hickory, Spicebark hickory, Sweet pignut hickory

Verbreitung
Weit verbreitet im Osten der USA.

Wuchs
Bis 25 m hoher, schmal aufrechter Baum; Borke im Alter eschenähnlich und sich seltener auch schuppig ablösend.

Blätter
Bis 30 cm, mit meist 7 gesägten, breit lanzettlichen Teilblättern; Rhachis meistens mindestens am Ansatz oder ganz rot. Grüne Knospen im Sommer, später braun. Blätter duften beim Zerreiben angenehm. (Daher früher *C. glabra* var. *odorata*.) Endfieder oft bis 1 cm gestielt, Blattoberseite weniger glänzend als *Carya glabra*.

Früchte
Mit dünner, vierteilig aufspringender, leicht warziger Hülle und oft stärker aufstehenden Suturen als *C. glabra*. Diese bis fast zum Grund der Frucht. Nüsse wie *C. glabra*, aber öfter länglich mit leicht abgesetzter Spitze. Dann der Bitternuss ähnlich. Schale der Nuss aber dicker als bei dieser, im Querschnitt voll verholzt. (Bei *C. cordiformis* innere Schalenwand brüchig.)

Angepflanzt
Relativ selten. Aber in: Botanische Gärten Bonn, Arboretum Wespelaar, Belgien.

Anmerkung
Früher als Unterart der Ferkelnuss *Carya glabra* gezählt und dieser sehr ähnlich. Bis heute ist der Artstatus umstritten, die Verbreitungskarte umfasst deshalb beide Arten. Siehe auch die ähnlichen *C. pallida* und *C. texana*.

Schmal aufrechter Habitus neben der ähnlichen *C. glabra*.

Blätter mit roter Rhachis.

Knospen und rote Blattstiele im Sommer.

Rindentextur.

Nuss mit Hülle, geschält, Querschnitt und Nusshälfte (Originalgröße).

Frucht mit warziger Hülle im Juli.

Sand-Hickory

Carya pallida (Ashe) Engelm. et Graebn.

Sektion *Carya*
Syn.: *Hicoria pallida* Ashe
E: Sand Hickory, Pale Hickory

Verbreitung

Südosten der USA ohne Florida, östlich des Mississippi; westlich davon die ähnliche *C. texana*. Wächst auf trockenen, sandigen Böden.

Wuchs

Stattlicher, in der Heimat bis über 30 m hoher Baum. Rinde im Alter dunkelgrau, spröde, schuppig aufspringend.

Blätter

Meist mit 7 schmal bis breit lanzettlichen, gesägten Teilblättern, Rhachis wenig bis stark behaart.

Früchte

Bei Reife rotbraun, bis 4 cm lang, mit vierteilig aufspringender, 2 bis 4 mm dicker Hülle. Nüsse sehr dickschalig mit kleinem Kern, sehr hell (»bleich«, siehe engl. Pale Hickory). In den anderen Merkmalen ähnlich der *Carya texana*.

Angepflanzt

Selten gepflanzte Art. Arboretum Wespelaar, Belgien, Arnold Arboretum, USA, Westonbirt Arboretum und Kew Gardens, England.

Anmerkung

Intergradiert mit der sehr ähnlichen *C. texana* am Mississippi.

Habitus einer Jungpflanze in Kew Gardens, England.

Blätter.

Sommerknospe.

Rindentextur der Jungpflanze.

Frucht und Nuss, Originalgröße.

Blatt-Rachitis, dicht behaart.

Texas-Hickory

Carya texana Buckl.

Sektion *Carya*
Syn.: *Carya arkansana* Sargent, *C. buckleyi* Durand, *C. glabra* (Miller), Sweet var. *villosa* (Sargent) B. L. Robinson; *C. texana* Buckl. var. *villosa* (Sargent) Little
E: Black Hickory

Verbreitung
Süden der USA, westlich des Mississippi, besonders in Texas. Auf sandigen, durchlässigen Böden.

Wuchs
In der Natur bis 40 m hoher Baum mit dunkelbrauner, schuppig aufbrechender Rinde, bei uns meist niedriger wachsend.

Blätter
Mit 7 Teilblättern, seltener 5 oder 9, diese lanzettlich bis rundlich, zugespitzt, gesägt. Ähnlich *C. ovalis*, aber weniger glänzend, Rhachis leicht behaart. Beim Austrieb mit gelblichen Haaren und Schuppen, die sich allmählich abtragen.

Früchte
Rundlich, mit wenig hervortretenden Nähten, oft birnförmig, 3 bis 5 mal 2,5 bis 3,5 cm, Hülle 2 bis 4 mm dick. Nuss rundlich, höchstens schwach abgeflacht. Manchmal mit 4 leicht hervortretenden Kanten. Schale sehr dick, Kern klein.

Angepflanzt
Relativ wärmebedürftige und sehr selten gepflanzte Art. Sieht man in Westonbirt (England, Literatur) und in den Botanischen Gärten Bonn, älterer Baum im Arnold Arboretum, USA.

Anmerkung
Die Art intergradiert mit der sehr ähnlichen *C. pallida* und bildet Hybriden mit *Carya glabra* und *Carya tomentosa*.

Männliche Blütenkätzchen.

Rindentextur, alter Baum.

Frucht, Nuss, Querschnitt (Originalgröße).

Habitus, Arnold Arboretum, Boston, USA.

Frucht und Blattwerk.

Knospe.

Muskat-Hickory

Carya myristiciformis **(Nutt. Michx.)**

Sektion *Carya*
Syn.: *Hicoria myristiciformis* (F. Michx.) Britton
E: Nutmeg Hickory

Verbreitung

Zerstückeltes Verbreitungsgebiet im Südosten der USA: Georgia, South Carolina, North Carolina, Alabama, Mississippi, Louisiana, Texas, Arkansas, Oklahoma, bis nach Mexiko in feuchten Tal- oder Hangwäldern. Überall selten.

Wuchs

Bis 35 m hoher Baum, in europäischen Parkanlagen meist kleiner bleibend.

Blätter

Bis 60 cm, bis 7 bis 11 lanzettliche, gesägte Teilblätter. Die Blätter, junge Triebe und Fruchthüllen sind mit sehr feinen, silbernen oder goldig schimmernden Schuppen besetzt. Die Blätter und jungen Zweige sind fein behaart.

Früchte

Fruchthülle relativ dünn mit auffällig vierflügligem Saum. Früchte meist zu zwei oder wenigen. Nüsse mit glatter, dunkler Oberfläche, hell gezeichnet (nur diese Art). Die Art fruchtet sehr spät (30. Standjahr), es sind keine in Europa fruchtenden Exemplare bekannt.

Angepflanzt

Relativ wärmebedürftige und sehr selten gepflanzte Art. Sieht man in Westonbirt (England, Literaturangabe) und im Arboretum Wespelaar, Belgien, sowie im Arnold Arboretum, USA.

Anmerkung

Der Artname *myristiciformis* kommt von *Myristica*, der Muskatnuss, deren Samen optisch den Nüssen dieser Art etwas ähnlich sehen.

Habitus, Arnold Arboretum, Boston, USA.

Rindentextur von einem alten Baum.

Blätter mit schimmernden Schuppen.

Nuss, Schalenhälfte und Querschnitt von einem Wildexemplar aus den USA (Originalgröße).

Knospe im Sommer.

Blätter.

Hickory-Hybriden

Carya x spp.

Dieses Porträt stellt mehrere Hybriden vor.

E: Hickory-hybrid, Hican (bei Pekan-Elter)

Verbreitung
Hybriden treten sowohl spontan als auch durch Kreuzung in Kulturen auf. Insbesondere in Nordamerika im gemeinsamen Verbreitungsgebiet der Arten.

Wuchs
Bäume von bis zu 40 m Höhe mit interspezifischen Merkmalen zwischen den zwei Ursprungsarten. Von vielen Arten ist die Möglichkeit zur Hybridisierung bekannt.

Blätter
Mit 5 bis circa 13 Teilblättern, insbesondere Hican-Hybriden mit Beteiligung der Pekannuss (*C. illinoinensis*) zeichnen sich durch viele Teilblätter aus. Stets mit Merkmalen zwischen den Ursprungsarten.

Früchte
Einzeln oder zu wenigen, Ausgestaltung zwischen den zwei Ursprungsarten. Hican-Hybriden zwischen Pekannuss und zweiter Hickory.

Angepflanzt
Wenige Standorte in Europa bekannt, in Nordamerika werden insbesondere *C.* x *nussbaumerii* und *C.* x *schneckii* in Sorten als Fruchtbäume angebaut. Für einige der Formen werden die Ursprungsarten nur vermutet und sind nie wirklich nachgewiesen worden.

Bekannte Hybriden
C. x *brownii (C. cordiformis* x *C. illinoinensis)* Sarg.
C. x *collina (C. texana* x *C. tomentosa)* Laughlin
C. x *demareei (C. cordiformis* x *C. ovalis)* Palmer
C. x *dunbarii (C. lacinios* x *C. ovata)* Sarg.
C. x *laneyi (C. cordiformis* x *C. ovata)* Sarg.
C. x *lecontei (C. aquatica* x *C. illinoinensis)* Little
C. x *ludoviciana (C. aquatica* x *C. texana) (Ashe)* Little
C. x *nussbaumeri (C. illinoinensis* x *C. laciniosa)* Sarg.
C. x *schneckii (C. illinoinensis* x *C. tomentosa)* Sarg.
C. illinoinensis x *C. ovata*
C. cordiformis x *C. tomentosa*
C. illinoinensis x *C. myristiciformis*
C. cordiformis x *C. aquatica*

Blatt groß: *C.* x *schneckii*
Blatt klein: *C.* x *drunbarii*

Carya x *nussbaumeri*

Carya x *drunbarii,* Blattwerk.

C. x *drunbarii* im Arnold Arboretum, Boston, USA.

Veredelungsstelle einer Kulturhybride an der Stammbasis.

Rindentextur C. x schneckii.

Carya x *ludovicana.*

Carya x *brownii.*

Carya x *schneckii.*

Carya x *laneyi.*

Carya aquatica x *C. cordiformis.*

Carya x *drunbarii.*

Nüsse (Originalgröße).

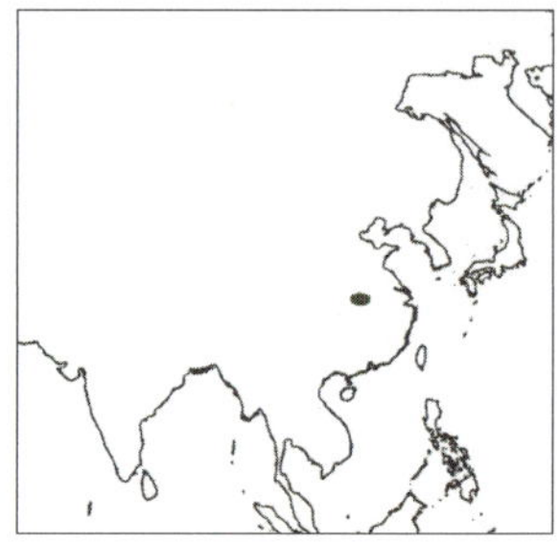

Chinesische Pekannuss

Carya cathayensis Sarg.

Sektion *Sinocarya*
E: Chinese Hicory, Chinese Pecan
F: Pécan Chinois
Chin.: Shan he tao, Xiao he tao, Shan xie

Verbreitung
Kleines Verbreitungsgebiet im Südosten Chinas (Provinzen Anhui, Süd-Guizhou, Jiangxi, Zhejiang) in feuchten Hangwäldern und in Flusstälern zwischen 400 bis 1500 m ü.M.

Wuchs
Bis 20 m hoher Baum.

Blätter
Bis über 30 cm lang, mit 5 bis 7 lanzettlich-spatelförmigen, schwach gesägten Teilblättern. Diese sind dunkelgrün und oft unten orange bereift. Mit auffällig rotorange überlaufenen jungen Trieben und Knospen.

Früchte
Rund-oval, meist zu 2 oder 3, Hülle dünn mit vier über die ganze Länge der Frucht hervortretenden Nähten, oft orange überlaufen. Nuss 2 bis 3 cm, beige, rundlich, ungerippt, schwach längs liniert gezeichnet. Kern dunkelschalig, vierteilig. Beliebte Speise- und Ölfrucht in China.

Angepflanzt
In Europa selten als botanische Rarität gepflanzt.
In: Botanische Gärten in Bonn, Kew Gardens und Westonbirt Arboretum u. a. in England.

Anmerkung
Die einzige bisher in Europa kultivierte ostasiatische Hickory. Die Art hat keinen anerkannten deutschen Namen. »Chinesische Pekannuss« leitet sich von »chinese pecan« ab, der gängigen Handelsbezeichnung für Nüsse dieser Art.

Orange überlaufene Knospe im Sommer.

Habitus von Jungpflanzen in Kew Gardens, England.

Knospe und Frucht.

Rindentextur.

Nuss, Querschnitt und Kernhälfte eines Exemplars aus China (Originalgröße).

Blattwerk.

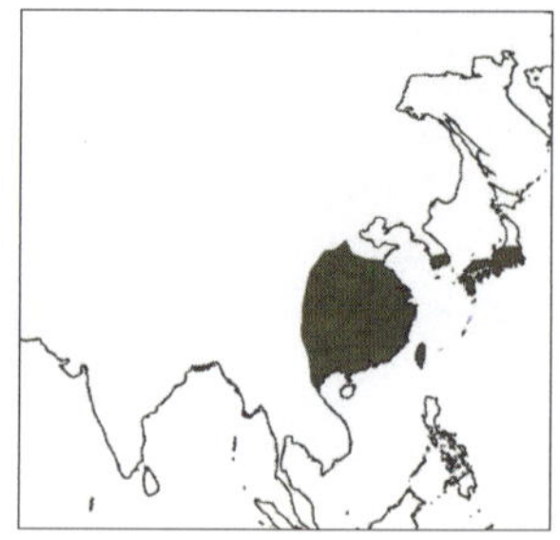

Zapfennuss

Platycarya strobilacea Siebold et Zucc.

Syn.: *Fortunaea chinensis* Lindley
Chin.: hua xiang shu

Verbreitung

Südostchina. Auch in Japan, Korea, Taiwan und im Norden von Vietnam. Auf Kalksteinböden, in Berglagen von 400 bis 1400 m ü. M. in Mischwäldern.

Wuchs

Bis 15 m hoher Baum, in Europa oft niedrigbleibend oder strauchig.

Blätter

Bis 30 cm, 9 bis 15 gesägte, lanzettliche Teilblätter mit weit ausgezogener Spitze. In China wurde zudem eine ungefiederte Form beschrieben.

Früchte

Die kleinen, bis 5 mm breiten, zweiflügligen, stark abgeflachten Nüsse sitzen in einem Koniferenzapfen-ähnlichen Fruchtstand aus Vorblättern (nur diese Art). Im Sommer (Juni) bilden mehrere männliche Kätzchen um den weiblichen Zapfen einen auffälligen Blütenstand.

Angepflanzt

Fast ausschließlich in botanischen Gärten, dort aber oft. Zum Beispiel: im Botanischen Garten der Universität Zürich, im Botanischen Garten Genf, Friedhof Wolfgottesacker in Basel, Botanischen Garten Meise in Belgien, Botanischen Garten Bonn, Botanischen Garten Frankfurt, in den Hohenheimer Gärten, Stuttgart und in einigen mehr.

Anmerkung

Bei uns einzige Art der Gattung, in China sind aber noch weitere Arten beschrieben (*Platycarya longipes, P. simplicifolia* und *P. longzhouensis*), deren Status aber nicht einstimmig anerkannt wird.

Habitus im Botanischen Garten der Universität Zürich.

Rindentextur einer Altpflanze.

Baum im Winter mit den vorjährigen Fruchtständen (»Zapfen«).

Fruchtstand und Frucht (Originalgröße).

Blütenstand im Juni im Botanischen Garten Genf.

Flaumig behaarter Austrieb einer Pflanze mit koreanischer Herkunft.

Tropische Arten und subtropische Walnüsse

Neben einigen Walnussarten (*Juglans*) sowie einigen Vertretern der Hickorys (*Carya*), die auch in Mittel- bis Südamerika beziehungsweise im subtropisch-tropischen Südostasien vorkommen, haben einige weitere Gattungen höhere Ansprüche an die Wärme und werden in den temperierten Gebieten selten kultiviert. In der Alten und Neuen Welt sind die tropischen Gattungen *Oreomunnea, Engelhardia, Alfaropsis* und *Alfaroa* verbreitet. Auch die monotypische (einartige) Gattung *Rhoiptelea*, die zwischenzeitlich in eine eigene Familie gestellt wurde, ist in den warmen Gebieten Ostasiens verbreitet. Insgesamt sind es etwa 38 Arten, deren klimatische Ansprüche die Freilandkultur im gemäßigten Europa nicht zulassen.

Aus der asiatischen Gruppe der Hickorys sind bisher erst wenige Exemplare außerhalb Südostasiens kultiviert, deshalb werden alle Arten außer der gelegentlich gepflanzten *Carya cathayensis* (siehe Seite 230) im Folgenden vorgestellt. Die oftmals in eine eigene Gattung (*Annamocarya*) eingeteilte *Carya sinensis* ist immergrün und weicht morphologisch auch in anderen Details von

Verbreitungsgebiet der tropischen Gattungen aus der Walnussfamilie (ohne *Juglans*).

1. Annamocarya
(*Annamocarya (= Carya) sinensis*).

2. Rhoiptelea
(*Rhoiptelea chiliantha*).

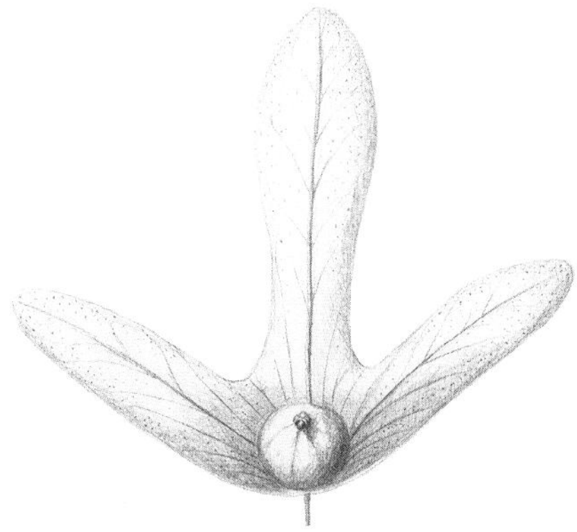

3. Alfaropsis
(*Alfaropsis (= Engelhardia) roxburghiana*).

4. Engelhardia
(*Engelhardia spicata*).

5. Alfaroa
(*Alfaroa costaricensis*).

6. Oreomunnea
(*Oreomunnea pterocarpa*).

der Gattung ab. Nicht illustriert sind die subtropischen Vertreter der Walnüsse *Juglans*, die alle in Mittel- und Südamerika sowie in der Karibik wachsen. Alle gehören der Sektion *Rhysocaryon* an und sind morphologisch der Schwarznuss ähnlich.

Einige tropische Arten werden als Raritäten in gewärmten Grünhäusern auch in Europa gezogen. Fast alle diese Gehölze können mehrere Dutzend Meter hoch werden, sind nur bedingt für die Pflanzung in Warmhäusern geeignet und müssen regelmäßig zurückgeschnitten werden.

Die Gehölze aus tropischen Gattungen haben wegen ihrer Unbedeutsamkeit in unserer Kultur keine deutschen Namen. Deshalb sind die Gattungen hier nur mit ihrem botanischen Namen bezeichnet, der manchmal auch eingedeutscht verwendet wird. Viele der tropischen Gattungen stellen entwicklungsgeschichtlich sehr alte Formen der Juglandaceae dar, und nicht wenige ähnliche Baumarten waren im Tertiär auch in Mitteleuropa verbreitet.

Gattungen des warmen Nordamerika und der Neotropis

Gattung der Hickorys - *Carya*

Zwei Arten der nordamerikanischen Gruppe werden in Europa bisher selten kultiviert. Beide Arten sind auf trockene, sehr warme Lebensräume angewiesen und sind auch in ihren Ursprungsgebieten im Süden des nordamerikanischen Kontinents nur auf sehr kleinen Gebieten verbreitet. Palmers Hickory oder die Mexikanische Hickory ist nah mit der Pekan- und Bitternuss Hickory verwandt, wurde aber auch schon in die Verwandtschaft der Asiatischen Arten gestellt. Sie wurde erst 1949 durch W. E. Manning erstbeschrieben. Die Florida-Hickory wächst strauchförmig und ist ein Endemit auf der Halbinsel Floridas. Eine weitere Art in Mexiko wird heute als Varietät var. *mexicana* zur Schindelborken-Hickory (*C. ovata*) gezählt, war aber auch als eigene Art *C. mexicana* anerkannt. Sie wächst in den Gebirgen Mexikos in einem stark fragmentierten Verbreitungsgebiet.

Carya floridana Sarg., Strauch-Hickory (Florida, USA)
Carya palmeri W. E. Manning, Mexikanische Hickory (endemisch in Mexiko)
Carya ovata var. *mexicana*, Mexikanische Schindelborken-Hickory

Gattung der Walnüsse - *Juglans*

Die subtropischen Arten der Walnüsse kommen von Mexiko über die Karibik und Mittelamerika bis in die Hochlagen Argentiniens vor. Viele der insgesamt zehn Arten wurden erst Mitte des letzten Jahrhunderts genauer beschrieben. Ein Großteil der Arten bewohnt Bergwälder und hohe Lagen, in denen die tiefsten Temperaturen im Winter im einstelligen Bereich liegen. Ob und wie welche Arten auch im Freiland in Europa gepflanzt werden könnten, ist bisher kaum erprobt. Die einzige in Europa gepflanzte Art der Gattung aus der Südhemisphäre ist die Südliche Walnuss, *J. australis*. Optisch ähneln alle Arten den in unseren Parks angebauten Schwarz- und Felsennüssen, sie gehören alle der

Mexikanische Hickory
(*Carya palmeri*).

Florida-Hickory
(*Carya floridana*).

Mexikanische Schindelborken-Hickory
(*Carya ovata* var. *mexicana*).

Oaxaca-Walnuss
(*Juglans pyriformis*).

Anden-Walnuss
(*Juglans neotropica*).

Olanchana-Walnuss
(*Juglans olanchana*).

Jamaica-Walnuss
(Juglans jamaicensis var. *insularis*).

Jamaica-Walnuss
(*Juglans jamaicensis* var. *jamaicensis*).

Venezuela-Walnuss
(*Juglans venezuelensis*).

Bolivianische Schwarznuss
(*Juglans boliviana*).

Frucht und Querschnitt *J. steyermarkii*,
Nuss äußerlich sehr ähnlich *J. olanchana*.

Behaarte Schwarznuss
(*Juglans hirsuta*).

Früchte aus der Walnuss-Sammlung Wayne E. Mannings.

Sektion *Rhysocaryon* an. Mindestens die Anden-Walnuss (*J. neotropica*) wird in Warmhäusern auch in Europa kultiviert. *Juglans mollis* wird an wärmebegünstigten Orten in Europa gepflanzt, auch von *J. pyriformis* sind Freilandversuche bekannt. Die folgende Bebilderung der Nüsse der meisten subtropischen Arten richtet sich nach Exemplaren aus den Herbarien der Harvard University und des Manning Herbariums. Fast alle Nüsse wurden von den Walnussforschern W.E. Manning und Donald E. Stone bestimmt und stammen aus deren Sammlungen.

Juglans soratensis, Typusexemplar aus dem Herbarium des Botanischen Gartens NY. Schnitt nicht durch die Mitte der Nuss mit getrockneter Hülle.

Karte der süd- und mittelamerikanischen Schwarznüsse nach Stone et al. 2009. Ohne die nördlichsten, in den Artenportraits beschriebenen Arten.

1 *J. hirsuta*
2 *J. mollis*
3 *J. pyriformis*
4 *J. olanchana & J. steyermarkii*
5 *J. jamaicensis*
6 *J. venezuelensis*
7 *J. neotropica*
8 *J. soratensis*
9 *J. boliviana*
10. *J. australis (siehe Arten-Porträts)*

Alfaroa manningii.

Alfaroa guancastensis.

Alfaroa guatemalensis.

Alfaroa mexicana.

Alfaroa costaricensis.

Alfaroa williamsii.

Oreomunnea mexicana.

Oreomunnea pterocarpa,
Nuss von oben, vergrößert.

Oreomunnea pterocarpa.

Früchte aus den Sammlungen der Harvard Herbarien und der Walnuss-Sammlung Wayne E. Mannings.

Oben links: *Oreomunnea pterocarpa* (damals *Engelhardia oreomunnea*), oben rechts: *Juglans neotropica*, unten links: *Juglans jamaicensis*, unten rechts: *Engelhardia spicata*. Alle aus dem Herbarium der Universität Zürich.

Juglans boliviana C. DC. (Bolivien)
Juglans hirsuta W. E. Manning (Mexiko, Nuevo León)
Juglans jamaicensis C. DC. (Kuba, Hispaniola, Puerto Rico)
Juglans mollis Engelm. (Mexiko)
Juglans neotropica Diels. (Kolumbien, Venezuela, Peru, Equador)
Juglans olanchana Standl. und L. O. Williams (Mittel- bis Südamerika)
Juglans pyriformis Liebm. (Mexiko; endemisch)
Juglans soratensis W.E. Manning (Bolivien)
Juglans steyermarkii W.E. Manning (Guatemala)
Juglans venezuelensis W.E. Manning (Venezuela)

Gattung *Oreomunnea*

Die Gattung *Oreomunnea* wurde anfänglich zur asiatischen Gattung *Engelhardia* gezählt. Heute werden der Gattung die zwei (nach manchen Quellen drei) mittelamerikanischen Arten mit geflügelten Nüssen angerechnet. Für beide Arten ist typisch, dass sie drei anstelle eines Hauptnervs pro Flügel besitzen. Die Nüsse sind achtkammerig und besitzen einen stark unterteilten Kern (*Juglans* und *Carya* haben 2–4, Engehardia 1–2 Kammern).

Oreomunnea pterocarpa (Nussquerschnitt, vergrößert).

Oreomunnea mexicana (Standl.) J.-F. Leroy (Mexiko)
Oreomunnea pterocarpa Oerst. (Mexiko–Panama)

Gattung *Alfaroa*

Die Gattung *Alfaroa* beinhaltet acht tropische Baumarten, von denen drei möglicherweise Synonyme sind. Die Gattung ist nah mit *Oreomunnea* verwandt, hat aber größere Nüsse und zurückgebildete Flügel (klein, an der Basis der Frucht), weshalb sie eher an Walnüsse erinnern. Die Nüsse verholzen aber nicht stark, sind ledrig und weisen wie *Oreomunnea* acht Kammern auf. Die immergrünen, gefiederten Blätter sind gegenständig oder wirtelig angeordnet.

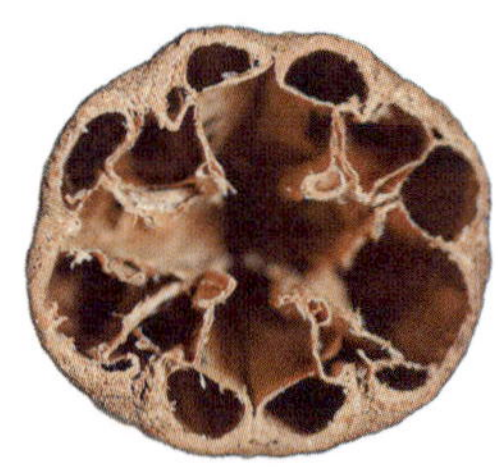

Alfaroa costaricensis, vergrößerter Querschnitt.

Alfaroa columbiana G. Lozano-C., et al. (Kolumbien) (evtl. Syn. *A. williamsii*)
Alfaroa costaricensis Standl. (Mexiko–Panama)
Alfaroa guanacastensis D. E. Stone (Costa Rica) (evtl. Syn. *A. maningii*)
Alfaroa guatemalensis (Standl.) L. O. Williams et A. Molina (Guatemala)
Alfaroa hondurensis L.O. Williams (Honduras) (evtl. Syn. *A. guatemalensis*)
Alfaroa manningii Jorge Leon (Costa Rica)
Alfaroa mexicana D. E. Stone (Mexiko)
Alfaroa williamsii A. Modina R. (Nicaragua, Costa Rica)

Engelhardia apoensis.

Engelhardia serrata.

Alfaropsis (=Engelhardia) roxburgiana.

Engelhardia rigida.

Engelhardia spicata.

Engelhardia spicata, Nuss vergrößert.

Früchte aus den Sammlungen der Harvard Herbarien und der Walnuss-Sammlung Wayne E. Mannings.

Im subtropischen bis tropischen Asien sind folgende Arten vertreten

Gattung *Engelhardia*

Diese normalerweise aus fünf Arten zusammengesetzte Gattung bildet wie erwähnt das asiatische Pendant zu den mittelamerikanischen *Oreomunnea*-Arten. Die kleinen Nüsse sitzen in einem dreigeflügelten Hochblatt und sind von einem Vorblatt verdeckt. *Engelhardia* ist vom Süden Chinas über den ganzen indonesischen Archipel verbreitet. Die genaue Artenzahl, ihre Varietäten und Unterarten sind nach wie vor umstritten. Benannt wurde die Gattung zu Ehren eines ehemaligen Gouverneurs von Nordost-Java, Nicolaus Engelhard. Wegen eines Schreibfehlers in einem frühen Dokument wird die Gattung oft mit »dt«, also als *Engelhardtia* geschrieben. Als einzige Art wurde bisher *E. spicata* in Europa in Warmhäusern gepflanzt. Alle Arten der Gattung bilden hängende Blüten- und Fruchtstände, die ähnlich jenen der Flügelnüsse *Pterocarya* durch eine Vielzahl geflügelter Früchte gebildet werden (siehe Herbarbeleg). Die Nuss ist zwei- bis vierkammerig ausgebildet, bei der ähnlichen *Oreomunnea* achtkammerig.

Tonkin-Hickory
Carya tonkinensis
(seitlich, halbe Nuss, Schnitt).

Hunan-Hickory
Carya hunanensis
(seitlich, halbe Nuss quer, Schnitt).

Poilanei's-Hickory
Carya poilanei
(seitlich, halbe Nuss, Schnitt).

Chinesische Hickory
Annamocarya (Carya) sinensis
(Nuss, Schnitt im untersten Drittel).

Früchte aus den Sammlungen der Harvard Herbarien und der Walnuss-Sammlung Wayne E. Mannings.

Engelhardia apoensis Elmer ex Nagel (Malaysia, Borneo, Philippinen)
Engelhardia rigida Blume (Java, Borneo, Neuguinea, Philippinen)
Engelhardia hainanensis Chen (Südwestliches Hainan)
Engelhardia serrata Blume (China, Indochina, Indonesien, Philippinen)
Engelhardia spicata Lesch ex Blume (Südostasien, Philippinen)

Gattung *Alfaropsis*

Die Gattung umfasst nur eine Art: *Alfaropsis roxburghiana.* Einige Autoren rechnen die Art zur ähnlichen Gattung *Engelhardia;* der Gattungsstatus ist umstritten. Es fehlt der Frucht das für *Engelhardia* typische Vorblatt, das die Nuss verdeckt.

Alfaropsis roxburghiana (Wall.) Iljinsk. (syn. *Engelhardia*) (China, Kambodscha, Laos, Burma, Bangladesh, Thailand, Vietnam und Indonesien)

Gattung der Hickorys, *Carya*

Von den gesamt sechs bis sieben Hickory-Arten Ostasiens werden bisher nur zwei (*C. cathayensis,* Porträt Seite 230, und *C. hunanensis*) in Europa kultiviert. Von letzterer Art ist nur ein Exemplar in den Gärten des Buckingham Palace bekannt. Die anderen Arten sind mehrheitlich wärmebedürftiger, zu vielen Arten liegen aber kaum Klimadaten vor. Fast alle Arten stammen aus Hangwäldern oder Flusstälern des südlichen China und Vietnam.

Die einzig immergrüne Art *Carya sinensis* ist von verschiedenen Autoren in eigene Gattungen (*Annamocarya / Rhampocarya*) gestellt worden, da sie sich morphologisch stark von allen anderen Hickorys unterscheidet. So sind ihre immergrünen Blätter nicht gezähnt, und sie bildet bis 5 (anstelle von 3) männliche Blütenkätzchen in Gruppen. Sie bildet die größten Früchte unter den Hickorys, die sich oft in mehr als vier Teilen von der Nuss lösen. Obwohl die Art derzeit unter einer eigenen Gattung (*Annamocarya*) geführt wird, empfehlen neueste genetische Studien wieder deren Integration in *Carya.*

Carya poilanei war seit den 1940er Jahren verschollen. 2021 wurde nach fast 80-jähriger Suche in China wieder ein Baum gefunden. So konnte die Art erstmals fotografisch dokumentiert werden. Davor waren nur wenige Herbarbelege aus Vietnam und China bekannt, nachdem Eugène Poilane die Art 1937 entdeckt hatte. Die Art gilt als vom Aussterben bedroht.

Carya sinensis (= *Annamocarya sinensis* (Dode) J.-F. Leroy) (Vietnam, China)
Carya dabieshanensis M. C. Liu (evtl. Syn. *C. cathayensis*) (China)
Carya hunanensis W. C. Cheng et R. H. Chang, Hunan Hickory (Hunan in China)
Carya kweichowensis Kuang et A. M. Lu, Guizhou Hickory (China)
Carya poilanei (A. Chev.) J.-F. Leroy (China)
Carya tonkinensis Lecomte (Vietnam und China)

Oben links: *Alfaropsis roxburghiana* (damals: *E. chrysolepsis*), oben rechts: *Engelhardia apoensis,*
unten rechts: *Carya sinensis* (damals: *Carya tsiangii Chun*). Alle aus dem Herbarium der Universität Zürich.
Unten links: *Rhoiptelea chiliantha,* Diels et Hand.-Mazz, Herbarium des Institute of Botany, Chinese Academy of Sciences.

Teil des Fruchtstands von *Rhoiptelea chiliantha,* vergrößert.

Gattung *Rhoiptelea*

Diese Gattung ist monotypisch, besteht also aus nur einer Art: *Rhoiptelea chiliantha*. Im englischen Sprachraum kennt man den Baum unter dem Namen »Horsetail-Tree«. Früher wurde die Art in eine eigene Familie gestellt; sie bildet auch heute eine eigene Unterfamilie innerhalb der Walnussgewächse. Die Baumart ist die letzte mit einer Pollen-Morphologie, die dem Normapolles-Komplex entspricht (siehe Fossile Geschichte der Walnussgewächse Seite 213). Von *Rhoiptelea chiliantha* wurde ein Exemplar im Westonbirt Arboretum, England, im Freiland gepflanzt, das jedoch in einem strengen Winter erfroren ist.

Rhoiptelea chiliantha Diels et Hand.-Mazz. (China, Vietnam)

Rhoiptelea chiliantha, Frucht (Originalgröße).

Die Gefährdung der Walnussgewächse weltweit

Viele Arten der Walnussgewächse sind aus verschiedenen Gründen gefährdet. Dieses Kapitel setzt sich mit den Ursachen auseinander. Auf der internationalen Roten Liste »IUCN Red List of Threatened Species« werden zurzeit 51 Arten der Walnussgewächse bewertet, 20 davon werden als »Vulnerable« oder »Endangered«, das heißt, als gefährdet angesehen. Diese Liste wird regelmäßig überarbeitet und stellt den derzeitigen Arbeitsstand dar, der entsprechend neuen Erkenntnissen zum Bestand der Gewächse angepasst wird.

Die größte Gefährdung besteht bei vielen Arten durch großflächige Veränderungen der natürlichen Habitate durch den Menschen, etwa bei der auf den Karibischen Inseln verbreiteten Jamaica-Walnuss. Problematisch sind diese Einflüsse besonders bei den bereits von Natur aus kleinen Reliktpopulationen mancher Arten, etwa bei der Hinds-Walnuss in Nordkalifornien oder der Muskat-Hickory im Süden der USA.

Die tropischen Arten verlieren auch durch das Abholzen der Regenwälder an Habitat. Viele der mittel- und südamerikanischen-Walnussarten sind aber durch ihre klimatischen Ansprüche an die hohen, abgelegenen Gebirgswälder der Anden immerhin nicht den großflächigen Rodungen tieferer Gebiete ausgesetzt. Trotzdem gelten auch die süd- und mittelamerikanischen Walnuss-Arten *J. neotropica* und *J. olanchana* gemäß der Roten Liste der UICN als gefährdet. Von einigen netropischen Walnussarten ist die Pflanzung als Schattenspender in Kaffeeplantagen bekannt. Vorkommen in stark menschlich geprägten Kulturlandschaften lassen hoffen, dass manche Walnussgewächse auch in Sekundärlebensräumen neue Habitate finden könnten.

In vielen Habitaten aber ist das Gewinnen von Landwirtschaftsland, das Siedlungswachstum und die Übernutzung der Bestände ein Problem; den immer höher werdenden menschlichen Ansprüchen an die Landnutzung auch in entlegenen Regionen steht der Artenschutz meist relativ hilflos gegenüber. Zum Beispiel bei den asiatischen Hickorys, deren stark zersplittertes Verbreitungsgebiet und die unvollkommen bekannte Bestandssituation den Schutz stark erschwert.

Oreomunnea pterocarpa ist die einzige Art der Familie, die durch das internationale Artenschutzabkommen CITES geschützt ist. Verschiedene Wiederaufforstungsprojekte in Nord- und Südamerika und auch in Asien sind darum bemüht, auch die seltenen Walnussgewächse auf ihren Reliktstandorten wieder zu fördern. Es gibt aber nur wenige spezifische Projekte, die sich den Wal-

Platte 105 *Pterocarya fraxinifolia* aus: Karl Blossfeldt, Wundergarten der Natur, Berlin 1932.

nussgewächsen als Pflanzenfamilie im globalen Überblick angenommen haben. Viele der seltenen Arten sind noch unzureichend erforscht, und es bleibt zu hoffen, dass die besonders seltenen Arten dieser Reliktfamilie nicht noch während ihrer systematischen Erarbeitung verschwinden. Die Erarbeitung eines Überblicks über die Gefährdungssituation der Walnussgewächse geschieht derzeit in Projekten der Universität Fribourg. An der Texas A&M University wurde die Gefährdung der Hickorys weltweit untersucht und massive Lücken im Wissen um die Bestände der Pflanzen festgestellt. Als eine der langfristig wichtigen Strategien zur Erhaltung der Arten wird neben dem Schutz und der Wiederaufforstung der ursprünglichen Populationen auch die Ex-situ-Vermehrung, also die Pflanzung und Vermehrung seltener Arten in botanischen Gärten oder anderen Institutionen gewertet.

Ein globales Problem ist die Verbreitung von Krankheiten aufgrund des Walnussanbaus und des weltweiten Transports von Nüssen, Holz und anderem organischen Material. Die intensive Produktion und der internationale Handel fördert das Verschleppen von Pilzen, Insekten und anderen für die Produktion auf großen Flächen problematischen Organismen. Dieses Problem betrifft wie bereits erwähnt insbesondere die Nordamerikanische Butternuss, deren Bestände an eingeführten Pilzerkrankungen leiden – in der neuesten globalen Roten Liste wird sie als »gefährdet« eingestuft. Aber auch die »Thousand Canker Disease« könnte für die nordamerikanischen Schwarznussbestände problematisch werden. Darüber hinaus fördert das Auftauchen von neuen Schädlingen – etwa der Walnuss-Fruchtfliege – weltweit den Einsatz von Pestiziden im Walnussanbau, was zu weiteren Schäden in der Biodiversität der Anbauregionen führen könnte.

Durch die Ex-situ-Erhaltung und den Anbau von Walnüssen außerhalb ihrer natürlichen Habitate geht – je nach Wertung der Umstände – auch eine gewisse Gefährdung durch die Hybridisierung der Walnussarten aus. Weil zum Beispiel Hybriden der Butternuss mit der Japanischen Walnuss resistent sind gegen den Butternuss-Pilz, wurden sie verbreitet auch in natürlichen Wäldern Nordamerikas gepflanzt. Obschon die meisten dieser Formen fast identisch aussehen und die beiden Arten auch in nicht allzu langer Vergangenheit gemeinsame Vorfahren hatten, stellt es in der Sicht vieler Ökologen einen Verlust dar, wenn die Butternuss wegen der Selektion durch den Pilz nur noch selten in ihrer »ursprünglichen« genetischen Form vorkommt und längerfristig die Hybridformen mehr Durchsetzungsvermögen haben.

Diese Tendenz ist auch in Europa vorhanden, wo durch die Kultur von Walnussbäumen aus aller Welt Hybriden zwischen den Arten hervorgebracht werden und damit neue Walnussformen entstehen und verwildern, die kein natürliches Habitat haben. Diesen kulturell entstandenen Pflanzen wird im Naturschutz nur wenig Wert beigemessen. Dies, obwohl auch einige der heutigen Walnussarten gemäß neuen genetischen Studien durch die Hybridisierung aufeinandertreffender Walnussarten entstanden sind.

Auch die Pflanzung von Hickorys, Schwarz- und Butternüssen in Europas Wäldern hat punktuell zur Entwicklung vitaler Bestände geführt. Einer-

Blattwerk von *Juglans neotropica* im Tropenhaus des Botanischen Gartens Meise, Belgien.

Blattwerk von *Juglans pyriformis* im Freiland, Upton World, England.

seits wird so die langfristige Erhaltung einiger gefährdeter Arten, die durch den Pilz bedroht sind (wie etwa die Butternuss) wahrscheinlicher, andererseits wird nicht einheimischen, verwilderten Arten in unserer Zeit keinerlei Wert im Naturschutz beigemessen. Diese Entwicklung ist aufgrund unzähliger vom Menschen verschleppter Organismen und ihrer Wirkungen auf ihre Ökosysteme generell verständlich; auf längere Sicht aber auch unter anderen Aspekten interessant: So waren die Vorgänger dieser Arten auch schon in unseren Wäldern in Europa einst heimisch. Welche Natur betrachten wir also als die schützenswerte, echte und richtige?

Während manche Arten durch den Menschen ihre natürlichen Habitate fast verloren haben, haben die Kulturformen und wirtschaftlich interessanten Walnussgewächse ihr natürliches Habitat durch die Kultivierung durch den Menschen massiv vergrößert. Das gilt insbesondere für die Echte Walnuss, deren Habitat heute alle gemäßigten Zonen umfasst; fast überall, wo sie kultiviert wird, kann sie auch verwildern und gedeiht als Waldbaum, in Hecken oder auf Ruderalstandorten.

Aber auch die Vielfalt der Kulturformen der häufig kultivierten Walnuss und der Pekannuss ist gefährdet: Während früher unzählige verschiedene regionale Sämlinge angebaut worden sind, bestehen große Pflanzungen heute meistens aus wenigen, weitverbreiteten Standardsorten. Diese haben wirtschaftlich viele positive Züchtungseigenschaften, sind etwa großkernig, einfach zu öffnen, bitterstoffarm oder besonders resistent gegen gewisse Umwelteinflüsse, bilden jedoch niemals die Diversität ab, die einst die Kultur dieser Baumart hervorgebracht hat. Dieses kulturelle Vermächtnis ist aber vielerorts erkannt worden; alte Sorten werden erfasst, wieder angebaut oder in neue Sorten miteingezüchtet.

Abschließend bleibt also die Hoffnung, dass die Walnussgewächse, deren Vertreter auch die letzten zwei globalen Artensterben vor 66 und 2,5 Millionen Jahren überstanden haben, auch die neuen durch menschliche Überbevölkerung verursachten Veränderungen ihrer Habitate möglichst formenreich überleben.

Systematische Übersicht der kultivierten Arten

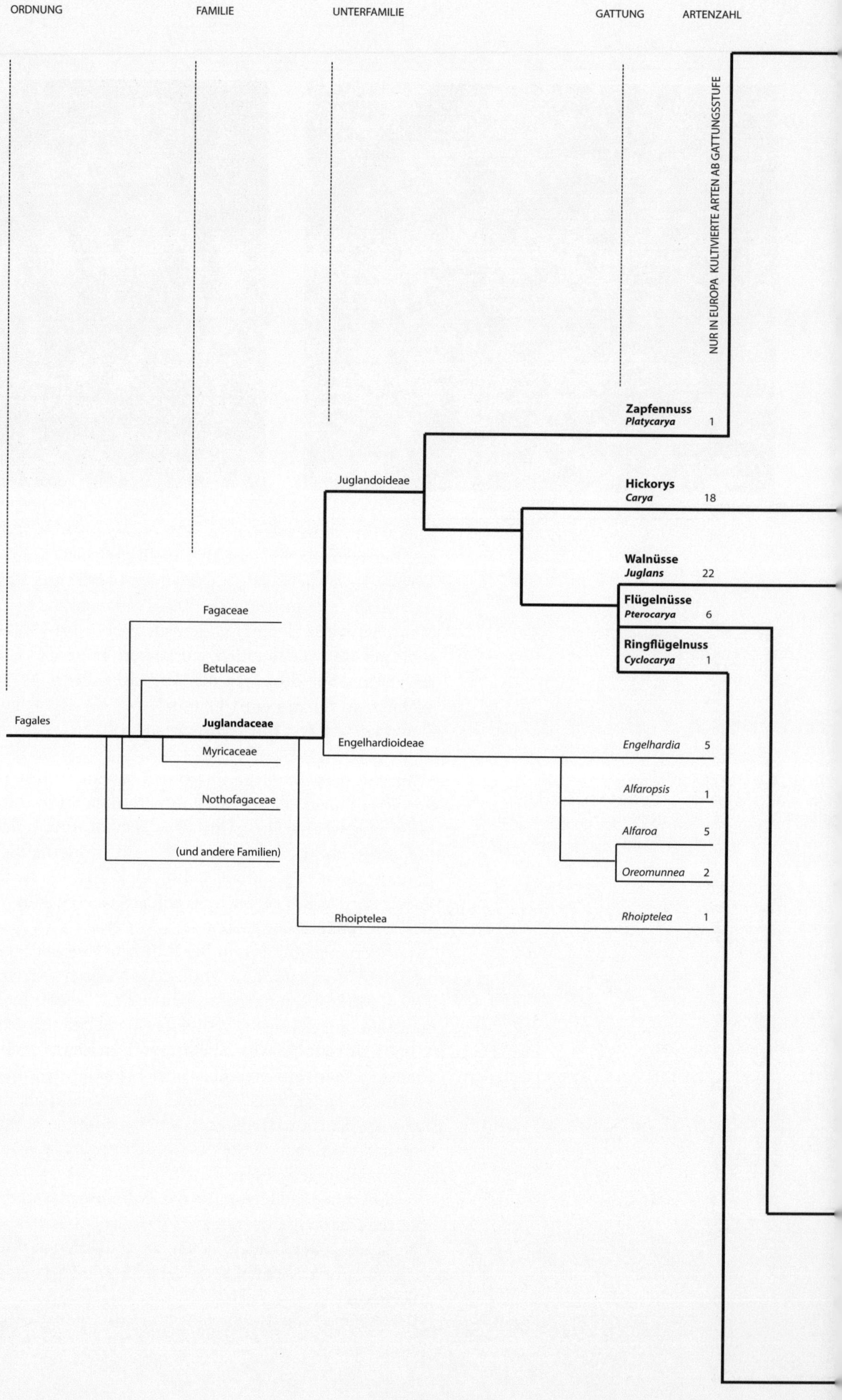

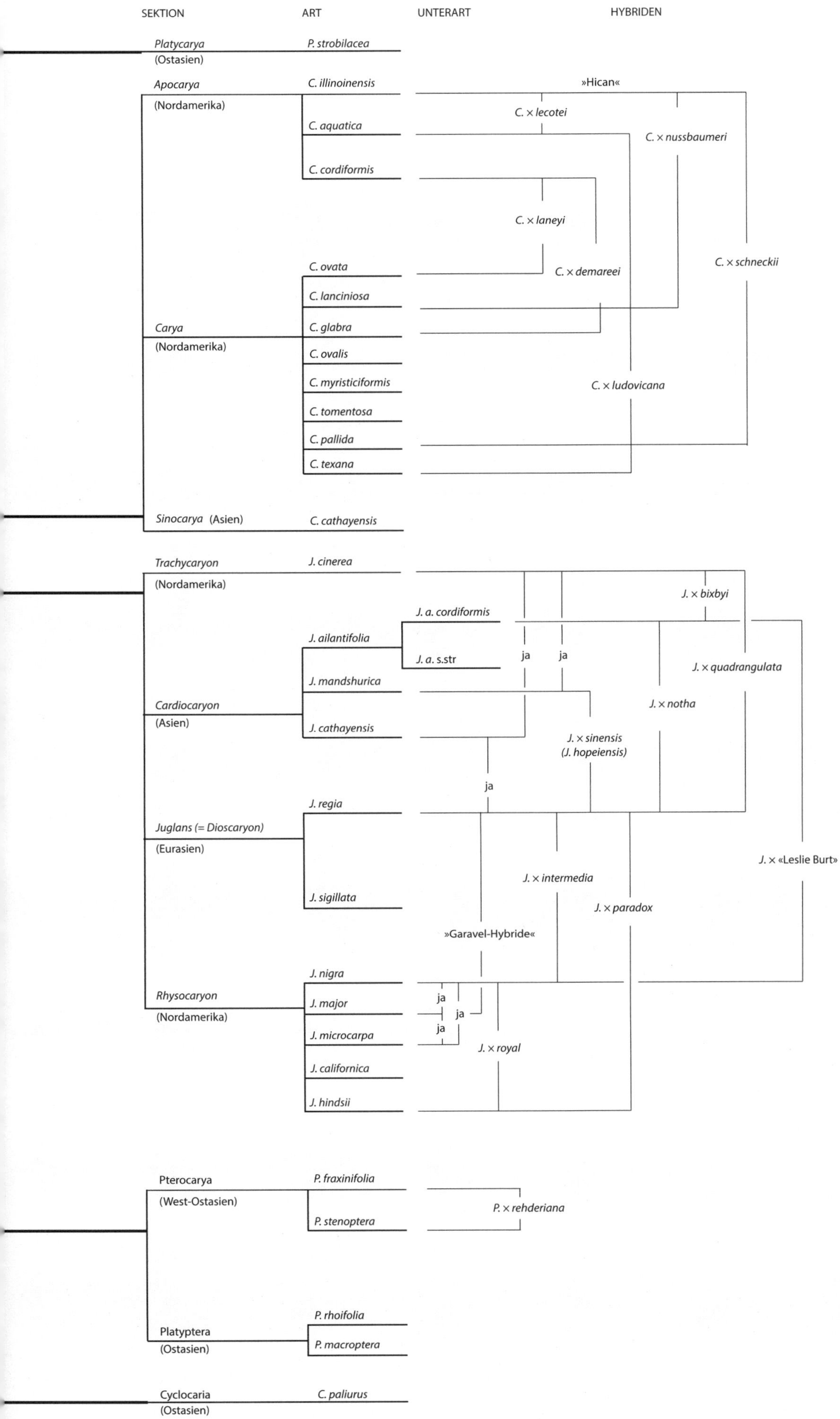

SEKTION
ART
UNTERART
HYBRIDEN
Platycarya
(Ostasien)
P. strobilacea
Apocarya
(Nordamerika)
C. illinoinensis
C. aquatica
C. cordiformis
»Hican«
C. × lecotei
C. × nussbaumeri
C. × laneyi
C. × demareei
C. × schneckii
C. ovata
C. lanciniosa
Carya
(Nordamerika)
C. glabra
C. ovalis
C. myristiciformis
C. tomentosa
C. pallida
C. texana
C. × ludovicana
Sinocarya (Asien)
C. cathayensis
Trachycaryon
(Nordamerika)
J. cinerea
J. × bixbyi
J. a. cordiformis
J. ailantifolia
J. a. s.str
ja
ja
J. × quadrangulata
J. mandshurica
Cardiocaryon
(Asien)
J. cathayensis
J. × notha
J. × sinensis
(J. hopeiensis)
ja
J. regia
Juglans (= Dioscaryon)
(Eurasien)
J. sigillata
J. × «Leslie Burt»
J. × intermedia
J. × paradox
»Garavel-Hybride«
J. nigra
Rhysocaryon
(Nordamerika)
J. major
J. microcarpa
J. californica
J. hindsii
ja
ja
ja
J. × royal
Pterocarya
(West-Ostasien)
P. fraxinifolia
P. stenoptera
P. × rehderiana
Platyptera
(Ostasien)
P. rhoifolia
P. macroptera
Cyclocaria
(Ostasien)
C. paliurus

Illustration der Frucht von *Rhoiptelea chiliantha,* vergrößert.

Quellen- und Literaturverzeichnis

Annual reports of the Northern Nut Growers association NNGA, 1911–2019, ‚The Nutshell' 8

Aas G., Küster H., Janscheck T., et al.: Beiträge zur Walnuss, Berichte der Bayerischen Landesanstalt für Wald- und Forstwirtschaft 2008

Aas G.: Die Walnussgewächse, AFZ Der Wald 2008

Amman G.: Die Bäume und Sträucher des Waldes, Verlag J. Neumann 1954

Anderson E.: *Pterocarya rehderiana*. Arnold Arboretum. Harvard-University-Bulletin of Popular Information, Series 4, Vol. I September 30, Number 11I 1933

Andrews S.: Tree of the Year, *Carya ovata*, 2006; http://www.dendrology.org/publications/tree-of-the-year/carya-ovata-part-i-2006/

Anmin Lu, Stone D. E., Grauke L. J.: Flora of China, Juglandaceae, 1999, S. 277–285 (http://flora.huh.harvard.edu/china/mss/volume04/JUGLANDACEAE.published.pdf)

Aradhya K. M., Potter D., Gao F., Simon J. C.: Molecular phylogeny of *Juglans* (Juglandaceae): A biogeographic perspective, Tree Genetics & Genomes 2006

Bänziger E.: Das Goldene Buch der Baumnuss, FONA 2012

Barengo N. (Redaktion): Nussbaum Walnussbaum *Juglans regia* L., Projekt Förderung seltener Baumarten, Eidg. Forstdirektion BUWAL, ETHZ/BUWAL 2001

Bernard A., Barreneche T., Lheureux F., Dirlewanger E.: Analysis of genetic diversity and structure in a worldwide walnut (*Juglans regia* L.) germplasm using SSR markers. PLoS ONE 13 2018

Berry E. W.: Notes on the geological history of the walnuts and Hickorys, Washington 1912

Beuchert M., Tietmeyer M. T.: Die Symbolik der Pflanzen, Insel-Verlag 1995

Blossfeldt K.: Wundergarten der Natur, Berlin 1932

Böhlmann D.: Hybriden – bei Bäumen und Sträuchern, Wiley-VCH 2009

Böllersen V.: Revival der Walnuss: neues und altes Wissen zum Walnussanbau in Deutschland, 2. durchgesehene Auflage 2019. Kevelaer: OLV Organischer Landbau Verlag Kurt Walter Lau, Fachverlag für Garten und Ökologie, 2019

Bosshard H. H.: Mundartnamen von Bäumen und Sträuchern, Bühler-Druck AG 1978

Bostancı C., Yıldırım İ., Aydoğan O., Yıldız Y.: New Host Walnut Species Juglans nigra For Garella musculana, Food Science and Technology, S. 4, 2019

Bozukov V., Palamarev E., Petkova A.: The fossil Macroflora of Vulche Pole Molasse (SE Bulgaria) 2008

Brown R. W.: Additions to the Flora of Green River Formation, Shorter Contributions to General Geology, P229ff., 1928

Burga C. A.: Oswald Heers »Die Urwelt der Schweiz« im Licht der modernen Forschung, Vierteljahrsschrift der Naturforschenden Gesellschaft in Zürich 2009, 154(3/4):97–108

Burga C. A., Perret R.: Vegetation und Klima der Schweiz seit dem jüngeren Eiszeitalter, Ott Verlag 1998

Callahan F.: Hinds Walnut (Juglans hindsii) in Oregon, Kalmiopsis, Volume 15 (43–48) 2008

Carcano M.: La Noix de Grenoble, Une Vallee et des Hommes, Editions le dauphine 2007

Cech Thomas L.: Tausend-Canker-Krankheit (Geosmithia morbida) – eine Bedrohung für unsere Walnussbäume, BFW Forstschutz Aktuell 2014, S. 60ff.

Chen Y., Manchester S. R., Song Z., Wang H.: Oligoncene Fossil winged fruits of tribe Engelhardieae (Juglandaceae) from the ningming Basin of guanxi province, south China, International Journal of Latest Research in Science and Technology, Volume 3, 2014, Issue 5, September/October, Page No 13–17

Chevalier A.: Variabilité et Hybridité chez les Noyers. Notes sur des Juglans peu connus, sur l'Annamocarya et un Carya d'Indochine. In: Revue de botanique appliquée et d'agriculture coloniale, bulletin n°241–242, 1941, 477–509

Crane P. R., Manchester S. R.: An extinct juglandaceous fruit from the Upper Palaeocene of southern England, Botanical Journal of the Linnean Society, June 2008

Coombes A. J.: Blätter und ihre Bäume, Haupt Verlag 2012

Dahs M.: Tulpenwahn, List Verlag 2001

De Langhe J.: Juglandaceae, Vegetative Key to Species Cultivated in Western Europe, Ghent University 2012

DeWitt Taylor M.: Cyclocarya brownii from the Paleocene of North Dakota, USA Arizona State University 2010

Ducros M.: Le livre de la noix, Glenat 1996

Ehring A., Arnold E., Frank R., Hein S.: Anbauversuch mit französischen Hybridnussbäumen, FVA 2011

Ehring A.: Nussanbau zur Holzproduktion, Merkblätter der Forstlichen Versuchs- und Forschungsanstalt Baden-Württemberg 2005

Farlee L., Woeste K., et al.: Identification of Butternuts and Butternut Hybrids, Purdue University, Forestry and Natural Resources (https://www.extension.purdue.edu/extmedia/FNR/FNR-420-W.pdf)

Friis E. M., Crane P. R., Pedersen Raunsgaard K.: Early Flowers and Angiosperm Evolution Cambridge University Press 2011

Fuchs L.: Kräuterbuch, Kapitel 142, Basel 1543

Fleischhauer S. G., Guthmann J., Spiegelberger R.: Enzyklopädie Essbare Wildpflanzen, AT Verlag 2002

Gandolfo M. A.: Fruits of Juglandaceae from the Eocene of South America, BioOne, The American Society of Plant Taxonomist, Systematic Botany, 2016, 41(2): pp. 316–328

Grauke L. J.: Pecan Production in China, A report to the Crop Germplasm Committee 2000

Grauke L. J.: Hickories, in: Fulbright, Dennis (Hg.) Nut tree culture of North America, Bd. 1, S. 117–166, Northern Nut Growers Assoc., Inc. Pub. 2003

Grauke L. J., Wood, B., Payne, J.: Genetic Ressources of Carya in Vietnam and China", Annual Report of the Northern Nutgrowers Association, Bd. 82, S. 80–87, 1991

Grauke L. J., Wood B., Harris M. K.: Crop Vulnerability: Carya HORTSCIENCE 2016, 51(6):653–663

Grauke L. J., Thompson T. E., Mendoza-Herrera M. A.: Native walnuts of Texas, Article in Acta horticulturae 948:199–210 May 2012

Grimshaw J. M.: Notes on the temperate species of Juglans, IDS-Yearbook 2003, 107–130

Gunn B. F., Aradhya M., Salick J. M., Miller A. J., Yongping Y., Lin L., Xian H.: Genetic Variation in Walnuts (*Juglans regia* and *J. sigillata*; Juglandacae): Species Distincions, Human Impacts, and the Conservation of Agrobiodiversity in Yunnan, China. American Journal of Botany 2010, 97(4): 660–671

Hamel P. B., Mary U. C.: Cherokee Plants and Their Uses – A 400 Year History, Sylva, N.C. Herald Publishing Co. 1975

Heer O.: Flora tertiaria Helvetiae, J. Wurster und Comp., Winterthur 1855–1859

Heer O.: Die Urwelt der Schweiz, Friedrich Schulthess, Zürich 1865

Heer O.: Die Pflanzen der Pfahlbauten, Zürcher & Furrer, Zürich 1865

Hegi G.: Illustrierte Flora von Mitteleuropa, Band III, München, Hanser, 1981

Hemery G. E.: Juglans regia, L. genetic variation and provenance performance, Thesis, University of Oxford Linacre College 2000

Hermsen E., Gandolfo M.: Fruits of Juglandaceae from the Eocene of South America, Systematic Botany (2016), 41(2):316–328

Herrick J. W.: Iroquois Medical Botany, State University of New York, Albany, PhD Thesis 1977

Hess H. E., Landolt E., Hirzel R.: Flora der Schweiz und angrenzender Gebiete. Basel, Birkhäuser, 1977

Hiescher K., Hücking R.: Pflanzenjäger, Piper 2004/2011

Hollick C. A.: The Tertiary floras of Alaska, United States, Departement of the Interior, Washington 1936

Hu H.: On a living species of Juglandicarya found in south Yunnan, Fan Memorial Institute of Biology, China (undatiert)

Hu Y., Woeste K. E., Zhao P.: Completion of the Chloroplast Genomes of Five Chinese Juglans and Their Contribution to Chloroplast Phylogeny, Frontiers Plant Science 2017

Hu Y., Woeste K. E., Zhao P.: Completion of the Chloroplast Genomes of Five Chinese Juglans and Their Contribution to Chloroplast Phylogeny, Frontiers in Plant Science 2017, 7: 1–15

Huang Y., Liu Y., Zavada M.: New fossil fruits of Carya (Juglandaceae) from the latest Miocene to earliest Pliocene in Tennessee, eastern United States, Journal of Systematics and Evolution, Juli 2014

Janick J., Moore J. N.: Fruit Breeding, vol III: Nuts, Wiley-Blackwell 1996

Jordan D. S.: Some Experiments of Luther Burbank. Popular Science Monthly, Volume 66, 1905, p 215ff.

Kirchheimer F.: Grundzüge einer Pflanzenkunde der deutschen Braunkohlen, Verlag Wihlhelm Knapp, Halle 1937

Kirchheimer F.: Die Laubgewächse der Braunkohlenzeit, VEB Knapp 1957

Knuchel H.: Das Holz (Entstehung und Bau, Physikalische und gewerbliche Eigenschaften, Verwendung; Holzartenlexikon), Sauerländer, Aarau und Frankfurt am Main 1954

Kozlowski G., Bétrisey S., Song Y.: Wingnuts (Pterocarya) and walnut family. Relict trees: linking the past, present and future. Natural History Museum Fribourg, Switzerland 2018

Küster H.: Geschichte der Landschaft in Mitteleuropa, C.H. Beck 1995/2013

Larson-Johnson K.: Phylogenetic investigation of the complex evolutionary history of dispersal mode and diversification rates across living and fossil Fagales, New Phytologist 2016, 209: 418–435

Lenz O. K.: Paläoökologie eines Küstenmoores aus dem Eozän Mitteleuropas am Beispiel der Wulfersdorfer Flöze und deren Begleitschichten (Helmstedter Oberflözgruppe, Tagebau Helmstedt), Göttingen 2000

Leroy J.-F.: Note sur les Noyers (Carya et Annamocarya) sauvages d'Indochine. In: Revue internationale de botanique appliquée et d'agriculture tropicale, 30 année, bulletin n°333–334, Juillet-août. 1950, pp. 425–428

Linné C.: Species Plantarum, Lars Salvius, Stockholm 1753

Little E. L. Jr.: Atlas of United States Trees, Washington 1971

Longkumer S.: Occurence of Juglans sigillata and Caryota obtusa in Nagaland: New Distributional records and economic notes, Indian Forrester, 2016

Lüdi W.: Interglaziale Vegetation im schweizerischen Alpenvorland, in: Veröffentlichungen des Geobotanischen Institutes Rübel in Zürich 1958

Lüdi W.: Interglaziale Vegetation im schweizerischen Alpenvorland, in: Veröffentlichungen des Geobotanischen Institutes Rübel in Zürich, BD 34, 1958

Luo J., Chen J., Guo W., Yang Z., Lim K.-J., Wang Z.: Reassessment of Annamocarya sinesis (Carya sinensis) Taxonomy through Concatenation and Coalescence Phylogenetic Analysis, Plants, Bd. 11, Nr. 1, S. 52, Dez. 2021, doi: 10.3390/plants11010052

Luo X., Chen J.: Distinguishing Sichuan Walnut Cultivars and Examining Their Relationships with Juglans regia and J. sigillata by FISH, Early-Fruiting Gene Analysis, and SSR Analysis, Front. Plant Sci., Bd. 11, S. 27, Feb. 2020, doi: 10.3389/fpls.2020.00027

Lüthy V. H., Ehring A.: Anbauversuch mit autochthonen Walnussbäumen, S. 3, 2008.

Manchester S. R.: The Fossil History of the Juglandaceae, Band 21, Missouri Botanical Garden 1987

Manchester S. R.: Fruits and seeds of the middle Eocene Nut beds flora, Clarno Formation, Oregon. Palaeontographica Americana 1994, 58:1–205

Manchester S. R. et al.: Eastern Asian endemic seed plant genera and their paleogeographic history throughout the Northern Hemisphere. Journal of systematic Evolution 2009, 47(1): 1–42

Manning W. E.: The classification within the Juglandaceae, Annals of the Missouri Botanical Garden, Vol. 65, No. 4 (1978), pp. 1058–1087

Manning W. E.: The genus Juglans in Mexico and Central America, Journal of the Arnold Arboretum, April 1957, S. 122ff.

Manning W. E.: The genus Juglans in South America and the West Indies, Brittonia, Vol. 12, No. 1 (Jan. 30, 1960), pp. 1–26, doi: 10.2307/2805331

Manos P. S. et al.: Phylogeny of Extant and Fossil Juglandaceae Inferred from the Integration of Molecular and Morphological Data Sets, Systematic Biology, Volume 56, Issue 3, June 2007, pp. 412–430

Martine C. T.: Juglandaceae Holdings of The Wayne E. Manning Herbarium at Bucknell University: Historical Significance and Future Potential, 2014

Martinetto E. et al.: Neotypification of the name Juglandites bergomensis, basionym of the fossil-species Juglans bergomensis (Juglans sect. Cardiocaryon, Juglandaceae), 2015

Meng H. et al.: Late Miocene Palaeocarya (Engelhardieae: Juglandaceae) from Southwest China and its biogeographic implications, Journal of Systematics and Evolution 2015

Mettendorf B.: Erfahrungen und Perspektiven – Anbau von Juglans-Hybriden. Afz – Der Wald, Baum des Jahres 2008, Walnuss 16/2008

Meyer F. G.: Carbonized food plants of Pompeii, Herculaneum, and the Villa at Torre Annunziata, Econ Bot, Bd. 34, Nr. 4, S. 401–437, Okt. 1980, doi: 10.1007/BF02858317

Mostaheran F. et al.: Phylogenetic relationships of Pterocarya (Juglandaceae) with an emphasis on the taxonomic status of Iranian populations using ITS and trnH-psbA sequence data, Plant Biosystems 2017, Vol. 151, No. 6, 1012–1021

Mu X. et al.: Unveiling the Identity of Wenwan Walnuts and Phylogenetic Relationships of Asian Juglans Species Using Restriction Site-Associated DNA-Sequencing, Frontiers in Plant Science 2017

Muñoz E. O. et al.: Juglans pyriformis Liebm. seed tree selection in natural populations of Coatepec and Coacoatzintla, Veracruz, Revista Mexicana de Ciencias Forestales 2016, Vol. 7 (38):43–58

Nair V., Kostichka C., Kuntz J.: Sirococcus clavigignenti-juglandacearum: An Undescribed Species Causing Canker on Butternut, Mycologia (1979), 71(3):641–646

Neuweiler E.: Die Pflanzenreste aus den Pfahlbauten am Alpenquai in Zürich und Wollishofen, sowie einer interglazialen Torfprobe von Niederweningen (Zürich), Ges. Zürich (1918) 64, 617–648

Neuweiler E.: Die prähistorischen Pflanzenreste Mitteleuropas mit besonderer Berücksichtigung der schweizerischen Funde, Zürich 1905

Nesbitt M., Stein L., Kamas J.: Texas Fruit and Nut Production – Improved Pecans. Texas A&M AgriLife Extension Service 2015

Nuttall T.: Genera of North American Plants, Philadelphia 1817

Palamarev E.: Über die tertiäre Geschichte der Gattung Juglans in Bulgarien, Acta Palaeobotanica 1993, 33(1):299–307

Palamarev E. et al.: Catalogue of the Cenozoic plants of Bulgaria (Eocene to Pliocene), Phytologia Balcanica 11 (3): 215–364, Sofia, 2005

Pollegioni P. et al.: Rethinking the history of common walnut (Juglans regia L.) in Europe: Its origins and human interactions. PLoS ONE 2017, 12(3):e0172541. doi:10.1371/journal.pone.0172541

Pradheep Soymitchiten K.: Occurance of Juglans sigillata and Caryota obtusa in Nagaland: New Distributional Records and Economic Notes, Indian Forester 2016, 142(7): 680–683

ProYungas Fundacion: Argentinien. (Ohne Autorenangabe) Nogal Criollo, pdf, 2016 (http://www.ambienteforestalnoa.org.ar/userfiles/especies/pdf/Juglansaustralis.pdf)

Rehder A.: New Species, Varieties and Combinations from the Herbarium and the Collections of the Arnold Arboretum, Journal of the Arnold Arboretum. Cambridge, MA, Bd. 2, S. 174–180, 1921

Reid W. et al.: Growing Black Walnut for Nut Production, University of Missouri Center for Agroforestry 2009

Richter S., LePage B.: High-Resolution Palynological Analysis, Axel Heiberg Island, Canadian High Arctic 2005

Rietveld W. J.: Allelopatic effects of juglone on germination and growth of several herbaceous and woody species, Journal of Chemical Ecology 1983, Vol. 9, No. 2

Roor W., Konrad H., Mamadjanov D., Geburek T.: Population Differentiation in Common Walnut (Juglans regia L.) across Major Parts of Its Native Range–Insights from Molecular and Morphometric Data, Journal of Heredity, Bd. 108, Nr. 4, S. 391–404, Juni 2017, doi: 10.1093/jhered/esw122

Ross-Davis A., Ostry M., Woeste K.: Genetic diversity of butternut (Juglans cinerea) and implications for conservation, Canadian Journal of Forest Research (2008) 38:899–907

Rumpf H., Nagel R.: Anbauerfahrung mit der Schwarznuss, AFZ 2014

Sakala J., Gryc V.: A new species of Rhysocaryoxylon (Juglandaceae) from the Lower Eocene Fur Formation of Mors island (northwest Jutland, Denmark), Bulletin of the Geological Society of Denmark 2011, Vol. 59, pp. 45–49

Schaarschmidt H.: Die Walnussgewächse, 3. Auflage, NBB 1999

Schmincke K. H.: Non-Wood Forest Products, 5 Edible Nuts, 1995 (https://de.scribd.com/document/205822435/NWFP-5-Edible-Nuts)

Schröter C. S.: Führer durch die Quai-Anlagen Zürich, Verlag AG Gebr. Leemann & Co. 1934

Schütt P., Schuck H., Aas G., Lang U. M.: Juglans regia. In: Enzyklopädie der Holzgewächse, Handbuch und Atlas der Dendrologie. 2. Ergänzungslieferung, ecomed Sonderdruck 1995

Shu Z. et al.: Natural Hybridization between Persian Walnut and Chinese Walnut Revealed by Simple Sequence Repeat Markers, Journal of the American Society for Horticultural Science 2016, 141(2):146–150

Sevik J., Kvacek Z., Mai D. H.: A new mastixoid florula from tektite bearing deposits in South Bohemia, Czech Republik (Middle Miocene, Vrabce Member) 2007

Siebold P., Zuccarini J.: Flora Japonica sive Plantae quas in imperio Japanico coll., descripsit, ex parte in ipsis locis pingendas curavit: Lugduni Batavorum apud auctorem 1835–1870

Skarby A., Morbelli M. A., Rowley J. R.: Structure of the Pollen Exine of *Rhoiptelea chiliantha*, Taiwania 2009, 54(2):101–112

Spohn M. R.: Kosmos Baumführer, Europa, Kosmos Verlag 2011

Standford A., Harden R., Parks C. R.: Phytogeny and Biography of Juglans (Juglandaceae) Based on mATK and ITS Sequence Data, American Journal of Botany, 2000, 87(6):872–882

Stone D. E.: Ploidal level and stomatal size in the American Hickorys, Brittonia 1961

Stone D. E.: Affinities of A Mexican Endemic, Carya Palmeri, With American And Asian Hickories, American Journal of Botany, Bd. 49, Nr. 3, S. 199–212, März 1962, doi: 10.1002/j.1537-2197.1962.tb14930.x.

Stone D. E.: Juglandaceae, in: William Burger (Hrsg.): Flora Costaricensis, Fieldiana Botany, Band 40, 1977, S. 28–53

Stone D. E., Oh S.-H., Tripp E. A., Rios G. L. E., P. S. Manos: Natural History, Distribution, Phylogenetic Relationships, and Conservation of Central American Black Walnuts (Juglans sect. Rhysocaryon), The Journal of theTorrey Botanical Society, Bd. 136, Nr. 1, S. 1–25, 2009

Stuart G. A.: Chinese Materia Medica. Vegetable Kingdom, Shanghai 1911

Szalatnay D. et al.: Früchte, Beeren, Nüsse. Die Vielfalt der Sorten – 800 Portraits, Haupt Verlag 2011

Teodoridis V., Kvacek Z., Uhl D.: Pliocene palaeoenvironment and correlation of the Sessenheim-Auenheim floristic complex (Alsace, France) Palaeodiversity, 2:1–17, Stuttgart 2009

Van der Ham R.: On the history of the butternuts (*Juglans* section *Cardiocaryon*) Palaeontographica, Vol. 293, Issues 1–6:125–147, Stuttgart 2015

Vescoli M.: Keltischer Baumkreis, Edition Kürz 1991

Wambulwa M. C., et al.: Genetic analysis of walnut cultivars from southwest China: Implications for germplasm improvement, Plant Diversity, Bd. 44, Nr. 6, S. 530–541, Sep. 2021, doi: 10.1016/j.pld.2021.08.005

Werneck H. L.: Die Formenkreise der Bodenständigen Wildnuss in Ober- und Niederösterreich. Zoologisch-Botanische Gesellschaft Österreichs, 92/93:112–119, 1953

Wilson R., Greenwood D., Basinger J.: Fossil remains of the walnut family (Juglandaceae) from the Eocaene fossil forests of Axel Heiberg Island, Canadian High Arctic (o.J., https://people.brandonu.ca/greenwoodd/files/2013/06/WilsonBasinger-small.pdf)

Woeste K., Pijut P. M.: The Peril and Potential of Butternut, Arnoldia 66/4, 2014

Woeste K., Ross-Davis A.: Progress in Juglans cinerea Conservation Genetic Diversity-Health- and Introgression (https://rngr.net/publications/

tree-improvement-proceedings/sftic/2007/progress-in-juglans-cinerea-conservation-genetic-diversity-health-and-introgression)

Wu Z. Y., Raven P.: Flora of China, 1999, vol. 4, p. 277–285

Yildiz Y., Yildirim İ., Bostanci C., Aydoğan O: Erschoviella musculana Erschoff 1874, Türkiye Faunası İçin Yeni Bir Tür ve Yeni Bir Ceviz Zararlısı, Bartın Orman Fakültesi Dergisi, S. 7, 2018

Zhang C., et al.: Characterization and Development of Genomic SSRs in Pecan (Carya illinoinensis), Forests, Bd. 11, Nr. 1, S. 61, Jan. 2020, doi: 10.3390/f11010061

Zhang B., Xu L., Li Nan, Yan P. et al.: Phylogenomics Reveals an Ancient Hybrid Origin of the Persian Walnut, Society for Molecular Biology and Evolution, June 4, 2019

Zhang Z. Y. et al.: Conservation genetics of Annamocarya sinensis (Dode) Leroy, an endangered endemic species, Genetic and Molecular Research, 2013 March 11;12(3): 3965–74

Zhang J.-B., et al.: Integrated Fossil and Molecular Data Reveal the Biogeographic Diversification of the Eastern Asian-Eastern North American Disjunct Hickory Genus (Carya Nutt.), PLoS ONE, Bd. 8, Nr. 7, S. e70449, Juli 2013, doi: 10.1371/journal.pone.0070449

Zhang W.-P., Bai W.-N., Zhang D.-Y.: The rediscovery of Carya poilanei (Juglandaceae) after 63 years reveals a new record from China, PK, Bd. 188, S. 73–82, Jan. 2022, doi: 10.3897/phytokeys.188.77242

Internetquellen

Informationen zu Wayne E. Manning:

www.departments.bucknell.edu/biology/manning/ManningDocs.html, 12.01.2018

www.departments.bucknell.edu/biology/manning/docs/BucknellObit.pdf, 08.01.2018

Informationen zu Franz von Siebold:

de.wikipedia.org/wiki/Philipp_Franz_von_Siebold#Siebolds_Sammlung, 08.01.2018

Hickory-Bestimmung Georgia Botanical Society:

www.gabotsoc.org/?page_id=4794, 08.01.2018

Investitionsfieber in WenWan-Nüsse in China:

german.cri.cn/1833/2011/12/23/1s168616.htm, 28.05.2019

beijingtoday.com.cn/2014/03ancient-collectibles-make-comeback/, 28.05.2019

blog.lareviewofbooks.org/chinablog/nuts-bursting-chinese-walnut-bubble/, 28.05.2019

cctv.cntv.cn/2014/05/27/ARTI1401180251298239.shtml, 28.05.2019

business.financialpost.com/investing/chinese-turn-backs-on-stock-market-invest-in-walnuts-instead, 28.05.2019

www.hna.de/welt/china-darum-sind-diese-walnuesse-wertvoller-gold-zr-4256043.html, 28.05.2019

ferrebeekeeper.wordpress.com/2012/10/02/the-chinese-walnut-bubble/, 28.05.2019

Informationen zur Verwendung von Pflanzen durch indigene Völker Nordamerikas:

naeb.brit.org/uses/, 01.01.2019

Informationen zu Netsuke aus Japanischer Walnuss:

www.netsuke.com/newsletter/vol07.html, 01.12.2018

Verzeichnis monumentaler Bäume:

monumentaltrees.org, 12.10.2018

Walnussproduktion und -sorten:

www.fructus.ch/, 08.01.2018

www.fao.org/faostat/en/#data/QC, 12.01.2019

nussbaeume.ch, 12.01.2019

www.agrifutures.com.au/farm-diversity/walnuts/, 12.01.2019

Informationen zur Walnussveredelung:
walwal.ch, 12.01.2019

Liste aktueller Taxons:
www.theplantlist.org/, 08.01.2019
www.ipni.org/, 08.01.2019
babel.hathitrust.org/cgi/pt?id=hvd.32044107232456;view=1up;seq=5, 28.05.2019
www.frontiersin.org/articles/10.3389/fpls.2016.01955/full, 28.05.2019

Informationen zu *J. hindsii-Hybriden* in Kalifornien:
www.arthurleej.com/p-o-m-Oct14.html, 15.09.2018

Walnussfruchtfliege und Thousend Cancer Disease:
www.themenpark-umwelt.baden-wuerttemberg.de/servlet/is/15599/?path=3968;4058;&btID=2, 11.01.2018
en.wikipedia.org/wiki/Thousand_cankers_disease, 18.09.2018
www.waldwissen.net/waldwirtschaft/schaden/invasive/bfw_1000canker_krankheit/index_DE?dossierurl=https://www.waldwissen.net/dossiers/fva_nussbaeume/index_DE, 28.05.2019

Cites/Rote Liste IUCN:
checklist.cites.org/#/en, 12.12.2018
www.iucnredlist.org/species/66813600/66813602, 21.7.2022www2.ipm.ucanr.edu/agriculture/walnut/Walnut-Scale/, 27.05.2019

Platycarya; Fortunaea; Geschichte Fortunes Entdeckung:
www.botanic.cam.ac.uk/Botanic/Plant.aspx?ix=50, 01.07.2018

Informationen zu den Holztypen:
www.materialarchiv.ch/app-tablet/, 11.01.2018
baum-des-jahres.de/index.php?id=385, 11.01.2018

Online-Beleg zu Juglans soratensis in Bolivien, New York Botanical Garden:
www.gbif.org/occurrence/1929107113, 9.6.2022

Nordamerikanische Walnusszüchtungen und Pekan-Varietäten:
extension.uga.edu/publications/detail.html?number=C898&title=Pecan%20Varieties%20for%20Georgia%20Orchards, 5.6.2022
grimonut.com/index.php?p=Home, 5.6.2022
nutgrowing.org, 5.4.2023
centerforagroforestry.org/black-walnut-breeding-program. 12.4.2023

Trees and Shrubs online/Artenporträts seltener Juglandaceae:
treesandshrubsonline.org/articles/pterocarya/pterocarya-hupehensis, 24.5.2022
treesandshrubsonline.org/articles/carya/carya-hunanensis, 2.6.2022

Weitere Links und Quellen:
ipm.ucanr.edu/PMG/r881301211.html, 11.01.2018
www.schweizerbauer.ch/pflanzen/spezialkulturen/chance-fuer-buendner-walnuesse-13245.html (Zahl der Walnussbäume in der Schweiz), 11.01.2018
www.kew.org/science/tropamerica/neotropikey/families/Juglandaceae.htm, 28.05.2019
www.inaturalist.org, 30.06.2019

Bildquellen

Seite 22, Flora tertiaria Helvetiae: Die tertiäre Flora der Schweiz, Winterthur: Verlag der Lithographischen Anstalt von J. Wurster & Co., 1855–1859. ETH-Bibliothek Zürich, Rar 9501, https://doi.org/10.3931/e-rara-10496, Public Domain Mark

Seite 24, Flora tertiaria Helvetiae: Die tertiäre Flora der Schweiz, Winterthur: Verlag der Lithographischen Anstalt von J. Wurster & Co., 1855–1859. ETH-Bibliothek Zürich, Rar 9501, https://doi.org/10.3931/e-rara-10496, Public Domain Mark

Seite 55, Pekankultivare: Illustration von Ellen Isham Schutt (1873 – 1955), U.S. Department of Agriculture Pomological Watercolor Collection. Rare and Special Collections, National Agricultural Library, Beltsville, MD 20705

Seite 61, Shannon Naboulsi

Seite 62/63, Kartendaten: Google DigitalGlobe

Seite 68, Jonas Stetter

Seite 80, Holzmuster: www.holzwurm-page.de

Seite 114, Karte Charles Sprague Sargent, 1884, Forest Trees of North America: https://arboretum.harvard.edu/wp-content/uploads/2020/07/76-1_03-03_b-scaled.jpg

Seite 171, Sauvie Island Tree: Shannon Naboulsi und Jonas Stetter

Seite 239, *Juglans soratensis:* Typusexemplar aus dem Herbarium des Botanischen Gartens NY. W. E. Manning (type) Collector(s) H. H. Rusby 744, Feb 1886 Bolivia. La Paz. Larecaja (Prov.). Sorata.(NY 346282)., https://www.gbif.org/occurrence/1929107113 Occurrence ID: 5eb50b9d-68e3-45a8-a091-cb99ff5fcd6a

Seite 241, Herbarium der Universität Zürich: *Oreomunnea pterocarpa:* ZT-000152747 by United Herbaria Z+ZT/CC BY 4.0 *Juglans neotropica:* ZT-000152744 by United Herbaria Z+ZT/CC BY 4.0 *Juglans jamaicensis:* ZT-00169404 by United Herbaria Z+ZT/CC BY 4.0 *Engelhardia spicata:* ZT-00169405 by United Herbaria Z+ZT/CC BY 4.0

Seite 244, Freigestellte Poilanei-Hickory: CC licence from: Zhang, W.-P., Bai, W.-N. & Zhang, D.-Y. The rediscovery of Carya poilanei (Juglandaceae) after 63 years reveals a new record from China. PK 188, 73–82 (2022); Freigestellte Hälfte der Hunan-Hickory: Warren Chatwin, Research Geneticist, Crop Germplasm Research Unit USDA

Seite 246, Herbarium der Universität Zürich: *Alfaropsis roxburghiana:* Z-00152748 by United Herbaria Z+ZT/CC BY 4.0 *Engelhardia apoensis:* Z-00017778 by United Herbaria Z+ZT/CC BY 4.0 *Carya sinensis:* Z-000018776 by United Herbaria Z+ZT/CC BY 4.0 Herbarium des Institute of Botany, Chinese Academy of Sciences: Rhoiptelea chiliantha

Seite 248, Karl Blossfeldt: Wundergarten der Natur, Platte 105, *Pterocarya fraxinifolia,* Berlin, 1932

Seite 272, Autorenporträt: Michael Dosman, Arnold Arboretum, USA

Alle übrigen Fotos stammen von Jonas Frei.

Fotografien gefertigt anhand von Belegen der Harvard University Herbaria (HUH):

Fotografien gefertigt anhand von Belegen der Harvard University Herbaria (HUH):
S. 104, *Juglans × bixbyi* AA Frucht, N 60-5, S. 104, *Juglans × quadrangulata,* AA Frucht, 60-5, S. 209, *Carya aquatica* AA Frucht, N 60-1, S. 229, *Carya aquatica australis* AA, Frucht, N 60-6 71, S. 229 *Carya × dunbarii* AA, Frucht, N 60-6 209, S. 229, *Carya × lanei* AA, Frucht, N 3991, S. 229, *Carya × schneckii* AA, Frucht, N -, S. 229, *Carya × schneckii,* Frucht, N -, S. 231, *Carya cathayensis,* v. Herbarium 781, S. 237, *Carya palmeri,* Frucht, N 13957, S. 240, *Alfaroa costaricensis* Duke University. Frucht, N 2173, S. 240, *Alfaroa guancastensis,* N 2716, S. 240, *Alfaroa guatemalensis,* N 2999, S. 240, *Alfaroa mexicana,* N 2134, S. 240, *Alfaroa manningii,* N 2170, S. 243, *Engelhardia parviflora,* Herbarium N 28385, S. 243, *Engelhardia spicata* Frucht, v. Herbarium N 13766, S. 243, *Engelhardia rigida* Frucht, v. Herbarium N 12.927, S. 243, *Engelhardia apoensis,* v. Herbarium N 51585, S. 244. *Carya sinensis* AA, N 13309 (Ganze Nuss), S. 244, *Carya tonkinensis* AA. Frucht, N 60-6, S 245, *Carya texana.* Frucht, N 946, S. 263, *Juglans mandshurica* 1923 30 Sept. J. HERS. HERB. AA. West Shansi. Frucht, N 60-5 2687, S. 263, *Juglans mandshurica* June J. HERS.. AA. MiaoFeng Shan. Frucht, N 60-5 2545, S. 263, *Juglans mandshurica* July J. HERS.. AA. Great Wall. Frucht, N 60-5 2634, S. 263, *Juglans mandshurica* AA, W.E. Wilson, Kora Kogen. Frucht, N 60-5, 10523, S. 263, *Juglans cathayensis* AA Wilson W. Szechuan. Frucht, N 60-5, 371, S. 263, *Juglans cathayensis* AA, Wilson W. Szechuan. Frucht, N 60-5, S. 263, *Juglans formosana* AA, Wilson, Formosa. Frucht, N 60-5, 11152, S. 263, *Juglans cathayensis* J. HERS.. Arnold Arb. Nei Ting Shan. Frucht, N 60-5 2562

Dank

Herzlich danke ich folgenden Personen für Auskünfte, Inputs und den Diskurs über die Walnussgewächse oder für ihre Hilfe oder Erlaubnis beim Sammeln von Blättern, Nüssen oder Hinweise zu Standorten bestimmter Arten. Sie alle konnten mir aus ihren Fachbereichen wichtige Informationen bereitstellen oder das Thema aus Sicht ihrer Spezialgebiete beleuchten.

Ein besonderer Dank für den fachlichen Input und inhaltliche Korrekturen gilt Gregor Kozlowski und Markus Bichsel, die das Manuskript detailliert durchgesehen und mit ihren Anmerkungen wesentlich zur Stimmigkeit des Ganzen beigetragen haben.

Ph.D. Laia Barres Gonzalez, Jardí Botànic de Barcelona
Kenneth Bauters, Curator of the outdoor collection, Botanic Garden Meise
Verena Berchtold, Botanischer Garten der Universität Zürich
Sébastien Bétrisey, Botanischer Garten Fribourg, Leiter Projekt »Zelkova«
Markus Bichsel, Forstingenieur, Chur
Benjamin Bishop, former MU Student, The Center for Agroforestry, University of Missouri, USA
Cengiz Bostanci, Agricultural Engineer, Bartın, Turkey
Anthony R. Brach, Senior Curatorial Technician, Harvard University Herbaria, USA
Dr. Koen Camelbeke, Stichting Arboretum Wespelaar, Belgien
Warren Chatwin, Ph.D. Research Geneticist USDA at at the National Collection of Genetic Resources for Pecans and Hickories, USA
Dan Crowley, Dendrologe, The National Arboretum, Westonbirt
Dr. Barbara Ditsch, Leitung Botanischer Garten Dresden
PhD Michael Dosmann, Curator Arnold Arboretum of Harvard University, USA
Tom Freeth, Head of Plant Records, Royal Botanic Garden Kew, England
PHD William (Ned) Friedman, Director of the Arnold Arboretum of Harvard University, USA
Stefan Giefer, Revierleiter Freiland 1, Botanische Gärten der Universität Bonn
Dr. Robert Gliniars, Kustos, Universität Hohenheim
Dr. Andreas Groeger, Kurator, Botanischer Garten München-Nymphenburg
Heinrich Gubler, Walnuss-Baumschulist, Nuss-Baumschule Gubler GmbH
Devika Jaikumar, Curatorial Assistant, Arnold Arboretum of Harvard University, USA
Tony Kirkham, former Curator, Royal Botanic Garden Kew, England
Prof. Gregor Kozlowski, Kurator, Botanischer Garten Fribourg, Projekt »Zelkova«
Andreas König, Botanischer Garten Frankfurt am Main
PD Dr. habil. Urs Leuzinger, Leiter, Museum für Archäologie, Frauenfeld
Dr. Cornelia Löhne, Kustodin, Botanische Gärten der Universität Bonn
Hansjörg Lüthi, Versuchsfläche autochtoner Walnüsse. Aesch/Birmensdorf, CH
Kathi und Patrick Lütjens, Schweiz
Ph.D. Steven R. Manchester, Curator of Paleobotany, Florida Museum of Natural History

Kevin Martin, Head of Tree Collections Royal Botanic Garden, Kew, England
PhD Christopher T. Martine, Director, Manning Herbarium, Bucknell University, USA
Shannon Naboulsi, Besitzerin des »Sauvie Island Tree«, Oregon USA
PD Dr. Reto Nyffeler, Vereinigte Herbarien der Universität und ETH Zürich
Dr. Ulrich Pietzarka, Kustos, Forstbotanischer Garten Tharandt
Kyle Port, Manager of Plant Records Arnold Arboretum of Harvard University
Dr. Katja Rembold, Botanischer Garten Bern
Ronald Revord, PhD, Assistant Research Professor, The Center for Agroforestry, University of Missouri USA
Dr. Michaela Schmull, Director of Collections, Harvard University Herbaria, USA
Werner H. Schoch, Labor für quartäre Hölzer, Langnau am Albis
Bernard Spichtig, Projektleiter GIS Stadtgärtnerei, Kanton Basel-Stadt
Jonas Stetter für das Sammeln von Herbarmaterial in Oregon
Simon Tomer, Curator of Living Collections, Royal Botanic Garden Kew, England
Berit Trebesch, Landschaftsarchitektin, Bernau, DE
Hans-Sepp Walker, Walnussveredler, Prez-vers-Noréaz, Schweiz

I would like to acknowledge the Arnold Arboretum of Harvard University for providing access to the living collections and financial support through a Jewett Prize.

Register

M

N

O

P

R

S

T

W

Jonas Frei ist Landschaftsarchitekt und Stadtökologe aus Zürich. Seine Fachbereiche sind die Gestaltung von Freiräumen, Botanik, Fotografie, Dokumentarfilm und Illustration.